普通高等教育智能建筑系列教材

建筑电工学
（少学时）

主 编 苏 刚

机械工业出版社

本书是根据教育部颁发的《电工学课程教学基本要求》，结合建筑类各非电专业的特点编写的。在掌握电工电子基础知识的基础上，侧重基础知识在建筑上的应用，突出工程性和实用性。

本书主要包括电路理论的基本知识、变压器与电动机、电气设备与控制、建筑电气、模拟电子技术基础及数字电子技术基础等部分内容。

本书适合于建筑类专业本科及高职高专的电工学课程。

本书配有免费电子课件，欢迎选用本书作教材的教师登录 www.cmpedu.com 注册下载，或发邮件到 jinacmp@163.com 索取。

图书在版编目（CIP）数据

建筑电工学：少学时/苏刚主编 . —北京：机械工业出版社，2016.7（2024.6重印）

普通高等教育智能建筑系列教材

ISBN 978-7-111-54123-3

Ⅰ.①建… Ⅱ.①苏… Ⅲ.①建筑工程—电工—高等学校—教材 Ⅳ.①TU85

中国版本图书馆 CIP 数据核字（2016）第 158126 号

机械工业出版社（北京市百万庄大街 22 号　邮政编码 100037）

策划编辑：吉　玲　责任编辑：吉　玲　张利萍　王小东

责任校对：张玉琴　封面设计：张　静

责任印制：郜　敏

北京富资园科技发展有限公司印刷

2024 年 6 月第 1 版·第 6 次印刷

184mm×260mm·15.25 印张·371 千字

标准书号：ISBN 978-7-111-54123-3

定价：34.00 元

电话服务　　　　　　　　　网络服务

客服电话：010-88361066　　机 工 官 网：www.cmpbook.com

　　　　　010-88379833　　机 工 官 博：weibo.com/cmp1952

　　　　　010-68326294　　金 书 网：www.golden-book.com

封底无防伪标均为盗版　机工教育服务网：www.cmpedu.com

前　言

　　本书是根据电工学课程教学的基本要求，结合建筑类院校的特点而编写的学科基础课教材。书中对电工技术必要的基本概念和基础理论做了比较全面的阐述，同时对变压器、常用低压电器、异步电动机及其典型控制等进行了介绍；另外，详细阐述了建筑电气的基本知识；最后介绍了模拟电子及数字电子基础等内容。

　　本书力求让读者了解电工技术在建筑中的具体应用，内容力求少而精，以实用为原则，为学习后续课程以及从事与本专业有关的工程技术等工作打下一定的基础。

　　根据作者的教学经验，本书内容安排如下：

　　1. 电工技术基础部分：主要介绍了电路的基本物理量及电路的分析方法。

　　2. 变压器及电动机部分：介绍了变压器的结构及单相、三相变压器的工作原理，同时重点介绍了三相异步电动机的工作原理、机械特性，并对其起动、调速和制动等内容做了介绍。

　　3. 电气控制部分：阐述了低压电器及继电器控制的基本知识及 PLC 的工作原理。结合建筑类专业的特点，介绍了典型的电动机及建筑设备继电器控制和 PLC 控制系统。

　　4. 建筑电气部分：介绍了建筑供配电、安全用电、建筑防雷、建筑识图的基本知识，使得建筑类非电专业的读者能够对建筑电气有所了解，对本专业的施工和设计起到很好的协调作用，增强了本书的实用性。

　　5. 模拟电子部分主要介绍了基本放大电路。

　　6. 数字电子部分主要介绍了门电路和组合逻辑电路。

　　书中编写了一定数量的例题和习题。这些题目主要是针对教学内容的重点和难点展开，具有一定的典型性、示范性和启发性，能更好地引导学生掌握本课程的主要理论和基本概念，培养学生解决工程中实际问题的能力。

　　本书由天津城建大学组织编写。苏刚任主编，负责全书的策划、组织和统稿工作，并编写第 4、5、6 章；第 1、2、3 章由王秀丽编写；第 7 章由彭桂力编写；第 8 章由天津华夏建筑设计有限公司宋明辉编写；第 9 章由季中编写；第 10 章由王英红编写；第 11 章由潘雷编写。

　　由于作者水平有限，书中出现缺陷在所难免，希望广大读者批评指正。

编　者

目 录

第 1 章

直 流 电 路

本章从工程技术的观点出发，着重讨论电路的基本知识、基本定律和定理，以及应用这些定律和定理分析和计算直流电路的方法。这些内容不仅是分析与计算直流电路的基础，也同样适用于交流电路，而且还是分析电子电路的重要基础。

1.1 电路的作用与组成部分

电路就是电流的通路，它是为了某种需要由某些电工设备或元件按一定方式组合起来的。

电路的一种作用是实现能量的输送和转换，电路的结构形式和所能完成的任务是多种多样的，最典型的例子是电力系统，其电路示意图如图 1-1a 所示。它的作用是实现**电能的传输和转换**，其中包括电源、负载和中间环节三个组成部分。

发电机是**电源**，是供应电能的设备。在发电厂内可把热能、水能或核能等转换为电能。除发电机外，电池也是常用的电源。

电灯、电动机、电炉等都是**负载**，也是取用电能的设备，它们分别把电能转换为光能、机械能、热能等。

变压器和输电线是**中间环节**，是连接电源和负载的部分，它起传输和分配电能的作用。

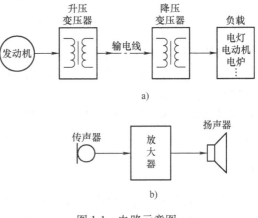

图 1-1 电路示意图

a) 电力系统 b) 扩音机

电路的另一种作用是**传递和处理信号**，常见的例子如扩音机，其电路示意图如图 1-1b 所示。先由传声器把声音信号转换为相应的电信号，然后通过放大电路将微弱的电信号放大，最后被放大的电信号通过电路传递到扬声器，把电信号还原为声音信号。由于由传声器输出的电信号比较微弱，不足以推动扬声器发音，因此中间要用放大器进行放大。信号的这种转换和放大，称为**信号处理**。

在图 1-1b 中，传声器是输出信号的设备，称为**信号源**，相当于电源，但与上述的发电机、电池等电源不同，信号源输出的电信号（电压和电流）的变化规律取决于所加的信息。扬声器是接收和转换信号的设备，也就是**负载**。

不论是电能的传输和转换，还是信号的传递和处理，其中电源或信号源的电压或电流称为**激励**，它推动电路工作；由激励在电路各部分产生的电压和电流称为**响应**。所谓电路分析，就是在已知电路的结构和元器件参数的条件下，讨论电路的激励与响应之间的关系。

当电路中的电流是不随时间变化的直流电流时，这种电路称为**直流电路**。当电路中的电流是随时间按正弦规律变化的交流电流时，这种电路称为**正弦交流电路**。不随时间变化的物理量用大写字母表示，随时间变化的物理量用小写字母表示。因此，电流、电压和电动势等物理量在直流电路中用 I、U、E 等表示，在交流电路中用 i、u、e 等表示。

1.2 电路的基本物理量

1.2.1 电流

单位时间内通过电路某一横截面的电荷［量］称为电流。因此，在直流电路中电流用 I 表示，它与电荷量 Q、时间 t 的关系为

$$I = \frac{Q}{t} \tag{1-1}$$

式中，Q 的单位为库仑（C）；t 的单位为秒（s）；I 的单位为安培（A）。随时间变化的电流用 i 表示，它等于电荷量 q 对时间 t 的变化率，即

$$i = \frac{\mathrm{d}q}{\mathrm{d}t} \tag{1-2}$$

习惯上规定正电荷运动的方向或负电荷运动的相反方向为电流的方向（实际方向），如图 1-2 所示，从电源来看，电源本身的电流通路称为内电路（图 1-2 点画线框中的电路），电源以外的电流通路称为外电路（图 1-2 点画线框外的电路）。在内电路中由电源负极流向正极，在外电路中由电源的正极流向负极。

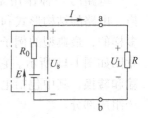

图 1-2　电路的基本物理量

1.2.2 电压

电场力将单位正电荷从电路的某一点移至另一点时所消耗的电能，即转换成非电形态能量的电能称为这两点间的电压。在直流电路中电压用字母 U 表示，单位也是伏特（V）。在图 1-2 所示电路中，U_s 是电源两端的电压，U_L 是负载两端的电压。

电压的实际方向规定为由高电位指向低电位的方向，即电位降的方向，故电压有时又称电压降。在电路图中，用"＋"和"－"表示电压的极性。"＋"端为高电位端，"－"端为低电位端。

1.2.3 电动势

电源中的局外力（即非电场力）将单位正电荷从电源的负极移至电源的正极所转换而来的电能称为电源的电动势。在直流电路中用字母 E 表示。单位也是伏特（V）。

电动势的实际方向规定由电源负极指向电源正极的方向，即电位升的方向。它与电源电压的实际方向是相反的，如图 1-2 中箭头所示。

在国际单位制中，电流的单位为安培（A）。当1s（秒）内通过导体某一横截面的电荷量为1C（库仑）时，则电流为1A。计量微小的电流时，以毫安（mA）或微安（μA）为单位。$1mA = 10^{-3}A$，$1μA = 10^{-6}A$。

在国际单位制中，电压的单位是伏特（V）。当电场力将1C正电荷从电路的某一点移至另一点时所做的功为1J（焦耳）时，则该两点间的电压为1V。计量微小的电压时，则以毫伏（mV）或微伏（μV）为单位。计量高电压时，则以千伏（kV）为单位。电动势的单位与电压相同，也是伏特（V）。

1.3 电压和电流的参考方向

图1-2是最简单的直流电阻电路，其中E、U_s和R_0分别为电源的电动势、端电压和内阻，R为负载电阻。电流I、电压U和电动势E是电路的基本物理量，在分析电路时必须在电路图上用箭头或"＋""－"来标出它们的方向或极性（如图中所示），才能正确列出电路方程。

关于电压和电流的方向，有实际方向和参考方向之分，要加以区别。

1.3.1 电流的参考方向

习惯上规定正电荷运动的方向或负电荷运动的反方向为电流的方向（实际方向）。电流的方向是客观存在的。但在分析较为复杂的直流电路时，往往难于事先判断某支路中电流的实际方向；对交流电路而言，其实际方向是随时间不断变化的。为此，在分析与计算电路时，常可任意选定某一方向作为电流的**参考方向**。所选的电流的参考方向并不一定与电流的实际方向一致。当电流的实际方向与其参考方向一致时，则电流为正值（图1-3a）；反之，当电流的实际方向与其参考方向相反时，则电流为负值（图1-3b）。因此，在参考方向选定之后，电流值才有正负之分。

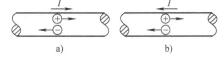

图1-3 电流的参考方向
a) 正值 b) 负值

1.3.2 电压与电动势的参考方向

电压和电动势都是标量。但在分析电路时，和电流一样，也说它们具有方向。电压的方向规定为由高电位（"＋"极性）端指向低电位（"－"极性）端，即为电位降低的方向。电源电动势的方向规定为在电源内部由低电位（"－"极性）端指向高电位（"＋"极性）端，即为电位升高的方向。

在电路图上所标的电流、电压和电动势的方向，一般都是参考方向，它们是正值还是负值，视选定的参考方向而定。例如图1-4中电压U的参考方向与实际方向一致，故为正值；而U'的参考方向与实际方向相反，故为负值。两者可写为$U = -U'$；电流亦然，$I = -I'$。

电压的参考方向除用极性"＋""－"表示外，也可用双下标表示。例如图1-2中a、b两点间的电压U_{ab}，它

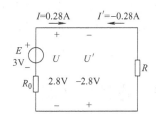

图1-4 电压和电流的参考方向

的参考方向是由 a 指向 b，也就是说 a 点的参考极性为 " + "，b 点的参考极性为 " - "；如果参考方向选为由 b 指向 a，则为 U_{ba}，$U_{ab} = -U_{ba}$。电流的参考方向也可用双下标表示。

1.3.3 关联参考方向

在选定的参考方向下，电压和电流都是代数量。今后在电路图中所画的电压和电流的方向都是参考方向。

原则上参考方向是可以任意选择的，但是在分析某一个电路元件的电压与电流的关系时，需要将它们联系起来选择，这样设定的参考方向称为**关联参考方向**。今后在单独分析电源或负载的电压与电流的关系时选用如图 1-5 所示的关联参考方向。其中电源电流的参考方向是由电压参考方向所假定的低电位经电源流向高电位；负载电流的参考方向是由电压参考方向所假定的高电位经负载流向低电位。符合这种规定的参考方向称为关联参考方向。

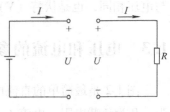

图 1-5　关联参考方向

1.4　欧姆定律

流过一段导体的电流与这段导体两端的电压成正比，与这段导体的电阻成反比，这就是**欧姆定律**。它是分析电路的基本定律之一。对图 1-6 的电路，欧姆定律可表示为

$$I = \frac{U}{R} \qquad (1-3)$$

式中，R 即为该段电路的电阻。

由式（1-3）可见，当所加电压 U 一定时，电阻 R 越大，则电流 I 越小。显然，电阻具有对电流起阻碍作用的物理性质。

在国际单位制中，电阻的单位是欧姆（Ω）。当电路两端的电压为 1V，通过的电流为 1A 时，则该段电路的电阻为 1Ω。计量高电阻时，则以千欧（kΩ）或兆欧（MΩ）为单位。

式（1-3）所表示的电流和电压的正比关系，是通过实验得出的。通过测量电阻两端的电压值和流过电阻的电流值，绘出的是一条通过坐标原点的直线，称为线性电阻的**伏安特性曲线**，如图 1-7 所示。因此，遵循欧姆定律的电阻称为**线性电阻**，它是一个表示该段电路特性而与电压和电流无关的常数。

图 1-6　欧姆定律

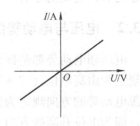

图 1-7　线性电阻的伏安特性曲线

1.5　电源的状态

电源在不同的工作条件下会处于不同的状态，并具有不同的特点。电源的状态主要有三

种，分别是：有载状态、开路状态和短路状态。现以直流电路（图1-8）为例，分别讨论电源的有载工作、开路与短路时的电流、电压和功率。此外，还将讨论电路中的几个概念问题。

图 1-8 电源有载工作

1.5.1 电源有载工作

将图 1-8 中开关合上，接通电源与负载，这就是电源有载工作。下面分别讨论以下几个问题。

1. 电压和电流

应用欧姆定律可列出电路中的电流

$$I = \frac{E}{R_0 + R} \tag{1-4}$$

和负载电阻两端的电压

$$U = IR$$

并由此可以得出

$$U = E - R_0 I \tag{1-5}$$

由式（1-5）可见，电源端电压小于电动势，两者之差为电流通过电源内阻所产生的电压降 $R_0 I$。电流越大，则电源端电压下降得越多。表示电源端电压 U 与输出电流 I 之间关系的曲线，称**电源的外特性曲线**，如图 1-9 所示，其斜率与电源内阻有关。电源内阻一般很小。当 $R_0 \ll R$ 时，则

$$U \approx E$$

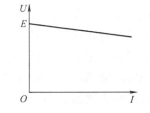

图 1-9 电源的外特性曲线

表明当电流（负载）变动时，电源的端电压变动不大，这说明它带负载能力强。

2. 功率与功率平衡

（1）功率 单位时间内所转换的电能称为电功率，简称功率。在直流电路中用字母 P 表示。在国际单位制中，功率的单位是瓦特（W）或千瓦（kW）。1s 内转换的能量即为 1W。

根据电压和电动势的定义，电源产生的电功率为

$$P_E = EI \tag{1-6}$$

电源输出的电功率为

$$P = UI \tag{1-7}$$

负载消耗（取用）的电功率为

$$P_L = U_L I \tag{1-8}$$

负载的大小通常用负载取用功率的大小来说明。

此外，在图 1-8 所示电路中，电流通过电源内电阻 R_0 时还会产生功率损耗 $R_0 I^2$。

（2）电能 在时间 t 内转换的电功率称为电能。在直流电路中电能用 W 表示，它与功率和时间的关系为

$$W = Pt \tag{1-9}$$

电能的单位是焦耳（J）。

工程上电能的计量单位为千瓦时（kW·h），1 千瓦时即 1 度电，它与焦的换算关系为 $1kW·h = 3.6 × 10^6 J$。

（3）功率平衡　式（1-5）各项乘以电流 I，则得功率平衡式

$$P = P_E - \Delta P \tag{1-10}$$

式中，$P_E = EI$，是电源产生的功率；$\Delta P = R_0 I^2$，是电源内阻上损耗的功率；$P = UI$，是电源输出的功率。即在一个电路中，电源产生的功率和负载取用的功率以及内阻上所损耗的功率是平衡的。

3. 电源与负载的判别

分析电路，还要判别哪个电路元件是电源（或起电源作用），哪个元件是负载（或起负载作用）。

根据电压和电流的实际方向可确定某一元件是电源还是负载，即

电源：U 和 I 的实际方向相反，电流从"＋"端流出，发出功率；

负载：U 和 I 的实际方向相同，电流从"＋"端流入，取用功率。

4. 额定值与实际值

各种电气设备在工作时，其电压、电流和功率都有一定的限额，这些限额是用来表示它们的正常工作条件和工作能力的，称为电气设备的额定值。额定值通常在铭牌上标出，使用时必须遵守这些规定。如果实际值超过额定值，将会引起电气设备的损坏或降低使用寿命；如果低于额定值，某些电气设备也会损坏或降低使用寿命，或者不能发挥正常的功能。通常当实际值都等于额定值时，电气设备的工作状态称为**额定状态**。当实际功率或电流大于额定值时称为**过载**，小于额定值时称为**欠载**。

【例 1-1】　有一额定值为 220V/60W 的白炽灯，接在 220V 的电源上，试求通过该灯的电流和该灯的电阻。如果每天用 3h（小时），问一个月消耗多少电能？

【解】

$$I = \frac{P}{U} = \frac{60}{220}A \approx 0.273A$$

$$R = \frac{U}{I} \approx \frac{220}{0.273}\Omega \approx 806\Omega$$

也可用 $R = \dfrac{P}{I^2}$ 或 $R = \dfrac{U^2}{P}$ 计算。

一个月用电

$$W = Pt = 60W × (3 × 30)h = 0.06kW × 90h = 5.4kW·h$$

1.5.2　电源开路

例如在图 1-8 中，当开关 S 断开时，电源处于**开路**（空载）状态。开路时外电路的电阻对电源来说等于无穷大，因此电路中电流为零。这时电源的端电压（称为**开路电压**或**空载电压** U_0）等于电源电动势，电源不输出电能。

如上所述，电源开路时的特征可用下列各式表示，即

$$\left. \begin{array}{l} I = 0 \\ U = U_0 = E \\ P = 0 \end{array} \right\} \tag{1-11}$$

1.5.3 电源短路

在图 1-8 所示电路中，当电源的两端由于某种原因而连在一起时，电源则被**短路**，如图 1-10 所示。电源短路时，外电路的电阻可视为零，电流有捷径可通，不再流过负载。因为在电流回路中仅有很小的电源内阻 R_0，所以这时的电流很大，此电流称为**短路电流** I_s。短路电流可能使电源遭受机械的与热的损伤或毁坏。短路时电源所产生的电能全被内阻所损耗。

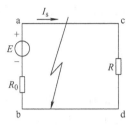

图 1-10 电源短路

电源短路时由于外电路的电阻为零，所以电源的端电压也为零。这时电源的电动势全部降在内阻上。

如上所述，电源短路时的特征可用下列各式表示，即

$$\left.\begin{array}{l} U = 0 \\ I = I_s = \dfrac{E}{R_0} \\ P_E = \Delta P = R_0 I^2 \\ P = 0 \end{array}\right\} \tag{1-12}$$

短路也可发生在负载端或线路的任何处。

短路通常是一种严重事故，应该尽力预防。产生短路的原因往往是由于绝缘损坏或接线不慎，因此经常检查电气设备和线路的绝缘情况是一项很重要的安全措施。此外，为了防止短路事故所引起的后果，通常在电路中接入熔断器或断路器，以便发生短路时，能迅速将故障电路自动切除。但是，有时由于某种需要，可以将电路中的某一段短路（常称为短接）或进行某种短路实验。

1.6 基尔霍夫定律

分析与计算电路的基本定律，除了欧姆定律外，还有基尔霍夫电流定律和电压定律。基尔霍夫电流定律应用于**节点**，电压定律应用于**回路**。

电路中的每一分支称为**支路**，一条支路流过同一个电流，称为支路电流。在图 1-11 中共有三条支路。

电路中三条或三条以上的支路相连接的点称为**节点**。在图 1-11 所示的电路中共有两个节点：a 和 b。

回路是由一条或多条支路所组成的闭合电路。图 1-11 中共有三个回路：adbca、abca 和 abda。

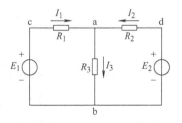

图 1-11 电路举例

网孔是指未被其他支路分割的单孔回路，如图 1-11 中的 abca 和 abda。

1.6.1 基尔霍夫电流定律

基尔霍夫电流定律是用来确定连接在同一节点上的各支路电流间关系的。由于电流的连续性，电路中任何一点（包括节点在内）均不能堆积电荷。因此，**在任一瞬间，流向某一**

节点的电流之和应该等于由该节点流出的电流之和。

在图 1-11 所示的电路中，对节点 a（图 1-12）可以写出

$$I_1 + I_2 = I_3 \tag{1-13}$$

或将式（1-13）改写成

$$I_1 + I_2 - I_3 = 0$$

即

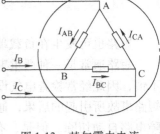

图 1-12 节点

$$\sum I = 0 \tag{1-14}$$

就是**在任一瞬间，一个节点上的电流的代数和恒等于零**。如果规定参考方向流入节点的电流取正号，则流出节点的就取负号。

根据计算的结果，有些支路的电流可能是负值，这是由于所选定的电流的参考方向与实际方向相反所致。

基尔霍夫电流定律通常应用于节点，也可以把它推广应用于包围部分电路的任一假设的闭合面。

例如，图 1-13 所示的闭合面包围的是一个三角形电路，它有三个节点。应用电流定律可列出

$$I_A = I_{AB} - I_{CA}$$
$$I_B = I_{BC} - I_{AB}$$
$$I_C = I_{CA} - I_{BC}$$

上列三式相加，使得

$$I_A + I_B + I_C = 0$$

或

$$\sum I = 0$$

可见，在任一瞬时，通过任一闭合面的电流的代数和也恒等于零。

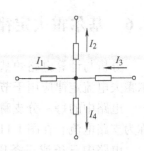

图 1-13 基尔霍夫电流
定律的推广应用

【例 1-2】 在图 1-14 中 $I_1 = 2A$，$I_2 = -3A$，$I_3 = -2A$，试求 I_4。

【解】 由基尔霍夫电流定律可列出

$$I_1 - I_2 + I_3 - I_4 = 0$$
$$2 - (-3) + (-2) - I_4 = 0$$

得

$$I_4 = 3A$$

1.6.2 基尔霍夫电压定律

图 1-14 例 1-2 的电路

基尔霍夫电压定律是用来确定回路中各段电压间关系的。如果从回路中任意一点出发，以顺时针方向或逆时针方向沿回路循行一周，则在这个方向上的**电位降之和应该等于电位升之和**。回到原来的出发点时，该点的电位是不会发生变化的。

今以图 1-15 所示的回路（即为图 1-11 所示电路的一个回路）为例，图中电源电动势、电流和各段电压的参考方向均已标出。按照虚线所示方向循行一周，根据电压的参考方向可列出

$$U_1 + U_4 = U_2 + U_3$$

或将上式改写为

$$U_1 - U_2 - U_3 + U_4 = 0$$

即

$$\sum U = 0 \qquad (1\text{-}15)$$

就是**在任一瞬时，沿任一回路循行方向（顺时针方向或逆时针方向），回路中各段电压的代数和恒等于零。**如果规定电位降取正号，则电位升就取负号。

上式也可改写为

$$E_1 - E_2 - I_1 R_1 + R_2 I_2 = 0$$

基尔霍夫电压定律不仅应用于闭合回路，也可以推广应用于回路的部分电路。现以图 1-16 所示的两个电路为例，根据基尔霍夫电压定律列出式子。

对图 1-16a 所示电路（各支路的元件是任意的）可列出

$$\sum U = U_{AB} - U_A + U_B = 0$$
$$U_{AB} = U_A - U_B$$

对图 1-16b 的电路可列出

$$E - U - RI = 0$$

或

$$U = E - RI$$

这也就是一段有源（有电源）电路的欧姆定律的表示式。

图 1-15 回路

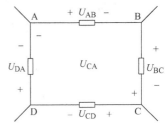

图 1-16 基尔霍夫电压定律的推广应用

应该指出，图 1-11 所举的是直流电阻电路，但是基尔霍夫两个定律具有普遍性，它们适用于由各种不同元件所构成的电路，也适用于任一瞬时对任何变化的电流和电压。

列方程时，不论是应用基尔霍夫定律或欧姆定律，**首先都要在电路图上标出电流、电压或电动势的参考方向**，因为所列方程中各项前的正负号是由它们的参考方向决定的，如果参考方向选得相反，则会相差一个负号。

【例1-3】 有一闭合回路如图 1-17 所示，各支路的元件是任意的，但已知：$U_{AB} = 5V$，$U_{BC} = -4V$，$U_{DA} = -3V$。试求：(1) U_{CD}；(2) U_{CA}。

【解】 （1）由基尔霍夫电压定律可列出

$$U_{AB} + U_{BC} + U_{CD} + U_{DA} = 0$$
$$5 + (-4) + U_{CD} + (-3) = 0$$

得

$$U_{CD} = 2V$$

（2）ABCA 不是闭合问路，也可应用基尔霍夫电压定律列出

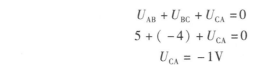

图 1-17 例 1-3 的电路

$$U_{AB} + U_{BC} + U_{CA} = 0$$

即

$$5 + (-4) + U_{CA} = 0$$

得

$$U_{CA} = -1V$$

1.7 电路中电位的概念及计算

在分析电子电路时，通常要应用**电位**这个概念。电路中两点间的电压就是两点的电位差。前面只引出电压这个概念，电路中两点间的电压就是两点的电位差。它只能说明一点的电位高，另一点的电位低，以及两点的电位相差多少的问题。至于电路中某点的电位究竟是多少伏，将在本节讨论。

今以图 1-18 所示的电路为例，来讨论该电路中各点的电位。根据图 1-19 可得出

$$U_{ab} = V_a - V_b = 6 \times 10V = 60V$$

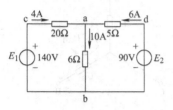

图 1-18　电路举例

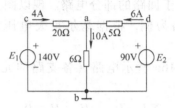

图 1-19　$V_b = 0$

这是 a、b 两点间的电压值或两点的电位差，即 a 点电位 V_a 比 b 点电位 V_b 高 60V，但不能算出 V_a 和 V_b 各为多少伏。因此，计算电位时，必须选定电路中某一点作为参考点，它的电位称为**参考电位**，通常设参考电位为零。而其他各点的电位同它比较，比它高的为正，比它低的为负。正数值越大则电位越高，负数值越大则电位越低。

参考点在电路图中标上"接地"符号。所谓"接地"，并非真与大地相接。

如将图 1-18 中 b 点"接地"，作为参考点（图 1-19），则

$$V_b = 0V, \quad V_a = 60V$$

反之，若以 a 点为参考点，则

$$V_a = 0V, \quad V_b = -60V$$

可见，某电路中任意两点间的电压值是一定的，是绝对的；而各点的电位值因所设参考点的不同而有异，是相对的。

图 1-19 也可以简化为图 1-20a 或图 1-20b 所示电路，不画电源，各端标以电位值。

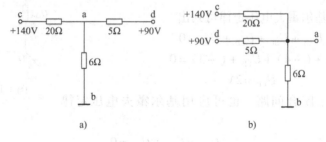

a)　　　　　　　　　　　b)

图 1-20　图 1-19 的简化电路

【例 1-4】　计算图 1-21a 所示的电路中 B 点的电位。

【解】　图 1-21a 的电路也可化成图 1-21b 的电路。以 D 为参考点

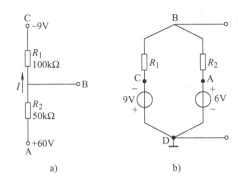

图 1-21　例 1-4 的电路

$$I = \frac{V_A - V_C}{R_1 + R_2} = \frac{6 - (-9)}{(100 + 50) \times 10^3}\text{A} = \frac{15}{150 \times 10^3}\text{A} = 0.1 \times 10^{-3}\text{A} = 0.1\text{mA}$$

$$U_{AB} = V_A - V_B = R_2 I$$

$$V_B = V_A - R_2 I = [6 - (50 \times 10^3) \times (0.1 \times 10^{-3})]\text{V} = (6 - 5)\text{V} = 1\text{V}$$

【例 1-5】 电路如图 1-22 所示。已知 $E_1 = 6\text{V}$，$E_2 = 4\text{V}$，$R_1 = 4\Omega$，$R_2 = R_3 = 2\Omega$。求 A 点电位 V_A。

【解】
$$I_1 = I_2 = \frac{E_1}{R_1 + R_2} = \frac{6}{4 + 2}\text{A} = 1\text{A}$$

$$I_3 = 0\text{A}$$

$$V_A = R_3 I_3 - E_2 + R_2 I_2 = (0 - 4 + 2 \times 1)\text{V} = -2\text{V}$$

或

$$V_A = R_3 I_3 - E_2 - R_1 I_1 + E_1 = (0 - 4 - 4 \times 1 + 6)\text{V} = -2\text{V}$$

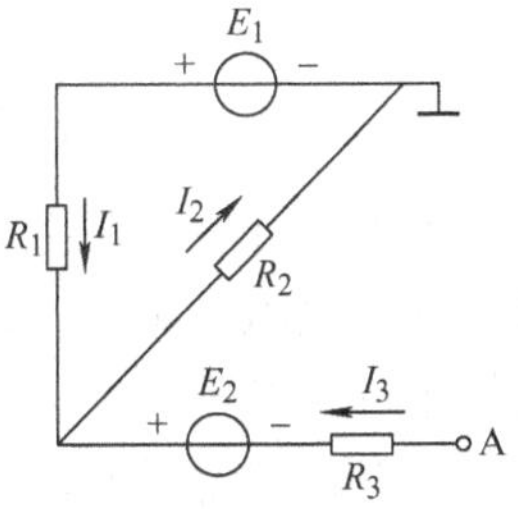

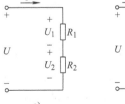

图 1-22　例 1-5 的电路

1.8　电阻串并联等效变换

在电路中，电阻的连接形式是多种多样的，其中最简单和最常用的是串联与并联。

1.8.1　电阻的串联

如果电路中有两个或更多个电阻一个接一个地顺序相连，并且在这些电阻中通过**同一电流**，则这样的连接法就称为电阻的串联。图 1-23a 所示是两个电阻串联的电路。

两个串联电阻可用一个等效电阻 R 来代替（图 1-23b），等效的条件是在同一电压 U 的作用下电流 I 保持不变。等效电阻等于各个串联电阻之和，即

$$R = R_1 + R_2 \tag{1-16}$$

两个串联电阻上的电压分别为

$$\left.\begin{array}{l} U_1 = R_1 I = \dfrac{R_1}{R_1 + R_2}U \\[3mm] U_2 = R_2 I = \dfrac{R_2}{R_1 + R_2}U \end{array}\right\} \tag{1-17}$$

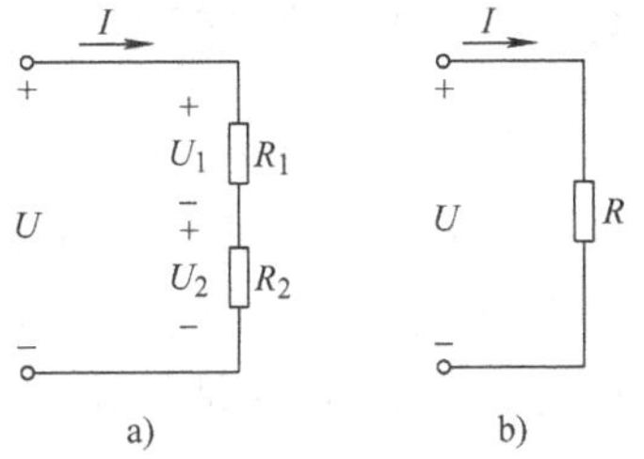

图 1-23　电阻的串联

a) 串联电路　b) 等效电路

可见，串联电阻上电压的分配与电阻成正比。式（1-17）称为分压公式。当其中某个电阻较其他电阻小很多时，在它两端的电压也较其他电阻上的电压低很多，因此，这个电阻的分压作用可忽略不计。

1.8.2 电阻的并联

如果电路中有两个或更多个电阻连接在两个公共的节点之间，则这样的连接法就称为电阻的并联。在各个并联支路（电阻）上承受同一电压。图 1-24a 是两个电阻并联的电路。

两个并联电阻也可用一个**等效**电阻来代替（图 1-24b）。等效电阻的倒数等于各个并联电阻的倒数之和，即

$$\frac{1}{R} = \frac{1}{R_1} + \frac{1}{R_2} \tag{1-18}$$

两个并联电阻上的电流分别为

$$\left.\begin{array}{l} I_1 = \dfrac{U}{R_1} = \dfrac{RI}{R_1} = \dfrac{R_2}{R_1 + R_2}I \\[3mm] I_2 = \dfrac{U}{R_2} = \dfrac{RI}{R_2} = \dfrac{R_1}{R_1 + R_2}I \end{array}\right\} \tag{1-19}$$

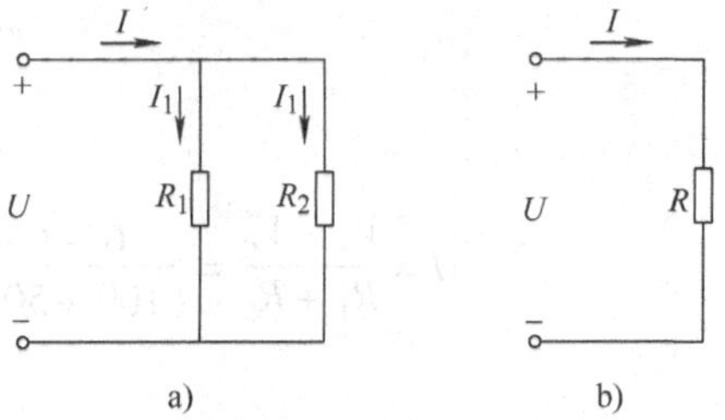

图 1-24　电阻的并联

a）并联电路　b）等效电路

可见，并联电阻上电流的分配与电阻成反比。式（1-19）称为分流公式。当其中某个电阻较其他电阻大很多时，通过它的电流就较其他电阻上的电流小很多，因此，这个电阻的分流作用可忽略不计。

一般负载都是并联运用的。负载并联运用时，它们处于同一电压之下，任何一个负载的工作情况基本上不受其他负载的影响。

并联的负载电阻越多（负载增加），则总电阻越小，电路中总电流和总功率也就越大。但是每个负载的电流和功率却没有变化。

1.9　电源的两种模型

一个电源可以用两种不同的电路模型来表示。一种是用理想电压源与电阻串联的电路模型来表示，称为电源的**电压源模型**；另一种是用理想电流源与电阻并联的电路模型来表示，称为电源的**电流源模型**。

1.9.1 电压源模型

任何一个电源，例如发电机、电池或各种信号源，都含有电动势 E 和内阻 R_0。在分析计算电路时，往往把它们分开，组成的电路模型如图 1-25 所示，此即电压源模型，简称**电压源**。图中，U 是电源端电压；R_L 是负载电阻；I 是负载电流。

根据图 1-25 所示电路，可得出

$$U = E - R_0 I \tag{1-20}$$

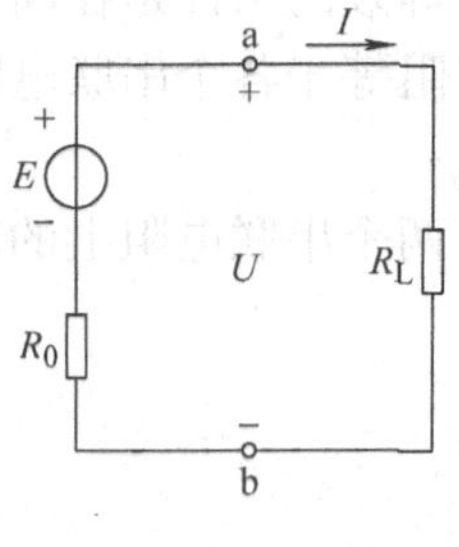

由式（1-20）可做出电压源的外特性曲线，如图 1-26 所示。当电压源

图 1-25　电压源电路

开路时，$I=0$，$U=U_0=E$；当电压源短路时，$U=0$，$I=I_s=\dfrac{E}{R_0}$；内阻 R_0 越小，则直线越平。

当 $R_0=0$ 时，电压 U 恒等于电源电动势 E，是一定值，而其中的电流 I 则是任意的，由其负载电阻 R_L 和电压 U 确定。这样的电源称为**理想电压源**，其符号及电路模型如图 1-27 所示。它的外特性曲线是与横轴平行的一条直线，如图 1-26 所示。

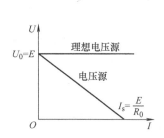

图 1-26 电压源与理想电压源的外特性

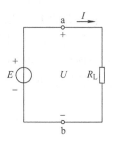

图 1-27 理想电压源电路

1.9.2 电流源模型

电源除用电动势 E 和内阻 R_0 的电路模型来表示之外，还可以用另一种电路模型来表示。

若将式（1-20）两端除以 R_0，则得

$$\frac{U}{R_0}=\frac{E}{R_0}-I=I_s-I$$

即

$$I_s=\frac{U}{R_0}+I \tag{1-21}$$

式中，$I_s=\dfrac{E}{R_0}$ 为电源的短路电流；I 为负载电流；而 $\dfrac{U}{R_0}$ 是引出的另一个电流。若用电路图表示，则如图 1-28 所示。

图 1-28 是用电流来表示的电源的电路模型，此即电流源模型，简称**电流源**。两条支路并联，其中电流分别为 I_s 和 $\dfrac{U}{R_0}$。对负载电阻 R_L 来讲，和图 1-25 是一样的，其上的电压 U 和通过的电流 I 没有改变。

由式（1-21）可做出电流源的外特性曲线，如图 1-29 所示。当电流源开路时，$I=0$，$U=U_0=R_0I_s$；当电流源短路时，$U=0$，$I=I_s$。内阻 R_0 越大，则直线越陡。

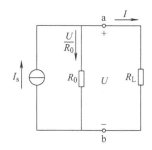

图 1-28 电流源电路

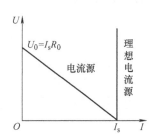

图 1-29 电流源与理想电流源外特性

当 $R_0 = \infty$（相当于并联支路 R_0 断开）时，电流 I 恒等于 I_s，是一定值，而其两端的电压 U 则是任意的，由负载电阻 R_L 和电流 I_s 本身确定。这样的电源称为**理想电流源**，其符号及电路模型如图 1-30 所示。它的外特性曲线将是与纵轴平行的一条直线，如图 1-29 所示。

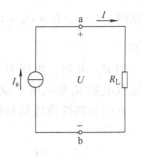

图 1-30　理想电流源电路

【例 1-6】 在图 1-31 中，一个理想电压源和一个理想电流源相连，试讨论它们的工作状态。

【解】 在图 1-31 所示电路中，理想电压源中的电流（大小和方向）决定于理想电流源的电流 I，理想电流源两端的电压决定于理想电压源的电压 U。

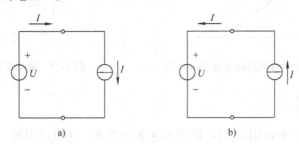

图 1-31　例 1-6 的电路

在图 1-31a 中，电流从电压源的正端流出（U 和 I 的实际方向相反），而流进电流源的正端（U 和 I 的实际方向相同），故电压源处于电源状态，发出功率 $P = UI$，而电流源则处于负载状态，取用功率 $P = UI$。

在图 1-31b 中，电流从电流源流出（U 和 I 的实际方向相反），而流进电压源的正端（U 和 I 的实际方向相同），故电流源发出功率，处于电源状态，而电压源取用功率，处于负载状态。

1.10　支路电流法

凡不能用电阻串并联等效变换化简的电路，一般称为复杂电路。在计算复杂电路的各种方法中，支路电流法是最基本的。它是应用基尔霍夫电流定律和电压定律分别对节点和回路列出所需要的方程组，而后解出各未知支路电流。

列方程时，必须先在电路图上选定好未知支路电流以及电压或电动势的参考方向。

现以图 1-32 所示的两个电源并联的电路为例，来说明支路电流法的应用。在本电路中，支路数 $b = 3$，节点数 $n = 2$，共要列出 3 个独立方程。电动势和电流的参考方向如图中所示。

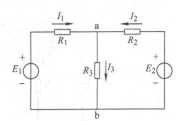

图 1-32　两个电源并联的电路

首先，应用基尔霍夫电流定律对节点 a 列出

$$I_1 + I_2 - I_3 = 0 \qquad (1-22)$$

对节点 b 列出

$$I_3 - I_1 - I_2 = 0 \tag{1-23}$$

式（1-23）即为式（1-22），它是非独立的方程。因此，对具有两个节点的电路，应用电流定律只能列出 $2 - 1 = 1$ 个独立方程。

一般地说，对具有 n 个节点的电路应用基尔霍夫电流定律只能得到 $n - 1$ 个独立方程。

其次，应用基尔霍夫电压定律列出其余 $b - (n - 1)$ 个方程，通常可取单孔回路（或称网孔）列出。如果不取网孔回路，则该回路必须包括一个新的支路。在图 1-32 中有两个单孔回路。对左面的单孔回路可列出

$$E_1 = R_1 I_1 + R_3 I_3 \tag{1-24}$$

对右面的单孔回路可列出

$$E_2 = R_2 I_2 + R_3 I_3 \tag{1-25}$$

单孔回路的数目恰好等于 $b - (n - 1)$。

应用基尔霍夫电流定律和电压定律一共可列出 $(n - 1) + [b - (n - 1)] = b$ 个独立方程，所以能解出 b 个支路电流。

【例 1-7】 在图 1-32 所示的电路中，设 $E_1 = 140V$，$E_2 = 90V$，$R_1 = 20\Omega$，$R_2 = 5\Omega$，$R_3 = 6\Omega$，试求各支路电流。

【解】 应用基尔霍夫电流定律和电压定律列出式（1-22）、式（1-24）及式（1-25），并将已知数据代入，即得

$$\begin{cases} I_1 + I_2 - I_3 = 0 \\ 140 = 20I_1 + 6I_3 \\ 90 = 5I_2 + 6I_3 \end{cases}$$

解之，得

$$I_1 = 4A, \quad I_2 = 6A, \quad I_3 = 10A$$

1.11 叠加定理

在图 1-33a（即图 1-32）所示电路中有两个电源，各支路中的电流是由这两个电源共同作用产生的。对于线性电路，任何一条支路中的电流，都可以看成是由电路中各个电源（电压源或电流源）分别作用时，在此支路中所产生的电流的代数和。这就是**叠加定理**。

叠加定理是分析线性电路的最基本的方法之一。它的正确性可用下列说明。

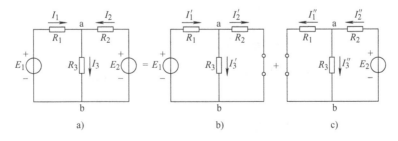

图 1-33 叠加定理

于是

$$I_1 = I_1' - I_1'' \tag{1-26}$$

显然，I_1' 是当电路中只有 E_1 单独作用时，在第一支路中所产生的电流（图 1-33b）。而 I_1'' 是当电路中只有 E_2 单独作用时，在第一支路中所产生的电流（图 1-33c）。因为 I_1'' 的方向同 I_1 的参考方向相反，所以带负号。

同理
$$I_2 = I_2'' - I_2' \tag{1-27}$$
$$I_3 = I_3' + I_3'' \tag{1-28}$$

所谓电路中只有一个电源单独作用，就是假设将其余电源均除去（将各个理想电压源短接，即其电动势为零；将各个理想电流源开路，即其电流为零）。

用叠加定理计算复杂电路，就是把一个多电源的复杂电路化为几个单电源电路来进行计算。

从数学上看，叠加定理就是线性方程的可加性。由前面支路电流法得出的都是线性代数方程，所以支路电流或电压都可以用叠加定理来求解。但功率的计算就不能用叠加定理。如以图 1-33a 中电阻 R_3 上的功率为例，显然

$$P_3 = R_3 I_3{}^2 = R_3 (I_3' + I_3'')^2 \neq R_3 (I_3')^2 + R_3 (I_3'')^2$$

这是因为电流与功率不成正比，它们之间不是线性关系。

叠加定理不仅可以用来计算复杂电路，而且也是分析与计算线性问题的普遍原理，在后面的内容中还常用到。

【例 1-8】 用叠加定理计算例 1-7，即图 1-33a 所示电路中的各个电流。

【解】 在图 1-33a 所示电路的电流可以看成是由图 1-33b 和图 1-33c 所示两个电路的电流叠加起来的。

在图 1-33b 中

$$I_1' = \frac{E_1}{R_1 + \dfrac{R_2 R_3}{R_2 + R_3}} = \frac{140}{20 + \dfrac{5 \times 6}{5 + 6}} \text{A} = 6.16 \text{A}$$

$$I_2' = \frac{R_3}{R_2 + R_3} I_1' = \frac{6}{5 + 6} \times 6.16 \text{A} = 3.36 \text{A}$$

$$I_3' = \frac{R_2}{R_2 + R_3} I_1' = \frac{5}{5 + 6} \times 6.16 \text{A} = 2.80 \text{A}$$

在图 1-33c 中

$$I_2'' = \frac{E_2}{R_2 + \dfrac{R_1 R_3}{R_1 + R_3}} = \frac{90}{5 + \dfrac{20 \times 6}{20 + 6}} \text{A} = 9.36 \text{A}$$

$$I_1'' = \frac{R_3}{R_1 + R_3} I_2'' = \frac{6}{20 + 6} \times 9.36 \text{A} = 2.16 \text{A}$$

$$I_3'' = \frac{R_1}{R_1 + R_3} I_2'' = \frac{20}{20 + 6} \times 9.36 \text{A} = 7.20 \text{A}$$

所以

$$I_1 = I_1' - I_1'' = (6.16 - 2.16) \text{A} = 4.0 \text{A}$$
$$I_2 = I_2'' - I_2' = (9.36 - 3.36) \text{A} = 6.0 \text{A}$$

$$I_3 = I_3' + I_3'' = (2.80 + 7.20)A = 10.0A$$

1.12 戴维南定理

在有些情况下,只需要计算一个复杂电路中某一支路的电流,如果用前面几节所述的方法来计算,必然会引出一些不需要的电流。如果只需要计算复杂电路中的一个支路,可以将这个支路画出(图1-34a中的ab支路,其中电阻为R_L),而把其余部分看作一个**有源二端网络**(图1-34a中的方框部分)。所谓有源二端网络,就是具有两个出线端的部分电路,其中含有电源。有源二端网络可以是简单的或任意复杂的电路。但是不论它的简繁程度如何,它对所要计算的这个支路而言,仅相当于一个电源,因为它对这个支路供给电能。因此,这个有源二端网络一定可以化简为一个**等效电压源**。经这种等效变换后,ab支路中的电流I及其两端的电压U没有变动。

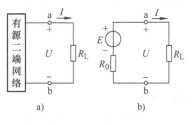

图1-34 等效电源

对外部电路而言,任何一个有源二端线性网络都可以用一个电动势为E的理想电压源和内阻R_0串联的电源来等效代替(图1-34)。等效电源的电动势E就是有源二端网络的开路电压U_0,即将负载断开后a、b两点之间的电压。等效电源的内阻R_0等于有源二端网络的开路电压U_0与短路电流I_s之比,也等于将原有源二端网络中所有电源均除去(将各个理想电压源短路,即其电动势为零;将各个理想电流源开路,即其电流为零)后所得到的无源网络a、b两点之间的等效电阻。这就是**戴维南定理**。

【**例1-9**】 用戴维南定理计算例1-7中的支路电流I_3。

【**解**】 图1-32的电路可化为图1-35所示的等效电路。

等效电源的电动势E可由图1-36a求得

$$I = \frac{E_1 - E_2}{R_1 + R_2} = \frac{140 - 90}{20 + 5}A = 2A$$

于是

$$E = U_0 = E_1 - R_1 I = (140 - 20 \times 2)V = 100V$$

或

$$E = U_0 = E_2 + R_2 I = (90 + 5 \times 2)V = 100V$$

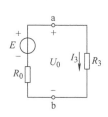

图1-35 图1-32所示电路的等效电路

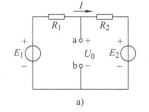

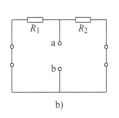

图1-36 计算等效电源的E和R_0的电路

等效电源的内阻R_0可由图1-36b求得。对a、b两端来讲,R_1和R_2是并联的,因此

$$R_0 = \frac{R_1 R_2}{R_1 + R_2} = \frac{20 \times 5}{20 + 5}\Omega = 4\Omega$$

而后由图 1-35 求出

$$I_3 = \frac{E}{R_0 + R_3} = \frac{100}{4+6}A = 10A$$

习　题

1.1　在图 1-37 所示的各段电路中，已知 $U_{ab} = 10V$，$E = 5V$，$R = 5\Omega$，试求 I 的表达式及其数值。

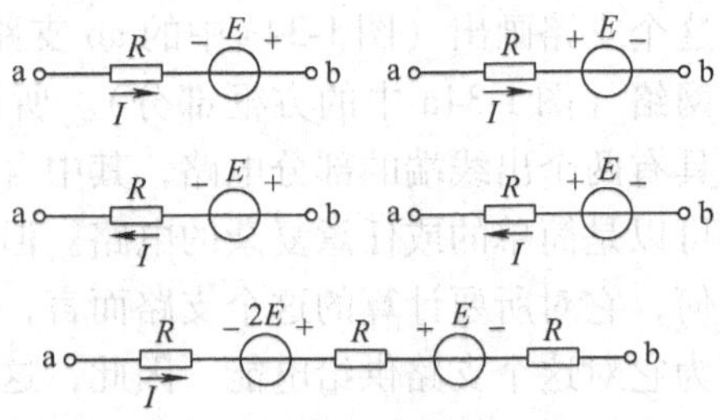

1.2　在图 1-38 中，五个元器件代表电源或负载。电流和电压的参考方向如图中所示，通过实验测量得知

$$I_1 = -4A \quad I_2 = 6A \quad I_3 = 10A$$
$$U_1 = 140V \quad U_2 = -90V \quad U_3 = 60V$$
$$U_4 = -80V \quad U_5 = 30V$$

（1）试标出各电流的实际方向和各电压的实际极性（可另画一图）；

（2）判断哪些元器件是电源，哪些是负载；

（3）计算各元器件的功率，电源发出的功率和负载取用的功率是否平衡？

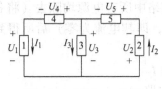

图 1-37　习题 1.1 的图

1.3　在图 1-39 中，已知 $I_1 = 3mA$，$I_2 = 1mA$。试确定电路元器件 3 中的电流 I_3 和其两端电压 U_3，并说明它是电源还是负载。校验整个电路的功率是否平衡。

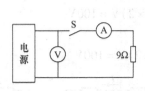

图 1-38　习题 1.2 的图

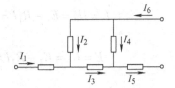

图 1-39　习题 1.3 的图

1.4　电路如图 1-40 所示。当开关 S 断开时，电压表读数为 18V；当开关 S 闭合时，电流表读数为 1.8A。试求电源的电动势 E 和内阻 R_0，并求 S 闭合时电压表的读数。

1.5　在图 1-41 中，已知 $I_1 = 0.01\mu A$，$I_2 = 0.3\mu A$，$I_5 = 9.61\mu A$，试求电流 I_3、I_4 和 I_6。

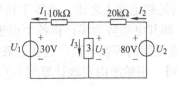

图 1-40　习题 1.4 的图

图 1-41　习题 1.5 的图

1.6　计算图 1-42 所示电路中的电流 I_1、I_2、I_3、I_4 和电压 U。

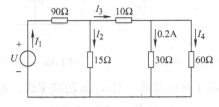

图 1-42　习题 1.6 的图

1.7　试求图 1-43 所示电路中 A 点的电位。

1.8　在图 1-44 中，在开关 S 断开和闭合的两种情况下求 A 点的电位。

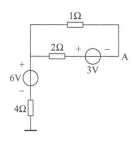

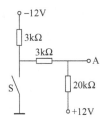

图 1-43　习题 1.7 的图　　　　　图 1-44　习题 1.8 的图

1.9　在图 1-45 中，求 A 点电位 V_A。

1.10　图 1-46 所示电路由四个固定电阻串联而成。利用几个开关的闭合或断开，可以得到多种电阻值。设四个电阻都是 1Ω，试求在下列三种情况下 a、b 两点间的电阻值：（1）S_1 和 S_5 闭合，其他断开；（2）S_2、S_3 和 S_5 闭合，其他断开；（3）S_1、S_3 和 S_4 闭合，其他断开。

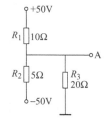

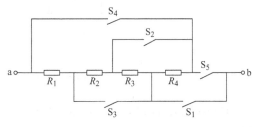

图 1-45　习题 1.9 的图　　　　　图 1-46　习题 1.10 的图

1.11　在图 1-47 中 $R_1 = R_2 = R_3 = R_4 = 300\Omega$，$R_5 = 600\Omega$。试求开关 S 断开和闭合时 a 和 b 之间的等效电阻。

1.12　图 1-48 所示的是由电位器组成的分压电路，电位器的电阻 $R_P = 270\Omega$，两边的串联电阻 $R_1 = 350\Omega$，$R_2 = 550\Omega$。设输入电压 $U_1 = 12V$，试求输出电压 U_2 的变化范围。

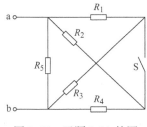

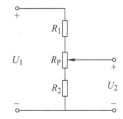

图 1-47　习题 1.11 的图　　　　　图 1-48　习题 1.12 的图

1.13　在图 1-49 所示电路中，求各理想电流源的端电压、功率及各电阻上消耗的功率。

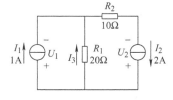

图 1-49　习题 1.13 的图

1.14 在图 1-50 所示电路中，已知 $E_1 = 12V$，$E_2 = 12V$，$R_1 = 1\Omega$，$R_2 = 2\Omega$，$R_3 = 2\Omega$，$R_4 = 4\Omega$，求各支路电流。

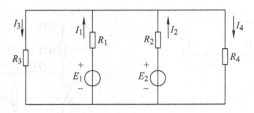

图 1-50 习题 1.14 的图

1.15 试用支路电流法求图 1-51 所示电路中的各支路电流，并求三个电源的输出功率和负载电阻 R_L 取用的功率。0.8Ω 和 0.4Ω 分别为两个电压源的内阻。

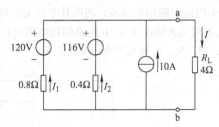

图 1-51 习题 1.15 的图

1.16 应用叠加定理计算图 1-52 所示电路中各支路电流和各元器件（电源和电阻）两端的电压，并说明功率平衡关系。

1.17 应用戴维南定理计算图 1-53 所示电路中的电流 I。

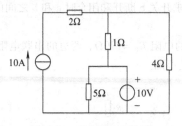

图 1-52 习题 1.16 的图

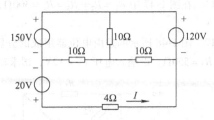

图 1-53 习题 1.17 的图

1.18 电路如图 1-54 所示，试用戴维南定理计算通过电阻 R_L 的电流 I_L。

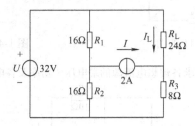

图 1-54 习题 1.18 的图

第 ② 章

正弦交流电路

正弦交流电简称交流电，是目前供电和用电的主要形式。所谓正弦交流电路，是指含有正弦电源而且电路各部分所产生的电压和电流均按正弦规律变化的电路。交流发电机中所产生的电动势和正弦信号发生器所输出的信号电压，都是随时间按正弦规律变化的。它们是常用的正弦电源。在生产上和日常生活中所用的交流电，一般都是指正弦交流电。正弦交流电所以能得到广泛应用，第一，因为可以利用变压器把正弦电压升高或降低，这种变换电压的方法既灵活又简单经济；第二，在分析电路时常遇到加减乘除求导及积分的问题，而由于同频率的正弦量的加减乘除仍为同频率的正弦量，正弦量对时间的求导或积分也仍为同一频率的正弦量；第三，正弦量变化平滑，在正常情况下不会引起过电压而破坏电气设备的绝缘。因此，正弦交流电路是电工学中很重要的一个部分。对本章中所讨论的一些基本概念、基本理论和基本分析方法，应很好地掌握，并能运用，为后面学习交流电机、电器及电子技术打下理论基础。

2.1 正弦电压与电流

前面第 1 章分析的是直流电路，其中电流和电压的大小与方向（或电压的极性）是不随时间而变化的。正弦电压和电流是按照正弦规律周期性变化的，其波形如图 2-1 所示。由于正弦电压和电流的方向是周期性变化的，在电路图上所标的方向是指它们的参考方向，即代表正半周时的方向。在负半周时，由于所标的参考方向与实际方向相反，则其为负。图中的虚线箭标代表电流的实际方向；"$\oplus$" 和 "$\ominus$" 代表电压的实际方向（极性）。

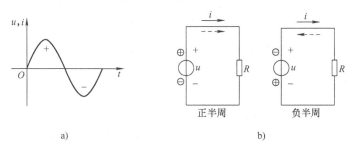

a)   b)

图 2-1   正弦电压和电流

a）正弦交流电波形图   b）参考方向与实际方向

正弦电压和电流等物理量，常统称为**正弦量**。正弦量的特征表现在变化的快慢、大小及初始值三个方面，而它们分别由频率（或周期）、幅值（或有效值）和初相位来确定。所以频率、幅值和初相位就称为确定正弦量的三要素。

在正弦交流电路中，电压或电流都可以用时间 t 的正弦函数来表示，其数学表达式为

$$\left.\begin{array}{l} u = U_m \sin(\omega t + \psi_u) \\ i = I_m \sin(\omega t + \psi_i) \end{array}\right\} \tag{2-1}$$

式中，u 和 i 表示在某一瞬时正弦交流电量的值，称为**瞬时值**，式（2-1）称为**瞬时值表达式**；U_m 和 I_m 表示变化过程中出现的最大瞬时值，称为**最大值**；ω 为正弦交流电的**角频率**；ψ_u 和 ψ_i 称为正弦交流电的**初相位**或**初相位角**。

以上说明，分析正弦交流电时应从以下三方面进行。

2.1.1 频率和周期

正弦量变化一个循环所需要的时间称为**周期**，用 T 表示，单位是秒（s）。每秒内变化的次数称为**频率**，用 f 表示，单位是赫兹（Hz）。T 与 f 是互为倒数的关系，即

$$f = \frac{1}{T} \tag{2-2}$$

在我国和大多数国家都采用 50Hz 作为电力标准频率，有些国家（如美国、日本等）采用 60Hz。这种频率在工业上应用广泛，习惯上也称为工频。通常交流电动机和照明负载都用这种频率。

在其他各种不同的技术领域内使用着各种不同的频率。例如，收音机中波段的频率是 530～1600kHz，短波段的频率是 2.3～23MHz；移动通信的频率是 900MHz 和 1800MHz。

正弦量变化的快慢除用周期和频率表示外，还可用**角频率** ω 来表示。因为一周内经历了 2π 弧度（图 2-2），所以角频率为

$$\omega = \frac{2\pi}{T} = 2\pi f \tag{2-3}$$

ω 的单位是弧度每秒（rad/s）。

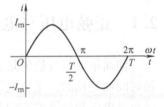

图 2-2 正弦波形

式（2-3）表示 T、f、ω 三者之间的关系，只要知道其中之一，则其余均可求出。

【**例 2-1**】 已知 $f = 50$Hz，试求 T 和 ω。

【**解**】

$$T = \frac{1}{f} = \frac{1}{50}s = 0.02s$$

$$\omega = 2\pi f = 2 \times 3.14 \times 50 \text{rad/s} = 314 \text{rad/s}$$

2.1.2 幅值和有效值

正弦量在任一瞬间的值称为**瞬时值**，用小写字母来表示，如 i、u 和 e 分别表示电流、电压及电动势的瞬时值。瞬时值中最大的值称为**幅值**或**最大值**，用带下标 m 的大写字母来表示，如 I_m、U_m 和 E_m 分别表示电流、电压及电动势的幅值。

图 2-2 所示的正弦电流的波形，它的数学表达式为

$$i = I_m \sin \omega t \tag{2-4}$$

正弦电流、电压和电动势的大小往往不是用它们的幅值，而是常用**有效值**（方均根值）

来计量的。

有效值是从电流的热效应来规定的，因为在电工技术中，电流常表现出其热效应。不论是周期性变化的电流还是直流电流，只要它们在相等的时间内通过同一电阻而两者的热效应相等，就把它们的安培值看作是相等的。就是说，某一个周期电流 i 通过电阻 R 在一个周期内产生的热量，和另一个直流电流 I 通过同样大小的电阻在相等的时间内产生的热量相等，那么这个周期性变化的电流 i 的有效值在数值上就等于这个直流电流 I。

根据上述，可得

$$\int_0^T Ri^2 \mathrm{d}t = RI^2 T$$

由此可得出周期电流的有效值为

$$I = \sqrt{\frac{1}{T}\int_0^T i^2 \mathrm{d}t} \tag{2-5}$$

即有效值等于瞬时值的二次方在一个周期内的平均值的开方，故有效值又称方均根值。

式（2-5）适用于周期性变化的量，但不能用于非周期量。

当周期电流为正弦量时，即 $i = I_\mathrm{m}\sin\omega t$，则

$$I = \sqrt{\frac{1}{T}\int_0^T I_\mathrm{m}^2 \sin^2\omega t \mathrm{d}t}$$

因为

$$\int_0^T \sin^2\omega t \mathrm{d}t = \int_0^T \frac{1-\cos 2\omega t}{2}\mathrm{d}t = \frac{1}{2}\int_0^T \mathrm{d}t - \frac{1}{2}\int_0^T \cos 2\omega t \mathrm{d}t = \frac{T}{2} - 0 = \frac{T}{2}$$

所以

$$I = \sqrt{\frac{1}{T}I_\mathrm{m}^2 \frac{T}{2}} = \frac{I_\mathrm{m}}{\sqrt{2}} \tag{2-6}$$

如果考虑到周期电流 i 是作用在电阻 R 两端的周期电压 u 产生的，则由式（2-5）就可推得周期电压的有效值。即

$$U = \sqrt{\frac{1}{T}\int_0^T u^2 \mathrm{d}t}$$

当周期电压为正弦量，即 $u = U_\mathrm{m}\sin\omega t$ 时，则

$$U = \frac{U_\mathrm{m}}{\sqrt{2}} \tag{2-7}$$

同理

$$E = \frac{E_\mathrm{m}}{\sqrt{2}}$$

按照规定，有效值都用大写字母表示，和表示直流的字母一样。

一般所讲的正弦电压或电流的大小，例如交流电压 380V 或 220V，都是指它的有效值。一般交流电流表和电压表的刻度也是根据有效值来定的。

【例 2-2】 已知 $u = U_\mathrm{m}\sin\omega t$，$U_\mathrm{m} = 310\mathrm{V}$，$f = 50\mathrm{Hz}$，试求有效值 U 和 $t = \frac{1}{10}\mathrm{s}$ 时的瞬时值。

【解】
$$U = \frac{U_m}{\sqrt{2}} = \frac{310}{\sqrt{2}}V \approx 220V$$

$$u = U_m \sin 2\pi ft = 310 \sin \frac{100\pi}{10}V = 0V$$

2.1.3 初相位

交流电在不同的时刻 t 具有不同的 $(\omega t + \psi)$ 值，交流电也就变化到不同的数值。所以 $(\omega t + \psi)$ 代表了交流电的变化进程，称为**相位**或**相位角**。对应于 $t = 0$ 时（即开始计时瞬间）的相位称为**初相位 ψ**。显然，初相位与所选时间的起点有关。原则上，计时的起点是可以任意选择的。不过，在进行交流电路的分析和计算时，同一个电路中所有的电流、电压和电动势只能有一个共同的计时起点。因而只能任选其中某一个的初相位为零的瞬间作为计时的起点。这个初相位被选为零的正弦量称为参考量，这时其他各量的初相位就不一定等于零了。正弦交流电在不同初相位角下的波形如图 2-3 所示。

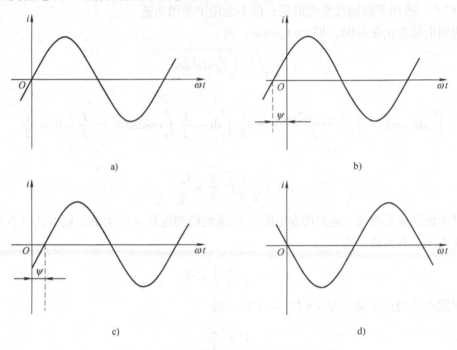

图 2-3　正弦交流电在不同初相位下的波形

a) $\psi = 0°$　b) $0° < \psi < 180°$　c) $0° > \psi > -180°$　d) $\psi = 180°$

任何**两个频率相同**的正弦量之间的相位关系可以通过它们的**相位差**来说明。例如

$$\left. \begin{array}{l} u = U_m \sin(\omega t + \psi_u) \\ i = I_m \sin(\omega t + \psi_i) \end{array} \right\} \tag{2-8}$$

它们的相位差

$$\varphi = (\omega t + \psi_u) - (\omega t + \psi_i) = \psi_u - \psi_i \tag{2-9}$$

可见，任何两个同频率的正弦量的相位差也就是初相位之差，初相位不同，即相位不同，说明它们随时间变化的步调不一致。相位差的取值范围为 $-180° \leqslant \varphi \leqslant 180°$。因此，在

画同频率的正弦量时，由于 ω 是一常数，所以正弦交流电波形图中可用 ωt 作为横坐标。例如当 $0° < \varphi < 180°$ 时，波形如图 2-4a 所示，u 总要比 i 先经过相应的最大值和零值，这时就称在相位上 u **超前** i 一个 φ 角或者称 i 是滞后 u 一个 φ 角。当 $-180° < \varphi < 0°$ 时，波形如图 2-4b 所示，u 与 i 的相位关系正好倒过来；当 $\varphi = 0°$ 时，波形如图 2-4c 所示，这时就称 u 与 i 相位相同，或者说 u 与 i **同相**；当 $\varphi = 180°$ 时，波形如图 2-4d 所示，这时，就称 u 与 i 相位相反，或者说 u 与 i **反相**。

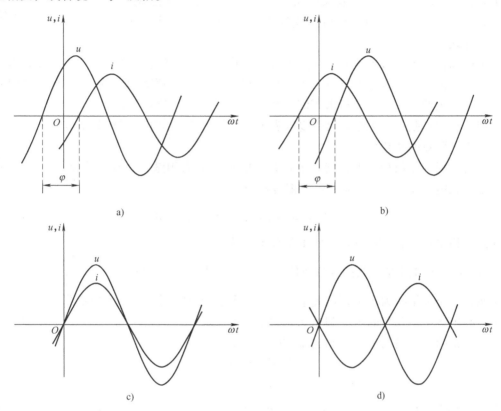

图 2-4　同频率正弦量的相位关系

a) $0° < \varphi < 180°$　b) $-180° < \varphi < 0°$　c) $\varphi = 0°$　d) $\varphi = 180°$

2.2　正弦量的相量表示法

如上节所述，一个正弦量具有幅值、频率及初相位三个特征或要素。而这些特征可以用一些方法表示出来。正弦量的各种表示方法是分析与计算正弦交流电路的工具。

前面已经讲过两种表示法。一种是用三角函数式来表示，如 $i = I_m \sin\omega t$，这是正弦量的基本表示法；另一种是用正弦波形来表示，如图 2-2 所示。

在对正弦交流电路进行分析时，经常需要将几个频率相同的正弦量进行加减等运算。这时若采用三角运算和做波形图法都不够方便，因此正弦量常用**相量**来表示。相量表示法的基础是复数，就是用复数来表示正弦量，这样可以把三角运算简化成复数形式的代数运算。

设复平面中有一个复数 A，其模为 r，辐角为 ψ（图 2-5），它可用下列三种式子表示：

$$A = a + jb = r\cos\psi + jr\sin\psi = r(\cos\psi + j\sin\psi) \qquad (2\text{-}10)$$

$$A = re^{j\psi} \qquad (2\text{-}11)$$

或简写为

$$A = r \underline{/\psi} \qquad (2\text{-}12)$$

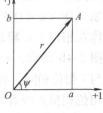

图 2-5　复数

因此，一个复数可用上述几种复数式来表示。式（2-10）称为复数的代数式；式（2-11）称为指数式；式（2-12）则称为极坐标式。三者可以互相转换。复数的加减运算可用代数式，复数的乘除运算可用指数式或极坐标式。

由上可知，一个复数由模和辐角两个特征来确定。而正弦量由幅值、初相位和频率三个特征来确定。但在分析线性电路时，正弦激励和响应均为同频率的正弦量，频率是已知的，可不必考虑。因此，一个正弦量由幅值（或有效值）和初相位就可确定。

比照复数和正弦量，正弦量可用复数表示。复数的模即为正弦量的幅值或有效值，复数的辐角即为正弦量的初相位。

为了与一般的复数相区别，把表示正弦量的复数称为**相量**，并在大写字母上打"·"。于是表示正弦电压 $u = U_m\sin(\omega t + \psi)$ 的相量式为

$$\dot{U} = U(\cos\psi + j\sin\psi) = Ue^{j\psi} = U \underline{/\psi} \qquad (2\text{-}13)$$

注意，相量只是表示正弦量，而不是等于正弦量。

式（2-13）中的 j 是复数的虚数单位，即 $j = \sqrt{-1}$，并由此得 $j^2 = -1$，$\dfrac{1}{j} = -j$。

按照各个正弦量的大小和相位关系画出的若干个相量的图形，称为**相量图**。在相量图上能形象地看出各个正弦量的大小和相互间的相位关系。

例如，正弦交流电的电压 u 和电流 i 的表达式为

$$\left. \begin{array}{l} u = U_m\sin(\omega t + \psi_u) \\ i = I_m\sin(\omega t + \psi_i) \end{array} \right\}$$

在图 2-6 中是用正弦波形表示的电压 u 和电流 i 两个正弦量。若用相量图表示，则如图 2-7 所示。电压相量 $\dot{U}$ 比电流相量 $\dot{I}$ 超前 φ 角，也就是正弦电压 u 比正弦电流 i 超前 φ 角。

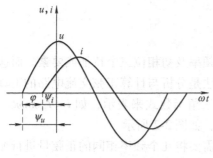

图 2-6　u 和 i 的波形

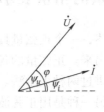

图 2-7　相量图

只有正弦周期量才能用相量表示，相量不能表示非正弦周期量。只有同频率的正弦量才能画在同一相量图上，不同频率的正弦量不能画在一个相量图上，否则就无法比较和计算。

由上可知，表示正弦量的相量有两种形式：相量图和复数式（相量式）。

当 $\psi = \pm 90°$ 时，则

$$e^{\pm j90°} = \cos 90° \pm j \sin 90° = \pm j$$

因此任意一个相量乘 $+j$ 后，即向前（逆时针方向）旋转了 $90°$；乘上 $-j$ 后，即向后（顺时针方向）旋转了 $90°$。

【例 2-3】 在图 2-8 所示的电路中，设

$$i_1 = I_{1m} \sin(\omega t + \psi_1) = 100\sqrt{2} \sin(\omega t + 45°) \text{A}$$

$$i_2 = I_{2m} \sin(\omega t + \psi_2) = 60\sqrt{2} \sin(\omega t - 30°) \text{A}$$

求总电流 i，并做出电流的相量图。

【解】 将 $i = i_1 + i_2$ 化为基尔霍夫电流定律的相量表示式，求 i 的相量 $\dot{I}$。

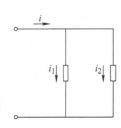

图 2-8 例 2-3 的图

$$
\begin{aligned}
\dot{I} &= \dot{I}_1 + \dot{I}_2 = I_1 e^{j\psi_1} + I_2 e^{j\psi_2} \\
&= 100 e^{j45°} + 60 e^{-j30°} \\
&= (100\cos 45° + j100\sin 45°) + (60\cos 30° - j60\sin 30°) \\
&= [(70.7 + j70.7) + (52 - j30)] \text{A} \\
&= (122.7 + j40.7) \text{A} = 129 e^{j18.35°} \text{A}
\end{aligned}
$$

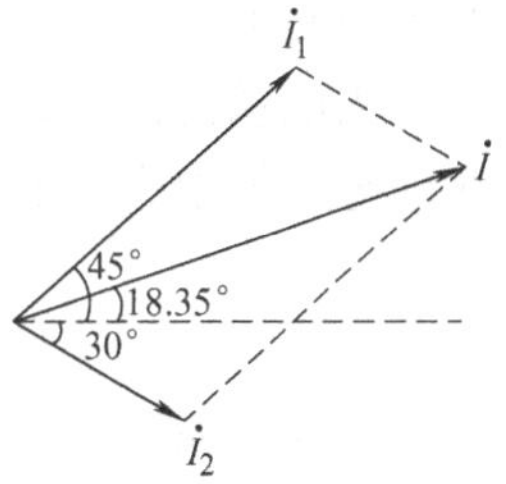

得

$$i = 129\sqrt{2} \sin(\omega t + 18.35°) \text{A}$$

电流相量图如图 2-9 所示。

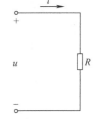

图 2-9 电流相量图

2.3 电阻元件、电感元件与电容元件

2.3.1 电阻元件

电阻是表征电路中消耗电能的理想元件。

在图 2-10 中，u 和 i 的参考方向相同，根据欧姆定律得出

$$u = Ri \qquad (2-14)$$

电阻元件的参数

$$R = \frac{u}{i}$$

电阻具有对电流起阻碍作用的物理性质。将式（2-14）两边乘以 i，并积分。则得

$$\int_0^t ui \, dt = \int_0^t Ri^2 \, dt \qquad (2-15)$$

图 2-10 电阻元件

式（2-15）表明，电能全部消耗在电阻元件上，转换为热能。电阻元件是**耗能元件**。

金属导体的电阻与导体的尺寸及材料的导电性能有关，即

$$R = \rho \frac{l}{S} \qquad (2-16)$$

式中，ρ 称为电阻率，它是一个表征材料对电流起阻碍作用的物理量。在国际单位制中，电阻率的单位为欧姆·米（$\Omega \cdot m$）。

2.3.2 电感元件

图 2-11a 是一电感元件（线圈），其上电压为 u。当通过电流 i 时，将产生磁通 Φ，它通过每匝线圈。如果线圈有 N 匝，则电感元件的参数

$$L = \frac{N\Phi}{i} \qquad (2-17)$$

称为电感或自感。线圈的匝数 N 越多，其电感越大；线圈中单位电流产生的磁通越大，电感也越大。

电感的单位是亨利（H）或毫亨（mH）。磁通的单位是韦伯（Wb）。

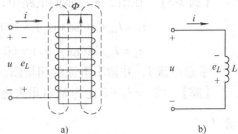

图 2-11 电感元件

a) 电感线圈 b) 电路符号

当电感元件中磁通 Φ 或电流 i 发生变化时，则在电感元件中产生的感应电动势为

$$e_L = -N\frac{d\Phi}{dt} = -L\frac{di}{dt} \qquad (2-18)$$

习惯上规定：u 和 i 的参考方向一致，i 与 e_L 的参考方向都与磁力线的参考方向符合右手螺旋定则，因此，i 和 e_L 的参考方向也一致。

根据基尔霍夫电压定律，得出电感上的电压为

$$u = -e_L = L\frac{di}{dt} \qquad (2-19)$$

由式（2-19）可见，当电流的正值增大，即 $\frac{di}{dt} > 0$ 时，则 e_L 为负值，即其实际方向与电流的方向相反，这时 e_L 要阻碍电流的增大。同理，当电流的正值减小，即 $\frac{di}{dt} < 0$ 时，则 e_L 为正值，即其实际方向与电流的方向相同，这时 e_L 要阻碍电流的减小。可见，自感电动势具有阻碍电流变化的性质。

当线圈中通过不随时间变化的恒定电流时，由式（2-19）可知，其上电压 u 为零，故电感元件可视作短路。

将式（2-19）两边积分，便可得出电感元件上的电压与电流的积分关系式，即

$$i = \frac{1}{L}\int_{-\infty}^{t} u dt = \frac{1}{L}\int_{-\infty}^{0} u dt + \frac{1}{L}\int_{0}^{t} u dt = i_0 + \frac{1}{L}\int_{0}^{t} u dt \qquad (2-20)$$

式中，i_0 是初始值，即在 $t=0$ 时电感元件中通过的电流。若 $i_0 = 0$，则

$$i = \frac{1}{L}\int_{0}^{t} u dt \qquad (2-21)$$

最后讨论电感元件中的能量转换问题。若将式（2-19）两边乘上 i，并积分，则得

$$\int_{0}^{t} ui dt = \int_{0}^{i} Li di = \frac{1}{2}Li^2 \qquad (2-22)$$

这说明当电感元件中的电流增大时，磁场能量增大；在此过程中电能转换为磁能，即电感

元件从电源取用能量。式（2-22）中的 $\frac{1}{2}Li^2$ 就是磁场能量。当电流减小时，磁场能量减小，磁能转换为电能，即电感元件向电源放还能量。可见，电感元件不消耗能量，是**储能元件**。由于电感元件中储有的磁场能 $\frac{1}{2}Li^2$ 不能越变，所以反映在**电感元件中的电流 i 不能越变**。

2.3.3　电容元件

图 2-12 是一个线性电容元件，电容元件的参数

$$C = \frac{q}{u} \tag{2-23}$$

它的单位是法拉（F）。由于法拉的单位太大，工程上多采用微法（μF）或皮法（pF）。$1\mu F = 10^{-6} F$，$1pF = 10^{-12} F$。图 2-12 是一个线性电容元件的交流电路，电流 i 和电压 u 的参考方向如图中所示，两者相同。当电容元件上电荷量 q 或电压 u 发生变化时，则在电路中引起电流

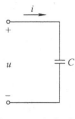

图 2-12　电容元件

$$i = \frac{dq}{dt} = C\frac{du}{dt} \tag{2-24}$$

式（2-24）是在关联参考方向下得出的，否则要加一负号。

当电容器两端加恒定电压时，则由式（2-24）可知，$i = 0$，电容元件可视为开路。

将式（2-24）两边积分，便可得电容元件上的电压与电流的另一种关系，即

$$u = \frac{1}{C}\int_{-\infty}^{t}idt = \frac{1}{C}\int_{-\infty}^{0}idt + \frac{1}{C}\int_{0}^{t}idt = u_0 + \frac{1}{C}\int_{0}^{t}idt \tag{2-25}$$

式中，u_0 是初始值，即在 $t = 0$ 时电容元件上的电压。若 $u_0 = 0$ 或 $q_0 = 0$，则

$$u = \frac{1}{C}\int_{0}^{t}idt \tag{2-26}$$

若将式（2-24）两边乘上 u，并积分，则得

$$\int_{0}^{t}uidt = \int_{0}^{u}Cudu = \frac{1}{2}Cu^2 \tag{2-27}$$

这说明当电容元件中的电压增高时，电场能量增大，在此过程中电能转换为电场能，即电容元件从电源取用能量（充电）。式（2-27）中的 $\frac{1}{2}Cu^2$ 就是电容元件储存的电场能量。当电压降低时，电场能量减小，电场能转换为电能，即电容元件向电源放还能量（放电）。可见，电容元件也是**储能元件**。由于电容元件中储有的电场能 $\frac{1}{2}Cu^2$ 不能越变，所以反映在**电容元件中的电压 u 不能越变**。

现将电阻元件、电感元件和电容元件在几方面的特征列于表 2-1 中，予以比较。

表 2-1　电阻元件、电感元件和电容元件的特征

	电 阻 元 件	电 感 元 件	电 容 元 件
u 与 i 的关系	$u = Ri$	$u = L\dfrac{di}{dt}$	$i = C\dfrac{du}{dt}$

（续）

	电阻元件	电感元件	电容元件
参数意义	$R = \dfrac{u}{i}$	$L = \dfrac{N\Phi}{i}$	$C = \dfrac{q}{u}$
能量	$\displaystyle\int_0^t Ri^2 \mathrm{d}t$	$\dfrac{1}{2}Li^2$	$\dfrac{1}{2}Cu^2$

2.4 单一参数的交流电路

分析各种正弦交流电路，不外乎要确定电路中电压与电流之间的关系（大小和相位），并讨论电路中能量的转换和功率问题。

分析各种交流电路时，必须首先掌握单一参数（电阻、电感、电容）元件电路中电压与电流之间的关系，因为其他电路无非是一些单一参数元件的组合而已。

2.4.1 电阻元件的交流电路

图 2-13a 是一线性电阻元件构成的电路。电压和电流的参考方向如图所示。两者的关系由欧姆定律确定，即

$$u = Ri$$

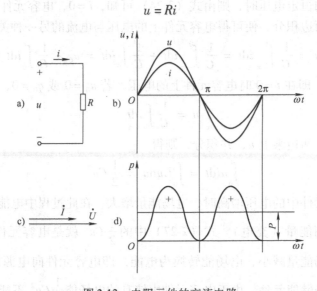

图 2-13 电阻元件的交流电路

a) 电路图 b) 电压和电流的正弦波形 c) 电压和电流的相量图 d) 功率波形

为了分析方便起见，选择电流经过零值并将向正值增加的瞬间作为计时起点（$t = 0$），即设

$$i = I_{\mathrm{m}}\sin\omega t$$

为参考正弦量，则

$$u = Ri = RI_{\mathrm{m}}\sin\omega t = U_{\mathrm{m}}\sin\omega t \tag{2-28}$$

也是一个同频率的正弦量。

比较上列两式即可看出，**在电阻元件的交流电路中，电流和电压是同相的**（相位差 $\varphi = 0$）。表示电压和电流的正弦波形如图 2-13b 所示。

在式（2-28）中

$$U_m = RI_m$$

或

$$\frac{U_m}{I_m} = \frac{U}{I} = R \tag{2-29}$$

由此可知，在电阻元件电路中，电压的幅值（或有效值）与电流的幅值（或有效值）的比值，就是电阻 R。

若用相量表示电压与电流的关系，则为

$$\dot{U} = U\mathrm{e}^{j0°} \qquad \dot{I} = I\mathrm{e}^{j0°}$$

$$\frac{\dot{U}}{\dot{I}} = \frac{U}{I}\mathrm{e}^{j0°} = R$$

或

$$\dot{U} = R\dot{I} \tag{2-30}$$

此即欧姆定律的相量表示式。电压和电流的相量图如图 2-13c 所示。

知道了电压与电流的变化规律和相互关系后，便可计算出电路中的功率。在任意瞬间，电压瞬时值 u 与电流瞬时值 i 的乘积，称为**瞬时功率**，用小写字母 p 代表。即

$$p = p_R = ui = U_m I_m \sin^2\omega t = \frac{U_m I_m}{2}(1 - \cos2\omega t) \tag{2-31}$$

$$= UI(1 - \cos2\omega t)$$

由式（2-31）可见，p 是由两部分组成的，第一部分是常数 UI；第二部分是幅值为 UI，并以 2ω 的角频率随时间而变化的交变量 $UI\cos2\omega t$。p 随时间而变化的波形如图 2-13d 所示。

由于在电阻元件的交流电路中 u 与 i 同相，它们同时为正，同时为负，所以瞬时功率总是正值，即 $p \geqslant 0$。瞬时功率为正，这表示外电路从电源取用能量。在这里就是电阻元件从电源取用电能而转换为热能。所以电阻元件是一种耗能元件。

一个周期内电路消耗电能的瞬时功率的平均值称为**平均功率**，单位为瓦特（W）。在电阻元件电路中，平均功率为

$$P = \frac{1}{T}\int_0^T p\,\mathrm{d}t = \frac{1}{T}\int_0^T UI(1 - \cos2\omega t)\,\mathrm{d}t = UI = RI^2 = \frac{U^2}{R} \tag{2-32}$$

【**例 2-4**】　把一个 100Ω 的电阻元件接到频率为 $50\mathrm{Hz}$，电压有效值为 $10\mathrm{V}$ 的正弦电源上，问电流是多少？若保持电压值不变，而电源频率改变为 $5000\mathrm{Hz}$，这时电流将为多少？

【**解**】　因为电阻与频率无关，所以电压有效值保持不变时，电流有效值相等，即

$$I = \frac{U}{R} = \frac{10}{100}\mathrm{A} = 0.1\mathrm{A} = 100\mathrm{mA}$$

2.4.2　电感元件的交流电路

图 2-14a 是一线性电感元件构成的交流电路。

当电感线圈中通过交流电流 i 时，其中产生自感电动势 e_L。设电流 i、电动势 e_L 和电压 u 的参考方向如图 2-14a 所示。根据基尔霍夫电压定律得出

$$u = -e_L = L\frac{di}{dt}$$

设电流为参考正弦量，即

$$i = I_m\sin\omega t$$

则

$$u = L\frac{d(I_m\sin\omega t)}{dt} = \omega LI_m\cos\omega t = \omega LI_m\sin(\omega t + 90°) = U_m\sin(\omega t + 90°) \qquad (2-33)$$

也是一个同频率的正弦量。

比较上列两式可知，电感元件电路中，在相位上电流比电压滞后 90°（相位差 $\varphi = +90°$）。

表示电压 u 和电流 i 的正弦波形如图 2-14b 所示。

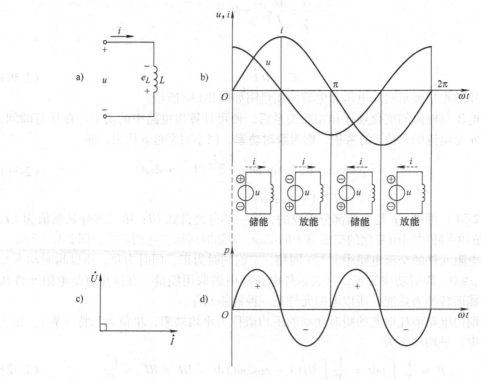

图 2-14　电感元件的交流电路

a) 电路图　b) 电压和电流的正弦波形　c) 电压和电流的相量图　d) 功率波形

在式（2-33）中

$$U_m = \omega LI_m$$

或

$$\frac{U_m}{I_m} = \frac{U}{I} = \omega L \qquad (2-34)$$

由此可知，在电感元件电路中，电压的幅值（或有效值）与电流的幅值（或有效值）之比

值为 ωL。显然，它的单位为欧姆。当电压 U 一定时，ωL 越大，则电流 I 越小。可见它具有对交流电流起阻碍作用的物理性质，所以称为**感抗**，用 X_L 代表，即

$$X_L = \omega L = 2\pi f L \tag{2-35}$$

感抗 X_L 与电感 L、频率 f 成正比。因此，电感线圈对高频电流的阻碍作用很大，而对直流则可视作短路，即对直流电来讲，$X_L = 0$。

应该注意，感抗只是电压与电流的幅值或有效值之比，而不是它们的瞬时值之比，即 $\dfrac{u}{i}$ $\neq X_L$。因为这与上述电阻电路不一样。在这里电压与电流之间成导数的关系，而不是成正比关系。

如设电压为

$$u = U_m \sin\omega t$$

则电流应为

$$i = \frac{U_m \sin(\omega t - 90°)}{X_L} = I_m \sin(\omega t - 90°)$$

因此，在分析与计算交流电路时，以电压或电流作为参考量都可以，它们之间的关系（大小和相位差）是一样的。

若用相量表示电压与电流的关系，则为

$$\dot{U} = U e^{j90°} \qquad \dot{I} = I e^{j0°}$$

$$\frac{\dot{U}}{\dot{I}} = \frac{U}{I} e^{j90°} = jX_L$$

或

$$\dot{U} = jX_L \dot{I} = j\omega L \dot{I} \tag{2-36}$$

式（2-36）表示电压的有效值等于电流的有效值与感抗的乘积，在相位上电压比电流超前 90°。因电流相量 $\dot{I}$ 乘上 j 后，即向前（逆时针方向）旋转 90°。电压和电流的相量图如图 2-14c 所示。

知道了电压 u 和电流 i 的变化规律和相互关系后，便可以找出瞬时功率的变化规律，即

$$p = p_L = ui = U_m I_m \sin\omega t \sin(\omega t + 90°)$$
$$= U_m I_m \sin\omega t \cos\omega t = \frac{U_m I_m}{2}\sin 2\omega t = UI\sin 2\omega t \tag{2-37}$$

由式（2-37）可见，p 是一个幅值为 UI，并以 2ω 的角频率随时间而变化的交变量，其变化波形如图 2-14d 所示。

在第一个和第三个 $\dfrac{1}{4}$ 周期内，p 是正的（u 和 i 正、负相同）；在第二个和第四个 $\dfrac{1}{4}$ 周期内，p 是负的（u 和 i 一正一负）。瞬时功率的正、负可以这样来理解：当瞬时功率为正值时，电感元件处于受电状态，它从电源取用电能；当瞬时功率为负值时，电感元件处于供电状态，它把电能归还电源。所以，电感元件是一种储能元件，它与电源之间交换的能量为

$$W = \frac{1}{2}L i_L^2$$

在电感元件的交流电路中，平均功率

$$P = \frac{1}{T} \int_0^T p\mathrm{d}t = \frac{1}{T} \int_0^T UI\sin 2\omega t\mathrm{d}t = 0$$

从上述可知，在电感元件的交流电路中，没有能量消耗，只有电源与电感元件间的能量互换。这种能量互换的规模，用**无功功率** Q 来衡量。这里规定无功功率等于瞬时功率 p_L 的幅值，即

$$Q = UI = X_L I^2 \tag{2-38}$$

它并不等于单位时间内互换了多少能量。无功功率的单位是乏（var）或千乏（kvar）。

应当指出，电感元件和后面将要讲的电容元件都是储能元件，它们与电源间进行能量互换是工作需要。这对电源来说，也是一种负担。但对储能元件本身说，没有消耗能量，故将往返于电源与储能元件之间的功率命名为无功功率。因此，平均功率也可称为**有功功率**。

【例 2-5】 把一个 0.1H 的电感元件接到频率为 50Hz，电压有效值为 10V 的正弦电源上，问电流是多少？若保持电压值不变，而电源频率改变为 5000Hz，这时电流将为多少？

【解】 当 $f = 50\mathrm{Hz}$ 时

$$X_L = 2\pi f L \approx 2 \times 3.14 \times 50 \times 0.1\Omega = 31.4\Omega$$

$$I = \frac{U}{X_L} = \frac{10}{31.4}\mathrm{A} \approx 0.318\mathrm{A} = 318\mathrm{mA}$$

当 $f = 5000\mathrm{Hz}$ 时

$$X_L = 2\pi f L \approx 2 \times 3.14 \times 5000 \times 0.1\Omega = 3140\Omega$$

$$I = \frac{U}{X_L} \approx \frac{10}{3140}\mathrm{A} = 0.00318\mathrm{A} = 3.18\mathrm{mA}$$

可见，在电压有效值一定时，频率越高，则通过电感元件的电流有效值越小。

2.4.3 电容元件的交流电路

图 2-15a 是一个线性电容元件的交流电路。电流 i 和电压 u 的参考方向如图中所示，两者相同。由此得出

$$i = C\frac{\mathrm{d}u}{\mathrm{d}t}$$

如果在电容器的两端加一正弦电压

$$u = U_\mathrm{m}\sin\omega t$$

则

$$i = C\frac{\mathrm{d}(U_\mathrm{m}\sin\omega t)}{\mathrm{d}t} = \omega C U_\mathrm{m}\cos\omega t = \omega C U_\mathrm{m}\sin(\omega t + 90°) = I_\mathrm{m}\sin(\omega t + 90°) \tag{2-39}$$

也是一个同频率的正弦量。

比较上列两式可知，**电容元件电路中，在相位上电流比电压超前 90°**（$\varphi = -90°$）。规定：当电流比电压滞后时，其相位差为正；当电流比电压超前时，其相位差为负。这样的规定是为了便于说明电路是电感性的还是电容性的。

表示电压和电流的正弦波形如图 2-15b 所示。

在式（2-39）中

$$I_\mathrm{m} = \omega C U_\mathrm{m}$$

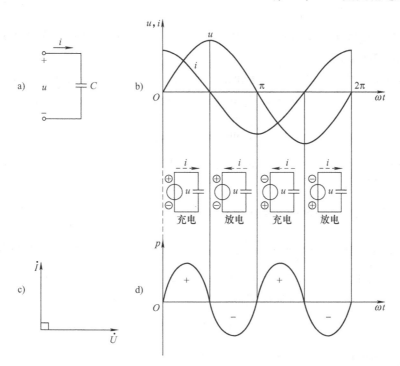

图 2-15　电容元件的交流电路

a) 电路图　b) 电压与电流的正弦波形　c) 电压和电流的相量图　d) 功率波形

或

$$\frac{U_{\mathrm{m}}}{I_{\mathrm{m}}} = \frac{U}{I} = \frac{1}{\omega C}$$

(2-40)

由此可知，在电容元件电路中，电压的幅值（或有效值）与电流的幅值（或有效值）的比值为 $\frac{1}{\omega C}$。显然，它的单位是欧姆。当电压 U 一定时，$\frac{1}{\omega C}$ 越大，则电流 I 越小。可见它具有对电流起阻碍作用的物理性质，所以称为**容抗**，用 X_C 代表，即

$$X_C = \frac{1}{\omega C} = \frac{1}{2\pi f C}$$

(2-41)

容抗 X_C 与电容 C、频率 f 成反比。所以电容元件对高频电流所呈现的容抗很小，是一捷径，可视为短路；而对直流（$f = 0$）所呈现的容抗 $X_C \to \infty$，可视作开路。因此，电容元件有隔断直流的作用。

若用相量表示电压与电流的关系，则为

$$\dot{U} = U\mathrm{e}^{\mathrm{j}0°} \qquad \dot{I} = I\mathrm{e}^{\mathrm{j}90°}$$

$$\frac{\dot{U}}{\dot{I}} = \frac{U}{I}\mathrm{e}^{-\mathrm{j}90°} = -\mathrm{j}X_C$$

或

$$\dot{U} = -\mathrm{j}X_C\dot{I} = -\mathrm{j}\frac{\dot{I}}{\omega C} = \frac{\dot{I}}{\mathrm{j}\omega C}$$

(2-42)

式（2-42）表示电压的有效值等于电流的有效值与容抗的乘积，而在相位上电压比电

流滞后 90°。因为电流相量 $\dot{I}$ 乘上（$-j$）后，即向后（顺时针方向）旋转 90°。电压和电流的相量图如图 2-15c 所示。

知道了电压 u 和电流 i 的变化规律和相互关系后，便可以找出瞬时功率的变化规律，即

$$p = p_C = ui = U_m I_m \sin\omega t \sin(\omega t + 90°) = U_m I_m \sin\omega t \cos\omega t$$

$$= \frac{U_m I_m}{2}\sin2\omega t = UI\sin2\omega t \tag{2-43}$$

由式（2-43）可见，p 是一个以 2ω 的角频率随时间而变化的交变量，它的幅值为 UI。p 的波形如图 2-15d 所示。

在第一个和第三个 $\frac{1}{4}$ 周期内，电压值在增高，就是电容元件在充电。这时，电容元件从电源取用电能而储存在它的电场中，所以 p 是正的。在第二个和第四个 $\frac{1}{4}$ 周期内，电压值在降低，就是电容元件在放电。这时，电容元件放出在充电时所储存的能量，把它归还给电源，所以 p 是负的。电容是一种储能元件，它与电源之间交换的能量为

$$W = \frac{1}{2}Cu_C^2$$

在电容元件电路中，平均功率

$$P = \frac{1}{T}\int_0^T p\mathrm{d}t = \frac{1}{T}\int_0^T UI\sin2\omega t\mathrm{d}t = 0$$

这说明电容元件是不消耗能量的，在电源与电容元件之间只发生能量的互换。能量互换的规模，用无功功率来衡量，它等于瞬时功率 p_C 的幅值。

为了同电感元件电路的无功功率相比较，也设电流

$$i = I_m\sin\omega t$$

为参考正弦量，则

$$u = U_m\sin(\omega t - 90°)$$

于是得出瞬时功率

$$p = p_C = ui = -UI\sin2\omega t$$

由此可见，电容元件电路的无功功率

$$Q = -UI = -X_C I^2 \tag{2-44}$$

即电容性无功功率取负值，而电感性无功功率取正值，以资区别。

【例 2-6】 把一个 $25\mu F$ 的电容元件接到频率为 50 Hz，电压有效值为 10V 的正弦电源上，问电流是多少？若保持电压值不变，而电源频率改为 5000Hz，这时电流将为多少？

【解】 当 $f = 50Hz$ 时

$$X_C = \frac{1}{2\pi fC} \approx \frac{1}{2\times3.14\times50\times(25\times10^{-6})}\Omega \approx 127.4\Omega$$

$$I = \frac{U}{X_C} \approx \frac{10}{127.4}A \approx 0.078A \approx 78mA$$

当 $f = 5000Hz$ 时

$$X_C \approx \frac{1}{2\times3.14\times5000\times(25\times10^{-6})}\Omega \approx 1.274\Omega$$

$$I \approx \frac{10}{1.274} \mathrm{A} \approx 7.8 \mathrm{A}$$

可见，在电压有效值一定时，频率越高，则通过电容元件的电流有效值越大。

2.5　电阻、电感与电容元件串联的交流电路

电阻、电感和电容串联的交流电路如图 2-16 所示，电路的各元件通过同一电流。电流和各个电压的参考方向如图中所示。分析这种电路可以应用上节所得的结果。

根据基尔霍夫电压定律可列出

$$u = u_R + u_L + u_C = Ri + L\frac{\mathrm{d}i}{\mathrm{d}t} + \frac{1}{C}\int i \mathrm{d}t \quad (2\text{-}45)$$

若用相量表示电压与电流的关系，则为

$$\dot{U} = \dot{U}_R + \dot{U}_L + \dot{U}_C = R\dot{I} + \mathrm{j}X_L\dot{I} - \mathrm{j}X_C\dot{I}$$

$$= [R + \mathrm{j}(X_L - X_C)]\dot{I} \quad (2\text{-}46)$$

a)　　　　　　b)

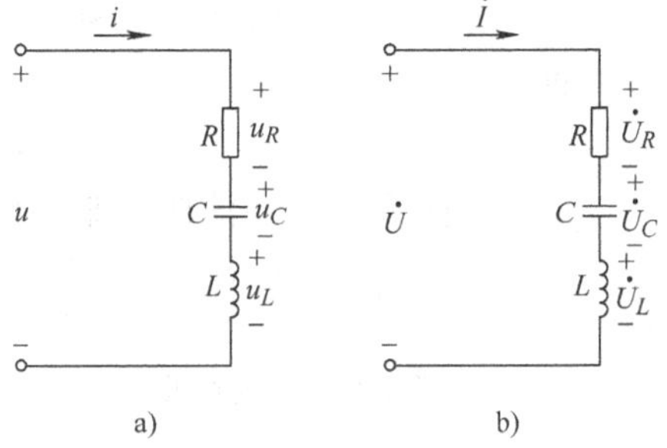

图 2-16　电阻、电感与电容串联的交流电路

此式即为基尔霍夫电压定律的相量表示式。

将式（2-46）写成

$$\frac{\dot{U}}{\dot{I}} = R + \mathrm{j}(X_L - X_C) \quad (2\text{-}47)$$

式中 $R + \mathrm{j}(X_L - X_C)$ 称为电路的**阻抗**，用大写的 Z 代表，即

$$Z = R + \mathrm{j}(X_L - X_C) = \sqrt{R^2 + (X_L - X_C)^2}\, \mathrm{e}^{\mathrm{j}\arctan\frac{X_L - X_C}{R}} = |Z|\mathrm{e}^{\mathrm{j}\varphi} \quad (2\text{-}48)$$

式中

$$|Z| = \sqrt{R^2 + (X_L - X_C)^2} = \sqrt{R^2 + \left(\omega L - \frac{1}{\omega C}\right)^2} \quad (2\text{-}49)$$

是阻抗的模，称为**阻抗模**，即

$$\frac{U}{I} = \sqrt{R^2 + (X_L - X_C)^2} = |Z| \quad (2\text{-}50)$$

阻抗的单位也是欧姆，也具有对电流起阻碍作用的性质：

$$\varphi = \arctan\frac{X_L - X_C}{R} \quad (2\text{-}51)$$

是阻抗的**辐角**，即为电流与电压之间的相位差。

设电流

$$i = I_\mathrm{m}\sin\omega t$$

为参考正弦量，则电压

$$u = U_\mathrm{m}\sin(\omega t + \varphi)$$

图 2-17 是电流与各个电压的相量图。

由式（2-48）可见，阻抗的实部为"阻"，虚部为"抗"，它表示了电路的电压和电流之间的关系，既表示了大小关系（反映在阻抗模 $|Z|$ 上），又表示了相位关系（反映在辐角 φ 上）。

对电感性电路（$X_L > X_C$），φ 为正；对电容性电路（$X_L < X_C$），φ 为负。当然，也可以使 $X_L = X_C$，即 $\varphi = 0$，则为电阻性电路。因此，φ 角的正负和大小是由电路（负载）的参数决定的。

最后谈论电路的功率。电阻、电感和电容元件串联的交流电路的瞬时功率为

$$p = ui = U_m I_m \sin(\omega t + \varphi) \sin\omega t \qquad (2\text{-}52)$$

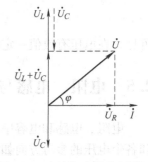

图 2-17　电流与电压的相量图

并可推导出

$$p = UI\cos\varphi - UI\cos(2\omega t + \varphi) \qquad (2\text{-}53)$$

由于电阻元件上要消耗电能，相应的平均功率为

$$P = \frac{1}{T}\int_0^T p\mathrm{d}t = \frac{1}{T}\int_0^T \left[UI\cos\varphi - UI\cos(2\omega t + \varphi) \right]\mathrm{d}t = UI\cos\varphi \qquad (2\text{-}54)$$

从图 2-17 的相量图可得出

$$U\cos\varphi = U_R = RI$$

于是

$$P = U_R I = RI^2 = UI\cos\varphi \qquad (2\text{-}55)$$

而电感元件与电容元件要储放能量，即它们与电源之间要进行能量互换，相应的无功功率可根据式（2-38）和式（2-44），并由图 2-17 的相量图得出，则

$$Q = U_L I - U_C I = (U_L - U_C)I = I^2(X_L - X_C) = UI\sin\varphi \qquad (2\text{-}56)$$

式（2-55）和式（2-56）是计算正弦交流电路中平均功率（有功功率）和无功功率的一般公式。

由上述可知，一个交流发电机输出的功率不仅与发电机的端电压及其输出电流的有效值的乘积有关，而且还与电路（负载）的参数有关。电路所具有的参数不同，则电压与电流间的相位差 φ 就不同，在同样电压 U 和电流 I 之下，这时电路的有功功率和无功功率也就不同。式（2-55）中的 $\cos\varphi$ 称为**功率因数**。

在交流电路中，平均功率一般不等于电压和电流有效值的乘积，若将两者的有效值相乘，则得出所谓**视在功率** S，即

$$S = UI = |Z|I^2 \qquad (2\text{-}57)$$

交流电气设备是按照规定了的额定电压 U_N 和额定电流 I_N 来设计和使用的，变压器的容量就是额定电压和额定电流的乘积，即所谓额定视在功率

$$S_N = U_N I_N$$

来表示的。

视在功率的单位是伏·安（V·A）或千伏·安（kV·A）。

由于平均功率 P、无功功率 Q 和视在功率 S 三者所代表的意义不同，为了区别起见，各采用不同的单位。

这三个功率之间有一定的关系，即

$$S = \sqrt{P^2 + Q^2} \qquad (2\text{-}58)$$

显然，它们可以用一个直角三角形——**功率三角形**来表示。

另外，由式（2-49）可见，$|Z|$、R 和 $(X_L - X_C)$ 三者之间的关系以及由图 2-17 可见，$\dot{U}$、$\dot{U}_R$ 和 $(\dot{U}_C + \dot{U}_L)$ 三者之间的关系也都可以用直角三角形表示，它们分别称为**阻抗三角形**和**电压三角形**。

功率、电压和阻抗三角形是相似的，现在把它们同时表示在图 2-18 中。可见，将电压三角形的有效值同除以 I 得到阻抗三角形，将电压三角形的有效值同乘以 I 便得到功率三角形。应当注意：功率和阻抗不是正弦量，所以不能用相量表示。

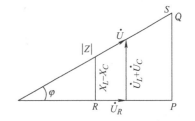

于是，由图 2-18 可得功率因数为

$$\cos\varphi = \frac{P}{S} = \frac{R}{|Z|} = \frac{U_R}{U} \qquad (2\text{-}59)$$

图 2-18　功率、电压、阻抗三角形

在这一节中，分析了电阻、电感与电容元件串联的交流电路，但在实际中常见到的是电阻与电感元件串联的电路（电容的作用可忽略不计）和电阻与电容元件串联的电路（电感的作用可忽略不计）。

交流电路中电压与电流的关系（大小和相位）有一定的规律性，是容易掌握的。现将几种正弦交流电路中电压和电流的关系列入表 2-2 中，以帮助读者总结和记忆。

表 2-2　正弦交流电路中电压与电流的关系

电路	一般关系式	相位关系	大小关系	复数式
R	$u = Ri$	$\varphi = 0$	$I = \dfrac{U}{R}$	$\dot{I} = \dfrac{\dot{U}}{R}$
L	$u = L\dfrac{\mathrm{d}i}{\mathrm{d}t}$	$\varphi = +90°$	$I = \dfrac{U}{X_L}$	$\dot{I} = \dfrac{\dot{U}}{\mathrm{j}X_L}$
C	$u = \dfrac{1}{C}\int i\,\mathrm{d}t$	$\varphi = -90°$	$I = \dfrac{U}{X_C}$	$\dot{I} = \dfrac{\dot{U}}{-\mathrm{j}X_C}$
R、L 串联	$u = Ri + L\dfrac{\mathrm{d}i}{\mathrm{d}t}$	$\varphi > 0$	$I = \dfrac{U}{\sqrt{R^2 + X_L{}^2}}$	$\dot{I} = \dfrac{\dot{U}}{R + \mathrm{j}X_L}$
R、C 串联	$u = Ri + \dfrac{1}{C}\int i\,\mathrm{d}t$	$\varphi < 0$	$I = \dfrac{U}{\sqrt{R^2 + X_C{}^2}}$	$\dot{I} = \dfrac{\dot{U}}{R - \mathrm{j}X_C}$
R、L、C 串联	$u = Ri + L\dfrac{\mathrm{d}i}{\mathrm{d}t} + \dfrac{1}{C}\int i\,\mathrm{d}t$	$\varphi > 0$ $\varphi = 0$ $\varphi < 0$	$I = \dfrac{U}{\sqrt{R^2 + (X_L - X_C)^2}}$	$\dot{I} = \dfrac{\dot{U}}{R + \mathrm{j}(X_L - X_C)}$

【例 2-7】 在电阻、电感与电容元件串联的交流电路中，已知 $R = 30\Omega$，$L = 127\text{mH}$，$C = 40\mu\text{F}$，电源电压 $u = 220\sqrt{2}\sin(314t + 20°)\text{V}$；（1）求电流 i 及各部分电压 u_R、u_L、u_C；（2）做相量图；（3）求功率 P 和 Q。

【解】 （1）$X_L = \omega L = 314 \times 127 \times 10^{-3}\Omega \approx 40\Omega$

$$X_C = \frac{1}{\omega C} = \frac{1}{314 \times 40 \times 10^{-6}}\Omega \approx 80\Omega$$

$$Z = R + j(X_L - X_C) \approx [30 + j(40 - 80)]\Omega$$

$$= (30 - j40)\Omega = 50\ \underline{/-53°}\ \Omega$$

$$\dot{U} = 220\ \underline{/20°}\ \text{V}$$

于是得

$$\dot{I} = \frac{\dot{U}}{Z} = \frac{220\ \underline{/20°}}{50\ \underline{/-53°}}\text{A} = 4.4\ \underline{/73°}\ \text{A}$$

$$i = 4.4\sqrt{2}\sin(314t + 73°)\text{A}$$

$$\dot{U}_R = R\dot{I} = 30 \times 4.4\ \underline{/73°} = 132\ \underline{/73°}\ \text{V}$$

$$u_R = 132\sqrt{2}\sin(314t + 73°)\text{V}$$

$$\dot{U}_L = jX_L\dot{I} = j40 \times 4.4\ \underline{/73°} = 176\ \underline{/163°}\ \text{V}$$

$$u_L = 176\sqrt{2}\sin(314t + 163°)\text{V}$$

$$\dot{U}_C = -jX_C\dot{I} = -j80 \times 4.4\ \underline{/73°} = 352\ \underline{/-17°}\ \text{V}$$

$$u_C = 352\sqrt{2}\sin(314t - 17°)\text{V}$$

注意：$\dot{U} = \dot{U}_R + \dot{U}_L + \dot{U}_C$

$\quad\quad U \neq U_R + U_L + U_C$

（2）电流和各个电压的相量图如图 2-19 所示。

（3）$P = UI\cos\varphi = 220 \times 4.4 \times \cos(-53°)\text{W} = 220 \times 4.4 \times 0.6\text{W} = 580.8\text{W}$

$Q = UI\sin\varphi = 220 \times 4.4 \times \sin(-53°)\text{W} = 220 \times 4.4 \times (-0.8)\text{var} = -774.4\text{var}$（电容性）

【例 2-8】 有一 RC 电路（图 2-20a），$R = 2\text{k}\Omega$，$C = 0.1\mu\text{F}$。输入端接正弦信号源，$U_1 = 1\text{V}$，$f = 500\text{Hz}$。（1）试求输出电压 U_2，并讨论输出电压与输入电压间的大小与相位关系；（2）当将电容 C 改为 $20\mu\text{F}$ 时求（1）中各项；（3）将频率 f 改为 4000Hz 时，再求（1）中各项。

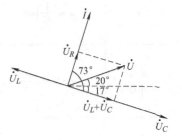

图 2-19 例 2-5 的相量图

【解】 （1）$X_C = \frac{1}{2\pi fC} \approx \frac{1}{2 \times 3.14 \times 500 \times (0.1 \times 10^{-6})}\Omega \approx 3200\Omega = 3.2\text{k}\Omega$

$$|Z| = \sqrt{R^2 + X_C^2} \approx \sqrt{2^2 + 3.2^2}\text{k}\Omega \approx 3.77\text{k}\Omega$$

$$I = \frac{U_1}{|Z|} \approx \frac{1}{3.77 \times 10^3} A \approx 0.27 \times 10^{-3} A = 0.27 mA$$

$$U_2 = RI \approx (2 \times 10^3) \times (0.27 \times 10^{-3}) V = 0.54 V$$

$$\varphi = \arctan \frac{-X_C}{R} \approx \arctan \frac{-3.2}{2} = \arctan(-1.6) = -58°$$

电压与电流的相量图如图 2-20b 所示，$\frac{U_2}{U_1} = \frac{0.54}{1} = 54\%$，$\dot{U}_2$ 比 $\dot{U}_1$ 超前 58°。

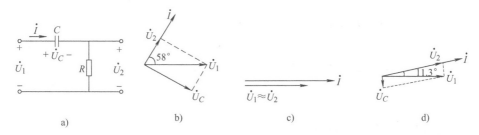

图 2-20　例 2-6 的图

(2) $X_C = \frac{1}{2\pi fC} \approx \frac{1}{2 \times 3.14 \times 500 \times (20 \times 10^{-6})} \Omega = 16\Omega \ll R$

$|Z| = \sqrt{2000^2 + 16^2} \Omega \approx 2k\Omega$

$U_2 \approx U_1$，$\varphi \approx 0°$，$U_C = 0$

电压与电流的相量图如图 2-20c 所示。

(3) $X_C \approx \frac{1}{2 \times 3.14 \times 4000 \times (0.1 \times 10^{-6})} \Omega \approx 400\Omega = 0.4k\Omega$

$|Z| \approx \sqrt{2^2 + 0.4^2} \Omega \approx 2.04k\Omega$

$I \approx \frac{1}{2.04} mA \approx 0.49 mA$

$U_2 = RI \approx (2 \times 10^3) \times (0.49 \times 10^{-3}) V = 0.98 V$

$\varphi \approx \arctan \frac{-0.4}{2} = -11.3°$

电压与电流的相量图如图 2-20d 所示。$\frac{U_2}{U_1} = \frac{0.98}{1} = 98\%$，$\dot{U}_2$ 比 $\dot{U}_1$ 超前 11.3°。

2.6　阻抗的串联与并联

在交流电路中，阻抗的连接形式是多种多样的，其中最简单和最常用的是串联与并联。

2.6.1　阻抗的串联

图 2-21a 所示是两个阻抗串联的电路。根据基尔霍夫电压定律可写出它的相量表示式，即

$$\dot{U} = \dot{U}_1 + \dot{U}_2 = Z_1 \dot{I} + Z_2 \dot{I} = (Z_1 + Z_2) \dot{I} \tag{2-60}$$

图 2-21 阻抗的串联

a）阻抗的串联 b）等效电路

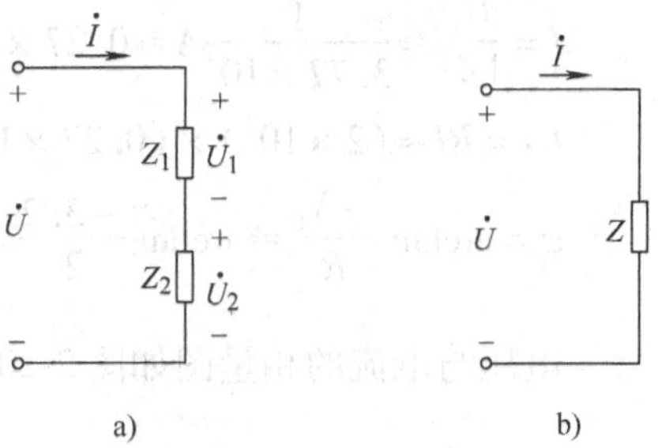

两个串联的阻抗可用一个等效阻抗 Z 来代替，在同样电压的作用下，电路中电流的有效值和相位保持不变。根据图 2-21b 所示的等效电路可写出

$$\dot{U}=Z\dot{I} \tag{2-61}$$

比较式（2-60）和式（2-61），则得

$$Z=Z_1+Z_2 \tag{2-62}$$

因为一般

$$U\neq U_1+U_2$$

即

$$|Z|I\neq|Z_1|I+|Z_2|I$$

所以

$$|Z|\neq|Z_1|+|Z_2|$$

在一般的情况下，等效阻抗可写为

$$Z=\sum Z_k=\sum R_k+\mathrm{j}\sum X_k=|Z|\mathrm{e}^{\mathrm{j}\varphi} \tag{2-63}$$

式中

$$|Z|=\sqrt{\left(\sum R_k\right)^2+\left(\sum X_k\right)^2}$$

$$\varphi=\arctan\frac{\sum X_k}{\sum R_k}$$

在上列各式 $\sum X_k$ 中，感抗 X_L取正号，容抗 X_C取负号。

【例 2-9】 在图 2-21a 中，有两个阻抗 $Z_1=(6.16+\mathrm{j}9)\Omega$ 和 $Z_2=(2.5-\mathrm{j}4)\Omega$，它们串联接在 $\dot{U}=220\angle30^\circ\mathrm{V}$ 的电源上。试用相量计算电路中的电流 $\dot{I}$ 和各个阻抗上的电压 $\dot{U}_1$ 和 $\dot{U}_2$，并做出相量图。

【解】
$$\begin{aligned}Z&=Z_1+Z_2=(R_1+R_2)+\mathrm{j}(X_1+X_2)\\&=[(6.16+2.5)+\mathrm{j}(9-4)]\Omega\\&=(8.66+\mathrm{j}5)\Omega=10\angle30^\circ\Omega\end{aligned}$$

$$\dot{I}=\frac{\dot{U}}{Z}=\frac{220\angle30^\circ}{10\angle30^\circ}\mathrm{A}=22\angle0^\circ\mathrm{A}$$

$$\dot{U}_1=Z_1\dot{I}=(6.16+\mathrm{j}9)\times22\mathrm{V}=10.9\angle55.6^\circ\times22\mathrm{V}=239.8\angle55.6^\circ\mathrm{V}$$

$$\dot{U}_2=Z_2\dot{I}=(2.5-\mathrm{j}4)\times22\mathrm{V}=4.71\angle-58^\circ\times22\mathrm{V}=103.6\angle-58^\circ\mathrm{V}$$

可用 $\dot{U}=\dot{U}_1+\dot{U}_2$来验证。电流与电压的相量图如图 2-22 所示。

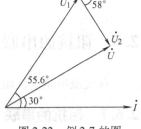

图 2-22 例 2-7 的图

2.6.2 阻抗的并联

图 2-23a 是两个阻抗并联的电路。根据基尔霍夫电流定律可写出它的相量表示式，即

$$\dot{I} = \dot{I}_1 + \dot{I}_2 = \frac{\dot{U}}{Z_1} + \frac{\dot{U}}{Z_2} = \dot{U}\left(\frac{1}{Z_1} + \frac{1}{Z_2}\right) \qquad (2\text{-}64)$$

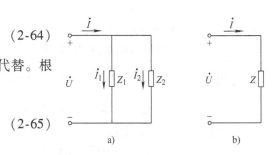

两个并联的阻抗也可用一个等效阻抗 Z 来代替。根据图 2-23b 所示的等效电路可写出

$$\dot{I} = \frac{\dot{U}}{Z} \qquad (2\text{-}65)$$

比较式（2-64）和式（2-65），则得

$$\frac{1}{Z} = \frac{1}{Z_1} + \frac{1}{Z_2} \qquad (2\text{-}66)$$

图 2-23　阻抗的并联

a）阻抗的并联　b）等效电路

或

$$Z = \frac{Z_1 Z_2}{Z_1 + Z_2}$$

因为一般情况下

$$I \neq I_1 + I_2$$

即

$$\frac{U}{|Z|} \neq \frac{U}{|Z_1|} + \frac{U}{|Z_2|}$$

所以

$$\frac{1}{|Z|} \neq \frac{1}{|Z_1|} + \frac{1}{|Z_2|}$$

在一般情况下可写为

$$\frac{1}{Z} = \sum \frac{1}{Z_k} \qquad (2\text{-}67)$$

【例 2-10】　在图 2-23a 中，有两个阻抗 $Z_1 = (3 + \mathrm{j}4)\,\Omega$ 和 $Z_2 = (8 - \mathrm{j}6)\,\Omega$，它们并联在 $\dot{U} = 220\,\underline{/0^\circ}\,\mathrm{V}$ 的电源上。试计算电路中的电流 $\dot{I}_1$、$\dot{I}_2$ 和 $\dot{I}$，并做出相量图。

【解】

$Z_1 = (3 + \mathrm{j}4)\,\Omega = 5\,\underline{/53^\circ}\,\Omega$

$Z_2 = (8 - \mathrm{j}6)\,\Omega = 10\,\underline{/-37^\circ}\,\Omega$

$Z = \dfrac{Z_1 Z_2}{Z_1 + Z_2} = \dfrac{5\,\underline{/53^\circ} \times 10\,\underline{/-37^\circ}}{3 + \mathrm{j}4 + 8 - \mathrm{j}6}\,\Omega = \dfrac{50\,\underline{/16^\circ}}{11 - \mathrm{j}2}\,\Omega = \dfrac{50\,\underline{/16^\circ}}{11.8\,\underline{/-10.5^\circ}}\,\Omega$

$\qquad = 4.47\,\underline{/26.5^\circ}\,\Omega$

$\dot{I}_1 = \dfrac{\dot{U}}{Z_1} = \dfrac{220\,\underline{/0^\circ}}{5\,\underline{/53^\circ}}\,\mathrm{A} = 44\,\underline{/-53^\circ}\,\mathrm{A}$

$\dot{I}_2 = \dfrac{\dot{U}}{Z_2} = \dfrac{220\,\underline{/0^\circ}}{10\,\underline{/-37^\circ}}\,\mathrm{A} = 22\,\underline{/37^\circ}\,\mathrm{A}$

$\dot{I} = \dfrac{\dot{U}}{Z} = \dfrac{220\,\underline{/0^\circ}}{4.47\,\underline{/26.5^\circ}}\,\mathrm{A} = 49.2\,\underline{/-26.5^\circ}\,\mathrm{A}$

可用 $\dot{I} = \dot{I}_1 + \dot{I}_2$ 验算。

电压和电流的相量图如图 2-24 所示。

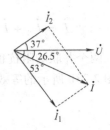

图 2-24　例 2-10 的图

【例 2-11】　在图 2-25 中，电源电压为 $\dot{U} = 220 \underline{/0°}$ V。试求：

（1）等效阻抗 Z；（2）电流 $\dot{I}$、$\dot{I}_1$ 和 $\dot{I}_2$。

【解】　（1）等效阻抗

$$Z = \left[50 + \frac{(100 + j200)(-j400)}{100 + j200 - j400} \right] \Omega$$
$$= (50 + 320 + j240)\Omega = (370 + j240)\Omega$$
$$= 440 \underline{/33°}\Omega$$

（2）电流

$$\dot{I} = \frac{\dot{U}}{Z} = \frac{220 \underline{/0°}}{440 \underline{/33°}} A = 0.5 \underline{/-33°} A$$

$$\dot{I}_1 = \frac{-j400}{100 + j200 - j400} \times 0.5 \underline{/-33°} A$$

$$= \frac{400 \underline{/-90°}}{224 \underline{/-63.4°}} \times 0.5 \underline{/-33°} A = 0.89 \underline{/-59.6°} A$$

$$\dot{I}_2 = \frac{100 + j200}{100 + j200 - j400} \times 0.5 \underline{/-33°} A$$

$$= \frac{224 \underline{/63.4°}}{224 \underline{/-63.4°}} \times 0.5 \underline{/-33°} A = 0.5 \underline{/93.8°} A$$

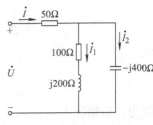

图 2-25　例 2-11 的图

2.7　复杂正弦交流电路的分析与计算

在前面几节中，讨论了用相量表示法对由 R、L、C 元件组成的串并联交流电路的分析与计算。在此基础上，进一步研究复杂交流电路的计算。

和计算复杂直流电路一样，复杂交流电路也要应用支路电流法、叠加定理和戴维南定理等方法来分析和计算。所不同的是，电压和电流应以相量表示，电阻、电感和电容及其组成的电路应以阻抗来表示。下面举例说明。

【例 2-12】　在图 2-26 所示的电路中，已知 $\dot{U}_1 = 230 \underline{/0°}$ V，$\dot{U}_2 = 227 \underline{/0°}$ V，$Z_1 = (0.1 + j0.5)\Omega$，$Z_2 = (0.1 + j0.5)\Omega$，$Z_3 = (5 + j5)\Omega$。试用支路电流法求电流 $\dot{I}_3$。

【解】　应用基尔霍夫定律列出下列相量表示式方程

$$\begin{cases} \dot{I}_1 + \dot{I}_2 - \dot{I}_3 = 0 \\ Z_1 \dot{I}_1 + Z_3 \dot{I}_3 = \dot{U}_1 \\ Z_2 \dot{I}_2 + Z_3 \dot{I}_3 = \dot{U}_2 \end{cases}$$

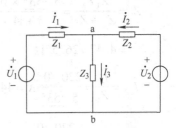

图 2-26　例 2-12 的图

将已知数据代入，即得

$$\begin{cases} \dot{I}_1 + \dot{I}_2 - \dot{I}_3 = 0 \\ (0.1 + j0.5)\dot{I}_1 + (5 + j5)\dot{I}_3 = 230\ \underline{/0°} \\ (0.1 + j0.5)\dot{I}_2 + (5 + j5)\dot{I}_3 = 227\ \underline{/0°} \end{cases}$$

解之，得

$$\dot{I}_3 = 31.3\ \underline{/-46.1°}\,\text{A}$$

【例 2-13】　应用戴维南定理计算例 2-10 中的电流 $\dot{I}_3$。

【解】　图 2-26 的电路可化为图 2-27 所示的等效电路。等效电源的电压可由图 2-28a 求得

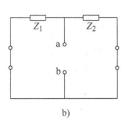

$$\dot{U}_0 = \frac{\dot{U}_1 - \dot{U}_2}{Z_1 + Z_2}Z_2 + \dot{U}_2 = \left[\frac{230\ \underline{/0°} - 227\ \underline{/0°}}{2(0.1 + j0.5)} \times (0.1 + j0.5) + 227\ \underline{/0°}\right]\text{V}$$

$$= 228.85\ \underline{/0°}\,\text{V}$$

图 2-27　图 2-26 所示
电路的等效电路

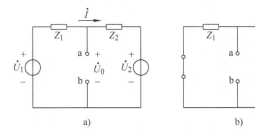

图 2-28　计算等效电源 $\dot{U}_0$ 和 Z_0 的电路

等效电源的内阻抗 Z_0 可由图 2-28b 求得

$$Z_0 = \frac{Z_1 Z_2}{Z_1 + Z_2} = \frac{Z_1}{2} = \frac{0.1 + j0.5}{2}\,\Omega = (0.05 + j0.25)\,\Omega$$

而后由图 2-27 求出

$$\dot{I}_3 = \frac{\dot{U}_0}{Z_0 + Z_3} = \frac{228.85\ \underline{/0°}}{(0.05 + j0.25) + (5 + j5)}\,\text{A} = 31.3\ \underline{/-46.1°}\,\text{A}$$

2.8　功率因数的提高

直流电路的功率等于电流与电压的乘积。但交流电路则不然，在计算交流电路的平均功率时还要考虑电压与电流间的相位差 φ，即

$$P = UI\cos\varphi$$

式中，$\cos\varphi$ 是电路的功率因数。在前面已讲过，电压与电流间的相位差或电路的功率因数决定于电路（负载）的参数。只有在电阻负载（例如电阻炉等）的情况下，电压和电流才

同相，其功率因数为 1。对其他负载来说，其功率因数均介于 0 与 1 之间。

当电压与电流之间有相位差，即功率因数不等于 1 时，电路中发生能量互换，出现无功功率 $Q = UI\sin\varphi$。这样就引起下面两个问题：

1. 发电设备的容量不能充分利用

容量 S_N 一定的供电设备能够输出的有功功率为

$$P = U_N I_N \cos\varphi = S_N \cos\varphi$$

由此式可见，当负载的功率因数 $\cos\varphi < 1$ 时，而发电机的电压和电流又不容许超过额定值，显然这时发电机所能发出的有功功率就减小了。功率因数越低，发电机所发出的有功功率就越小，而无功功率却越大。无功功率越大，即电路中能量互换的规模越大，则发电机发出的能量就不能充分利用，其中有一部分即在发电机与负载之间进行互换。

例如容量为 1000kV·A 的变压器，如果 $\cos\varphi = 1$，即能发出 1000kW 的有功功率，而在 $\cos\varphi = 0.7$ 时，则只能发出 700kW 的功率。

2. 增加线路和发电机绕组的功率损耗

当发电机的电压 U 和输出的功率 P 一定时，电流 I 与功率因数 $\cos\varphi$ 成反比，而线路和发电机绕组上的功率损耗 ΔP 则与 $\cos\varphi$ 的二次方成反比，即

$$\Delta P = rI^2 = \left(r\frac{P^2}{U^2} \right)\frac{1}{\cos^2\varphi}$$

式中，r 是发电机绕组和线路的电阻。

由上述可知，提高电网的功率因数对国民经济的发展有着极为重要的意义。功率因数的提高，能使发电设备的容量得到充分利用，同时也能使电能得到大量节约。也就是说，在同样的发电设备的条件下能够多发电。

功率因数不高的根本原因就是由于电感性负载的存在。例如生产中最常用的异步电动机在额定负载时的功率因数为 0.7 ~ 0.9，如果在轻载时其功率因数就更低。

按照供用电规则，高压供电的工业企业的平均功率因数不低于 0.95，其他单位不低于 0.9。

提高功率因数，常用的方法就是与电感性负载并联静电电容器（设置在用户或变电所中），其电路图和相量图如图 2-29 所示。

并联电容器以后，电感性负载的电流

$I_1 = \dfrac{U}{\sqrt{R^2 + X_L^2}}$ 和功率因数 $\cos\varphi_1 = \dfrac{R}{\sqrt{R^2 + X_L^2}}$

均未变化，这是因为所加电压和负载参数没有改变。但电压 u 和线路电流 i 之间的相位差 φ 变小了，即 $\cos\varphi$ 变大了。这里

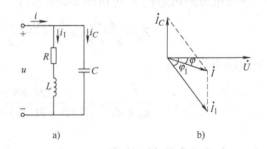

图 2-29　电容器与电感性负载并联以提高功率因数
a）电路图　b）相量图

所讲的提高功率因数，是指提高电源或电网的功率因数，而不是指提高某个电感性负载的功率因数。

在电感性负载上并联了电容器以后，减少了电源与负载之间的能量互换。这时电感性负载所需的无功功率，大部分或全部都是就地供给（由电容器供给），就是说能量的互换现在

主要或完全发生在电感性负载与电容器之间，因而使发电机容量能得到充分利用。

其次，由相量图可见，并联电容器以后线路电流也减小了（电流相量相加），因而减小了功率损耗。

应该注意，并联电容器以后有功功率并未改变，因为电容器是不消耗电能的。

【**例 2-14**】 有一电感性负载，其功率 $P = 10\text{kW}$，功率因数 $\cos\varphi_1 = 0.6$，接在电压 $U = 220\text{V}$ 的电源上，电源频率 $f = 50\text{Hz}$。（1）如果将功率因数提高到 $\cos\varphi = 0.95$，试求与负载并联的电容器的电容值和电容器并联前后的线路电流。（2）如要将功率因数从 0.95 再提高到 1，试问并联电容器的电容值还需增加多少？

【**解**】 计算并联电容器的电容值，可从图 2-29 的相量图导出一个公式。由图可得

$$I_C = I_1\sin\varphi_1 - I\sin\varphi = \left(\frac{P}{U\cos\varphi_1}\right)\sin\varphi_1 - \left(\frac{P}{U\cos\varphi}\right)\sin\varphi = \frac{P}{U}(\tan\varphi_1 - \tan\varphi)$$

又因

$$I_C = \frac{U}{X_C} = U\omega C$$

所以

$$U\omega C = \frac{P}{U}(\tan\varphi_1 - \tan\varphi)$$

由此得

$$C = \frac{P}{\omega U^2}(\tan\varphi_1 - \tan\varphi)$$

（1）$\cos\varphi_1 = 0.6$，即 $\varphi_1 = 53°$

$$\cos\varphi = 0.95，即 \varphi = 18°$$

因此所需电容值为

$$C = \frac{10 \times 10^3}{2\pi \times 50 \times 220^2}(\tan 53° - \tan 18°)\text{F} \approx 656\mu\text{F}$$

电容器并联前的线路电流（即负载电流）为

$$I_1 = \frac{P}{U\cos\varphi_1} = \frac{10 \times 10^3}{220 \times 0.6}\text{A} \approx 75.6\text{A}$$

电容器并联后的线路电流为

$$I = \frac{P}{U\cos\varphi} = \frac{10 \times 10^3}{220 \times 0.95}\text{A} \approx 47.8\text{A}$$

（2）若要将功率因数由 0.95 再提高到 1，则需要增加的电容值为

$$C = \frac{10 \times 10^3}{2\pi \times 50 \times 220^2}(\tan 18° - \tan 0°)\text{F} \approx 213.6\mu\text{F}$$

可见在功率因数已经接近 1 时再继续提高，所需的电容值是很大的，因此，一般不必提高到 1。

习 题

2.1 已知 $i = 100\sin\left(6280t - \frac{\pi}{4}\right)\text{mA}$，（1）试指出它的频率、周期、角频率、幅值、有效值及初相位各是多少；（2）画出波形图。

2.2 设 $i = 100\sin\left(\omega t - \dfrac{\pi}{4}\right)$ mA，试求在下列情况下电流的瞬时值：（1）$f = 1000$Hz，$t = 0.375$ms；（2）$\omega t = 1.25\pi$ rad；（3）$\omega t = 90°$；（4）$t = \dfrac{7}{8}T$。

2.3 图 2-30 所示的是电压和电流的相量图，并已知 $U = 220$V，$I_1 = 10$A，$I_2 = 5\sqrt{2}$A，试分别用三角函数式及复数式表示各正弦量。

2.4 已知正弦量 $\dot{U} = 220e^{j30°}$ V 和 $\dot{I} = (-4 - j3)$A，试分别用三角函数式、正弦波形及相量图表示它们。如果 $\dot{I} = (4 - j3)$A，则又如何？

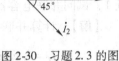

图 2-30 习题 2.3 的图

2.5 无源二端口网络（图 2-31）输入端的电压和电流为

$$u = 220\sqrt{2}\sin(314t + 20°)\ \text{V}$$
$$i = 4.4\sqrt{2}\sin(314t - 33°)\ \text{A}$$

试求此二端口网络由两个元件串联的等效电路和元件参数值，并求二端网络的功率因数、有功功率和无功功率。

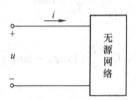

图 2-31 习题 2.5 的图

2.6 图 2-32 所示的各电路图中，除 A_0 和 V_0 外，其余电流表和电压表的读数在图上都已标出（都是正弦量的有效值），试求电流表 A_0 或电压表 V_0 的读数。

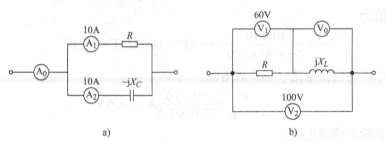

a)   b)

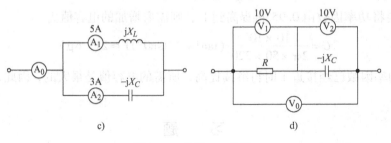

c)   d)

图 2-32 习题 2.6 的图

2.7 计算图 2-33 中的电流 $\dot{I}$ 和各阻抗元件上的电压 $\dot{U}_1$ 与 $\dot{U}_2$，并做出相量图。

2.8　计算图 2-34 中各支路电流 $\dot{I}_1$ 与 $\dot{I}_2$ 和电压 $\dot{U}$，并做出相量图。

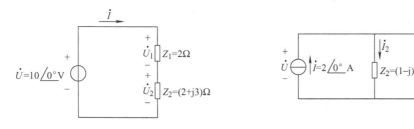

图 2-33　习题 2.7 的图　　　　　　　图 2-34　习题 2.8 的图

2.9　在图 2-35 所示电路中，已知 $R = 2\Omega$，$Z_1 = -\mathrm{j}10\Omega$，$Z_2 = (40+\mathrm{j}30)\Omega$，$\dot{I} = 5\underline{/30°}\mathrm{A}$。求 $\dot{I}_1$、$\dot{I}_2$ 和 $\dot{U}$。

2.10　在图 2-36 中，已知 $U = 220\mathrm{V}$，$R_1 = 10\Omega$，$X_1 = 10\sqrt{3}\Omega$，$R_2 = 20\Omega$，试求各个电流和平均功率。

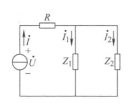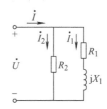

图 2-35　习题 2.9 的图　　　　　　　图 2-36　习题 2.10 的图

2.11　在图 2-37 中，已知 $u = 220\sqrt{2}\sin 314t\ \mathrm{V}$，$i_1 = 22\sin(314t-45°)\mathrm{A}$，$i_2 = 11\sqrt{2}\sin(314t+90°)\mathrm{A}$，试求各仪表读数及电路参数 R、L 和 C。

2.12　某教学楼装有 220V/40W 荧光灯 100 支和 220V/40W 白炽灯 20 个。荧光灯的功率因数为 0.5。荧光灯管和镇流器串联接到交流电源上可看作 RL 串联电路。（1）试求电源向电路提供的电流，并画出电压和各个电流的相量图，设电源电压 $\dot{U} = 220\underline{/0°}\mathrm{V}$；（2）若全部照明灯点亮 4h，共耗电多少 kW·h？

2.13　电路如图 2-38 所示，已知 $R = R_1 = R_2 = 10\Omega$，$L = 31.8\mathrm{mH}$，$C = 318\mu\mathrm{F}$，$f = 50\mathrm{Hz}$，$U = 10\mathrm{V}$，试求并联支路端电压 u_{ab} 及电路的 P、Q、S 及 $\cos\varphi$。

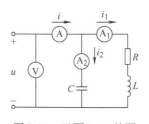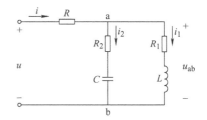

图 2-37　习题 2.11 的图　　　　　　　图 2-38　习题 2.13 的图

2.14　在图 2-39 中，$U = 220\mathrm{V}$，$f = 50\mathrm{Hz}$，$R_1 = 10\Omega$，$X_1 = 10\sqrt{3}\Omega$，$R_2 = 5\Omega$，$X_2 = 5\sqrt{3}\Omega$。（1）求电流表的读数 I 和电路的功率因数 $\cos\varphi_1$；（2）欲使电路的功率因数提高到 0.866，则需要并联多大电容？（3）并联电容后电流表的读数为多少？

2.15　某交流电源的额定容量为 10kV·A，额定电压为 220V，频率为 50Hz，接有电感性负载，其功率为 8kW，功率因数为 0.6。试问：

（1）负载电流是否超过电源的额定电流？

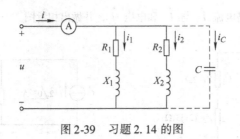

图 2-39 习题 2.14 的图

（2）欲将电路的功率因数提高到 0.95，需并联多大电容？

（3）功率因数提高后线路电流为多少？

（4）并联电容后电源还能提供多少有功功率？

2.16 有一电感性负载，额定功率 $P_N = 60kW$，额定电压 $U_N = 380V$，额定功率 $\cos\varphi_N = 0.4$，欲将负载接到 50Hz、380V 的交流电源上工作，求：（1）负载的电流、视在功率和无功功率；（2）若与负载并联一电容，使电路总电流降到 120A，此时电路的功率因数提高到多少？并联的电容是多大？

第 3 章

三相交流电路

上一章所介绍的电路是单相交流电路。在实际应用中，三相交流电路的应用更为广泛。三相电路与单相电路相比具有更多的优越性。从发电方面看，同样尺寸的发电机，采用三相电路比单相电路可以增加输出功率；从输电方面看，在相同的输电条件下，三相电路可以节约铜线；从配电方面看，三相变压器比单相变压器经济，而且便于接入三相或单相负载；从用电方面看，最主要的负载是交流电动机，而交流电动机多数是三相的。

本章主要介绍三相电路的组成，对称三相电路的计算，不对称三相电路的计算，三相电路的功率等。着重讨论负载在三相电路中的连接使用问题。

3.1 三相电压

图 3-1 所示是三相交流发电机的原理图，它的主要组成部分是电枢和磁极。

电枢是固定的，亦称**定子**。定子铁心的内圆周表面冲有槽，用以放置三相电枢绕组。每相绕组是同样的，如图 3-2 所示。它们的始端（头）标以 U_1、V_1、W_1，末端（尾）标以 U_2、V_2、W_2。每个绕组的两边放置在相应的定子铁心的槽内，但要求绕组的始端之间或末端之间都彼此相隔 120°。

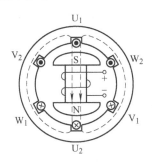

图 3-1　三相交流发电机的原理图

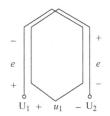

图 3-2　每相电枢绕组

磁极是转动的，亦称**转子**。转子铁心上绕有励磁绕组，用直流励磁。选择合适的极面形状和励磁绕组的布置情况，可使空气隙中的磁感应强度按正弦规律分布。

当转子由原动机带动，并以匀速按顺时针方向转动时，则每相绕组依次切割磁通，产生感应电动势，因而在 U_1U_2、V_1V_2、W_1W_2 三相绕组上得出频率相同、幅值相等、相位互差 120°的**三相对称正弦电压**，它们分别为 u_1、u_2、u_3，并以 u_1 为参考正弦量，则

$$u_1 = U_m \sin \omega t$$
$$u_2 = U_m \sin(\omega t - 120°) \left.\begin{matrix} \\ \\ \end{matrix}\right\}$$ (3-1)
$$u_3 = U_m \sin(\omega t - 240°) = U_m \sin(\omega t + 120°)$$

也可以用相量表示，即

$$\dot{U}_1 = U \underline{/0°} = U$$
$$\dot{U}_2 = U \underline{/-120°} = U\left(-\frac{1}{2} - j\frac{\sqrt{3}}{2}\right) \left.\begin{matrix} \\ \\ \\ \\ \end{matrix}\right\}$$ (3-2)
$$\dot{U}_3 = U \underline{/120°} = U\left(-\frac{1}{2} + j\frac{\sqrt{3}}{2}\right)$$

如果用相量图和正弦波形来表示，则如图 3-3 所示。

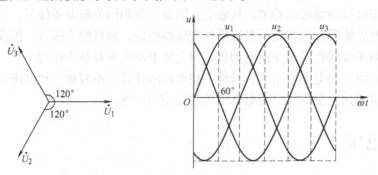

图 3-3   表示三相电压的相量图和正弦波形

显然，三相对称正弦电压的瞬时值或相量之和为零，即

$$u_1 + u_2 + u_3 = 0$$
$$\dot{U}_1 + \dot{U}_2 + \dot{U}_3 = 0 \left.\begin{matrix} \\ \\ \end{matrix}\right\}$$ (3-3)

三相交流电压出现正幅值（或相应零值）的顺序称为**相序**。在此，相序是 $U_1 \rightarrow V_1 \rightarrow W_1$。

电源（发电机或变压器）三相绕组的接法通常如图 3-4 所示，即将三个末端连在一起，这一连接点称为**中性点**或零点，用 N 表示。这种连接法称为**星形联结**。从中性点引出的导线称为中性线或零线。从始端 U_1、V_1、W_1 引出的三根导线 L_1、L_2、L_3 称为相线或端线，俗称**火线**，相序也可以是 $L_1 \rightarrow L_2 \rightarrow L_3$。

在图 3-4 中，每相始端与末端间的电压，亦即相线与中性线间的电压称为**相电压**，其有效值用 U_1、U_2、U_3 或一般地用 U_P 表示。而任意两始端间的电压，亦即

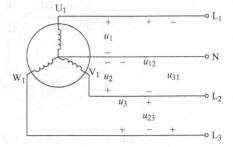

图 3-4   电源的星形联结

两相线间的电压，称为**线电压**，其有效值用 U_{12}、U_{23}、U_{31} 或一般地用 U_L 表示。相电压和线电压的参考方向如图中所示。

当电源的绕组连成星形时，相电压和线电压显然是不相等的。根据图 3-4 上的参考方向，它们的关系是

$$\left.\begin{array}{l} u_{12} = u_1 - u_2 \\ u_{23} = u_2 - u_3 \\ u_{31} = u_3 - u_1 \end{array}\right\} \tag{3-4}$$

或用相量形式表示为

$$\left.\begin{array}{l} \dot{U}_{12} = \dot{U}_1 - \dot{U}_2 \\ \dot{U}_{23} = \dot{U}_2 - \dot{U}_3 \\ \dot{U}_{31} = \dot{U}_3 - \dot{U}_1 \end{array}\right\} \tag{3-5}$$

图 3-5 是它们的相量图。做相量图时，先做出相电压 $\dot{U}_1$、$\dot{U}_2$、$\dot{U}_3$，而后根据式（3-5）分别做出线电压 $\dot{U}_{12}$、$\dot{U}_{23}$、$\dot{U}_{31}$。可见线电压也是频率相同、幅值相等、相位互差 120° 的三相对称电压，在相位上比相应的相电压超前 30°。

至于线电压和相电压在大小上的关系，也很容易从相量图上得出

$$U_{\text{L}} = \sqrt{3} U_{\text{P}} \tag{3-6}$$

电源的绕组成星形联结时，可引出四根导线（三相四线制），这样就有可能给予负载两种电压。通常在低压配电系统中相电压为 220V，线电压为 380V（$380 = \sqrt{3} \times 220$）。

当电源的绕组连成星形时，不一定都引出中性线。

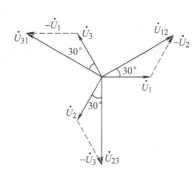

图 3-5 电源绕组星形联结时线电压和相电压的相量图

3.2 负载星形联结的三相电路

分析三相电路和分析单相电路一样，首先应画出电路图，并标出电压和电流的参考方向，而后应用电路的基本定律找出电压和电流之间的关系，再确定三相功率。

三相电路中负载的连接方法有两种——星形联结和三角形联结。

图 3-6 是**三相四线制电路**，设其线电压为 380V。负载如何连接，应视其额定电压而定。通常电灯（单相负载）的额定电压为 220V，因此要接在相线和中性线之间。电灯负载是大量使用的，不能集中接在一相中，从总的线路来说，它们应当比较均匀地分配在各相之中，如图 3-6 所示。电灯的这种连接方法称为星形联结。至于其他单相负

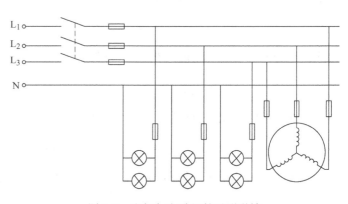

图 3-6 电灯与电动机的星形联结

载（如单相电动机、电炉、继电器吸引线圈等），该接在相线之间还是相线和中性线之间，应视额定电压是380V还是220V而定。如果负载的额定电压不等于电源电压，则需用变压器。例如机床照明灯的额定电压为36V，就要用一个380V/36V的降压变压器。

三相电动机的三个接线端总是与电源的相线相连。但电动机本身的三相绕组可以连成星形或三角形。它的连接方法在铭牌上标出，例如380V丫联结或380V△联结。

负载星形联结的三相四线制电路一般可用图3-7所示的电路表示。每相负载的阻抗模分别为$|Z_1|$、$|Z_2|$、$|Z_3|$。电压和电流的参考方向都已在图中标出。

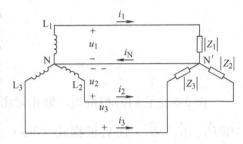

图3-7　负载星形联结的三相四线制电路

三相电路中的电流也有相电流与线电流之分。每相负载中的电流I_P称为**相电流**，每根相线中的电流I_L称为**线电流**。在负载为星形联结时，显然，相电流即为线电流，即

$$I_P = I_L \tag{3-7}$$

对三相电路应该一相一相计算。

设电源相电压$\dot{U}_1$为参考正弦量，则得

$$\dot{U}_1 = U_1 \underline{/0°}, \dot{U}_2 = U_2 \underline{/-120°}, \dot{U}_3 = U_3 \underline{/120°}$$

在图3-7的电路中，电源相电压即为每相负载电压。于是每相负载中的电流可分别求出，即

$$\left. \begin{array}{l} \dot{I}_1 = \dfrac{\dot{U}_1}{Z_1} = \dfrac{U_1 \underline{/0°}}{|Z_1| \underline{/\varphi_1}} = I_1 \underline{/-\varphi_1} \\[3mm] \dot{I}_2 = \dfrac{\dot{U}_2}{Z_2} = \dfrac{U_2 \underline{/-120°}}{|Z_2| \underline{/\varphi_2}} = I_2 \underline{/-120° - \varphi_2} \\[3mm] \dot{I}_3 = \dfrac{\dot{U}_3}{Z_3} = \dfrac{U_3 \underline{/120°}}{|Z_3| \underline{/\varphi_3}} = I_3 \underline{/120° - \varphi_3} \end{array} \right\} \tag{3-8}$$

式中，每相负载中电流的有效值分别为

$$I_1 = \frac{U_1}{|Z_1|}, \quad I_2 = \frac{U_2}{|Z_2|}, \quad I_3 = \frac{U_3}{|Z_3|} \tag{3-9}$$

各相负载的电压与电流之间的相位差分别为

$$\varphi_1 = \arctan \frac{X_1}{R_1}, \quad \varphi_2 = \arctan \frac{X_2}{R_2}, \quad \varphi_3 = \arctan \frac{X_3}{R_3} \tag{3-10}$$

中性线中的电流可以按照图3-7中所选定的参考方向，应用基尔霍夫电流定律得出，即

$$\dot{I}_N = \dot{I}_1 + \dot{I}_2 + \dot{I}_3 \tag{3-11}$$

电压和电流的相量图如图3-8所示。做相量图时，先画出以$\dot{U}_1$为参考相量的电源相电压$\dot{U}_1$，$\dot{U}_2$，$\dot{U}_3$的相量；而后逐相按照式（3-9）和式（3-10）画出各相电流$\dot{I}_1$、$\dot{I}_2$、$\dot{I}_3$

的相量；再由式（3-11）画出中性线电流 $\dot{I}_N$ 的相量。

现在来讨论图 3-7 所示电路中负载对称的情况。所谓负载对称，就是指各相阻抗相等，即

$$Z_1 = Z_2 = Z_3 = Z$$

或阻抗模和相位角相等，即

$$|Z_1| = |Z_2| = |Z_2| = |Z| \text{ 和 } \varphi_1 = \varphi_2 = \varphi_3 = \varphi$$

由式（3-9）和式（3-10）可见，因为电压对称，所以负载相电流也是对称的，即

$$I_1 = I_2 = I_3 = I_P = \frac{U_P}{|Z|}$$

$$\varphi_1 = \varphi_2 = \varphi_3 = \varphi = \arctan \frac{X}{R}$$

因此，这时中性线电流等于零，即

$$\dot{I}_N = \dot{I}_1 + \dot{I}_2 + \dot{I}_3 = 0$$

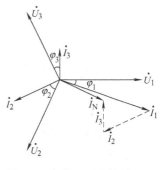

图 3-8　负载星形联结时电压和电流的相量图

电压和电流的相量图如图 3-9 所示。

中性线中既然没有电流通过，中性线就不需要了。因此图 3-7 所示的电路就变为图 3-10 所示的电路，这就是**三相三线制电路**。三相三线制电路在生产上的应用极为广泛，因为生产上的三相负载（通常所见的是三相电动机）一般都是对称的。

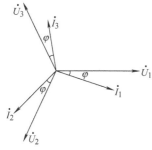

图 3-9　对称负载星形联结时电压和电流的相量图

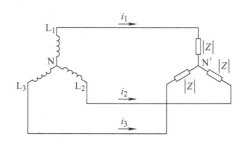

图 3-10　对称负载星形联结的三相三线制电路

【例 3-1】　有一星形联结的三相负载，每相的电阻 $R = 6\Omega$，感抗 $X_L = 8\Omega$。电源电压对称，设 $u_{12} = 380\sqrt{2}\sin(\omega t + 30°)\,\text{V}$，试求电流 i_1，i_2 及 i_3（参考图 3-10）。

【解】　因为负载对称，只需计算一相（譬如 L_1 相）即可。

由图 3-5 的相量图可知，$U_1 = \dfrac{U_{12}}{\sqrt{3}} = \dfrac{380}{\sqrt{3}}\text{V} = 220\text{V}$，$u_1$ 比 u_{12} 滞后 30°，即

$$u_1 = 220\sqrt{2}\sin\omega t \text{ V}$$

L_1 相电流

$$I_1 = \frac{U_1}{|Z_1|} = \frac{220}{\sqrt{6^2 + 8^2}}\text{A} = 22\text{A}$$

i_1 比 u_1 滞后 φ 角，即

$$\varphi = \arctan \frac{X_L}{R} = \arctan \frac{8}{6} = 53°$$

所以

$$i_1 = 22\sqrt{2}\sin(\omega t - 53°)\ \text{A}$$

因为电流对称，其他两相的电流则为

$$i_2 = 22\sqrt{2}\sin(\omega t - 53° - 120°)\ \text{A} = 22\sqrt{2}\sin(\omega t - 173°)\ \text{A}$$

$$i_3 = 22\sqrt{2}\sin(\omega t - 53° + 120°)\ \text{A} = 22\sqrt{2}\sin(\omega t + 67°)\ \text{A}$$

关于负载不对称的三相电路，举下面几个例子来分析一下。

【例3-2】 在图3-11中，电源电压对称，每相电压 $U_P = 220\text{V}$；负载为电灯组，在额定电压下其电阻分别为 $R_1 = 5\Omega$，$R_2 = 10\Omega$，$R_3 = 20\Omega$。试求负载相电压、负载电流及中性线电流。电灯的额定电压为220V。

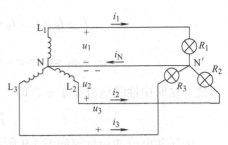

图3-11 例3-2的电路

【解】 在负载不对称而有中性线（其上电压降可忽略不计）的情况下，负载相电压和电源相电压相等，也是对称的，其有效值为220V。

本题如用相量计算，求中性线电流较为容易。先计算各相电流：

$$\dot{I}_1 = \frac{\dot{U}_1}{R_1} = \frac{220\ \underline{/0°}}{5}\text{A} = 44\ \underline{/0°}\text{A}$$

$$\dot{I}_2 = \frac{\dot{U}_2}{R_2} = \frac{220\ \underline{/-120°}}{10}\text{A} = 22\ \underline{/-120°}\text{A}$$

$$\dot{I}_3 = \frac{\dot{U}_3}{R_3} = \frac{220\ \underline{/120°}}{20}\text{A} = 11\ \underline{/120°}\text{A}$$

根据图中电流的参考方向，中性线电流

$$\dot{I}_N = \dot{I}_1 + \dot{I}_2 + \dot{I}_3 = 44\ \underline{/0°} + 22\ \underline{/-120°} + 11\ \underline{/120°}$$

$$= 44 + (-11 - j18.9) + (-5.5 + j9.45) = 27.5 - j9.45$$

$$= 29.1\ \underline{/-19°}\text{A}$$

【例3-3】 在例3-2中，(1) L_1 相短路时，(2) L_1 相短路而中性线又断开时（图3-12），试求各相负载上的电压。

【解】 (1) 此时 L_1 相短路电流很大，将 L_1 相中的熔断器熔断，而 L_2 相和 L_3 相未受影响，其相电压仍为220V。

(2) 此时负载中性点 N' 即为 L_1，因此各相负载电压为

$$\dot{U}_1' = 0，U_1' = 0$$

$$\dot{U}_2' = \dot{U}_{21}，U_2' = 380\text{V}$$

$$\dot{U}_3' = \dot{U}_{31}，U_3' = 380\text{V}$$

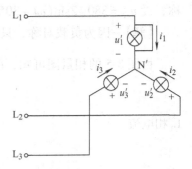

图3-12 例3-3的电路

在这种情况下，L_2 相与 L_3 相的电灯组上所加的电压都超过电灯的额定电压（220V），这是不允许的。

【例3-4】　在例3-2中，（1）L_1 相断开时；（2）L_1 相断开而中性线也断开时（图3-13），试求各相负载上的电压。

【解】　（1）L_2 相和 L_3 相未受影响。

（2）这时电路已成为单相电路，即 L_2 相的电灯组和 L_3 相的电灯组串联，接在线电压 $U_{23} = 380V$ 的电源上，两相电流相同。至于两相电压如何分配，决定于两相的电灯组电阻。如果 L_2 相的电阻比 L_3 相的电阻小，则其相电压低于电灯的额定电压，而 L_3 相的电压可能高于电灯的额定电压。这是不允许的。

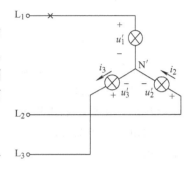

图 3-13　例 3-4 的电路

上面所举的几个例子可以看出：

1）负载不对称而又没有中性线时，负载的相电压就不对称。当负载的相电压不对称时，势必引起有的相的电压过高，高于负载的额定电压；有的相的电压过低，低于负载的额定电压。这都是不允许的。三相负载的相电压必须对称。

2）中性线的作用就在于使星形联结的不对称负载的相电压对称。为了保证负载的相电压对称，就不应让中性线断开。因此，中性线（指干线）内不接入熔断器或刀开关。

3.3　负载三角形联结的三相电路

负载三角形联结的三相电路一般可用图3-14所示的电路来表示。每相负载的阻抗模分别为 $|Z_{12}|$、$|Z_{23}|$、$|Z_{31}|$。电压和电流的参考方向都已在图中标出。

因为各相负载都直接接在电源的线电压上，所以负载的相电压与电源的线电压相等。因此不论负载对称与否，其相电压总是对称的，即

$$U_{12} = U_{23} = 31 = U_L = U_P \tag{3-12}$$

在负载三角形联结时，相电流和线电流是不一样的。各相负载的相电流的有效值分别为

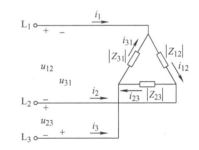

图 3-14　负载三角形联结的三相电路

$$I_{12} = \frac{U_{12}}{|Z_{12}|}, \quad I_{23} = \frac{U_{23}}{|Z_{23}|}, \quad I_{31} = \frac{U_{31}}{|Z_{31}|} \tag{3-13}$$

各相负载的电压与电流之间的相位差分别为

$$\varphi_{12} = \arctan\frac{X_{12}}{R_{12}}, \quad \varphi_{23} = \arctan\frac{X_{23}}{R_{23}}, \quad \varphi_{31} = \arctan\frac{X_{31}}{R_{31}} \tag{3-14}$$

负载的线电流可应用基尔霍夫电流定律列出下列各式进行计算，即

$$\left. \begin{array}{l} \dot{I}_1 = \dot{I}_{12} - \dot{I}_{31} \\[2mm] \dot{I}_2 = \dot{I}_{23} - \dot{I}_{12} \\[2mm] \dot{I}_3 = \dot{I}_{31} - \dot{I}_{23} \end{array} \right\} \tag{3-15}$$

如果负载对称，即

$$|Z_{12}| = |Z_{23}| = |Z_{31}| = |Z| \quad \text{和} \quad \varphi_{12} = \varphi_{23} = \varphi_{31} = \varphi$$

则负载的相电流也是对称的，即

$$I_{12} = I_{23} = I_{31} = I_P = \frac{U_P}{|Z|}$$

$$\varphi_{12} = \varphi_{23} = \varphi_{31} = \varphi = \arctan \frac{X}{R}$$

至于负载对称时线电流和相电流的关系，则可从根据式（3-15）所做出的相量图（图3-15）看出。显然，线电流也是对称的，在相位上比相应的相电流滞后30°。

线电流和相电流在大小上的关系，也很容易从相量图得出，即

$$I_L = \sqrt{3} I_P \tag{3-16}$$

三相电动机的绕组可以接成星形，也可以接成三角形，而照明负载一般都接成星形（具有中性线）。

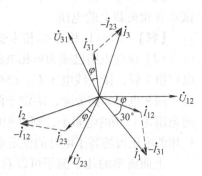

图 3-15　对称负载三角形联结时
电压和电流的相量图

3.4　三相功率

三相负载和三相电源，无论负载是否对称，无论采用何种连接方式，三相总有功功率应等于各相有功功率的算术和，即

$$P = P_1 + P_2 + P_3 \tag{3-17}$$

总无功功率应等于各相无功功率的代数和，即

$$Q = Q_1 + Q_2 + Q_3 \tag{3-18}$$

总视在功率

$$S = \sqrt{P^2 + Q^2} \tag{3-19}$$

如果负载对称，则各相的有功功率、无功功率均相等，即

$$P_1 = P_2 = P_3 = U_P I_P \cos\varphi$$

$$Q_1 = Q_2 = Q_3 = U_P I_P \sin\varphi$$

从而得到三相总有功功率、无功功率和视在功率与相电压、相电流的关系为

$$\left. \begin{array}{l} P = 3 U_P I_P \cos\varphi \\ Q = 3 U_P I_P \sin\varphi \\ S = 3 U_P I_P \end{array} \right\} \tag{3-20}$$

式中，φ 是相电压 U_P 与相电流 I_P 之间的相位差。

当对称负载为星形联结时

$$U_L = \sqrt{3} U_P, \ I_L = I_P$$

当对称负载为三角形联结时

$$U_L = U_P, \ I_L = \sqrt{3} I_P$$

不论对称负载是星形联结或是三角形联结，若将上述关系代入式（3-20），又得到负载对称

时这三种功率与线电压和线电流的关系为

$$P = \sqrt{3}U_{\mathrm{L}}I_{\mathrm{L}}\cos\varphi$$
$$Q = \sqrt{3}U_{\mathrm{L}}I_{\mathrm{L}}\sin\varphi$$
$$S = \sqrt{3}U_{\mathrm{L}}I_{\mathrm{L}}$$

(3-21)

应注意，式（3-21）中的 φ 仍为相电压与相电流之间的相位差。

式（3-20）和式（3-21）都是计算三相功率的。但因为线电压和线电流的数值是容易测量出的，或者是已知的，故通常多应用式（3-21）来进行计算。

【例 3-5】　有一台三相电动机，每相等效电阻 $R = 29\Omega$，等效感抗 $X_L = 21.8\Omega$。绕组为星形联结，接于线电压 $U_{\mathrm{L}} = 380\mathrm{V}$ 的三相电源上。试求电动机的相电流、线电流以及从电源输入的功率。

【解】

$$I_{\mathrm{P}} = \frac{U_{\mathrm{P}}}{|Z|} = \frac{220}{\sqrt{29^2 + 21.8^2}}\mathrm{A} \approx 6.1\mathrm{A}$$

$$I_{\mathrm{L}} = 6.1\mathrm{A}$$

$$P = \sqrt{3}U_{\mathrm{L}}I_{\mathrm{L}}\cos\varphi = \sqrt{3} \times 380 \times 6.1 \times \frac{29}{\sqrt{29^2 + 21.8^2}}\mathrm{W}$$

$$= \sqrt{3} \times 380 \times 6.1 \times 0.8\mathrm{W} \approx 3200\mathrm{W} = 3.2\mathrm{kW}$$

【例 3-6】　有一台三相电阻加热炉，功率因数等于 1，星形联结。另有一台三相交流电动机，功率因数等于 0.8，三角形联结。共同由线电压为 380V 的三相电源供电，它们消耗的有功功率分别为 75kW 和 36kW。求电源的线电流。

【解】　按题意画出电路图如图 3-16 所示。电阻炉的功率因数 $\cos\varphi_1 = 1$，$\varphi_1 = 0°$，故无功功率 $Q = 0$。电动机的功率因数 $\cos\varphi_2 = 0.8$，$\varphi_2 = 36.9°$。

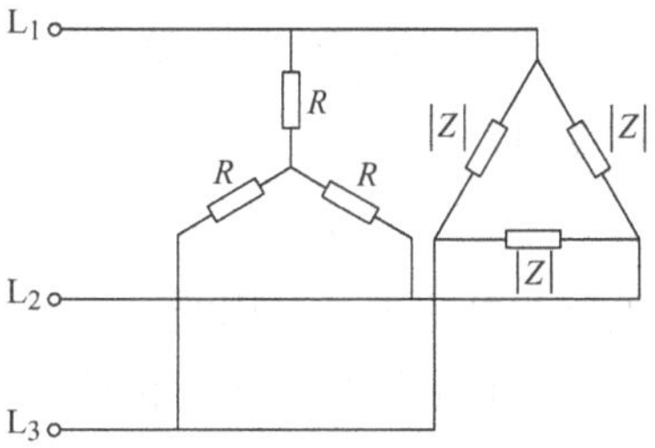

故无功功率为

$$Q_2 = P_2\tan\varphi_2 = 36 \times \tan 36.9°\mathrm{kvar} = 27\mathrm{kvar}$$

电源输出的总有功功率、无功功率和视在功率为

$$P = P_1 + P_2 = (75 + 36)\mathrm{kW} = 111\mathrm{kW}$$

$$Q = Q_1 + Q_2 = (0 + 27)\mathrm{kvar} = 27\mathrm{kvar}$$

$$S = \sqrt{P^2 + Q^2} = \sqrt{111^2 + 27^2}\mathrm{kV \cdot A} = 114\mathrm{kV \cdot A}$$

图 3-16　例 3-6 的电路图

由此求得电源的线电流为

$$I_{\mathrm{L}} = \frac{S}{\sqrt{3}U_{\mathrm{L}}} = \frac{114 \times 10^3}{1.73 \times 380}\mathrm{A} \approx 173\mathrm{A}$$

【例 3-7】　线电压 $U_{\mathrm{L}} = 380\mathrm{V}$ 的三相电源上接有两组对称三相负载：一组是三角形联结的电感性负载，每相阻抗 $Z_\triangle = 36.3\underline{/37°}\Omega$；另一组是星形联结的电阻性负载，每相电阻 $R_\curlyvee = 10\Omega$，如图 3-17 所示。试求：（1）各组负载的相电流；（2）电路线电流；（3）三相有功功率。

【解】　设线电压 $\dot{U}_{12} = 380\underline{/0°}\mathrm{V}$，则相电压 $\dot{U}_1 = 220\underline{/-30°}\mathrm{V}$。

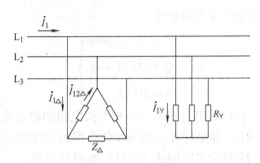

图 3-17　例 3-7 的图

（1）由于三相负载对称，所以计算一相即可，其他两相可以推知。

对于三角形联结的负载，其相电流为

$$\dot{I}_{12\triangle} = \frac{\dot{U}_{12}}{Z_\triangle} = \frac{380\ \underline{/0°}}{36.3\ \underline{/37°}}\text{A} = 10.47\ \underline{/-37°}\ \text{A}$$

对于星形联结的负载，其相电流即为线电流，有

$$\dot{I}_{1Y} = \frac{\dot{U}_1}{R_Y} = \frac{220\ \underline{/-30°}}{10}\text{A} = 22\ \underline{/-30°}\ \text{A}$$

（2）先求三角形联结的电感性负载的线电流 $\dot{I}_{1\triangle}$。由图 3-15 可知，$I_{1\triangle} = \sqrt{3}I_{12\triangle}$，且 $\dot{I}_{1\triangle}$ 较 $\dot{I}_{12\triangle}$ 滞后 30°，于是得出

$$\dot{I}_{1\triangle} = 10.47\sqrt{3}\ \underline{/-37°-30°}\ \text{A} = 18.13\ \underline{/-67°}\ \text{A}$$

$\dot{I}_{1Y}$ 与 $\dot{I}_{1\triangle}$ 相位不同，不能错误地把 22A 和 18.13A 相加作为电路线电流。两者相量相加才对，即

$$\dot{I}_1 = \dot{I}_{1\triangle} + \dot{I}_{1Y} = (18.13\ \underline{/-67°} + 22\ \underline{/-30°})\ \text{A} = 38\ \underline{/-46.7°}\ \text{A}$$

电路线电流也是对称的。

一相电压与电流的相量图如图 3-18 所示。

（3）三相电路有功功率为

$$P = P_\triangle + P_Y = \sqrt{3}U_L I_{1\triangle}\cos\varphi_\triangle + \sqrt{3}U_L I_{1Y}$$

$$= (\sqrt{3}\times380\times18.13\times0.8 + \sqrt{3}\times380\times22)\text{W}$$

$$= (9546 + 14480)\text{W} = 24026\text{W} \approx 24\text{kW}$$

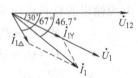

图 3-18　例 3-7 的相量图

习　题

3.1　有一个三相四线制照明电路，相电压为 220V，已知三个相的照明灯组分别由 30、40、50 只白炽灯并联组成，每只白炽灯的功率都是 100W，求三个线电流和中性线电流的有效值。

3.2　在图 3-19 所示的电路中，三相四线制电源电压为 380V/220V，接有对称星形联结的白炽灯负载，其总功率为 180 W。此外，在 L_3 相上接有额定电压为 220V，功率为 40W，功率因数 $\cos\varphi = 0.5$ 的荧光灯一只。试求电流 $\dot{I}_1$、$\dot{I}_2$、$\dot{I}_3$ 及 $\dot{I}_N$。设 $\dot{U}_1 = 220\ \underline{/0°}$ V。

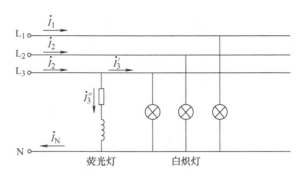

图 3-19　习题 3.2 的图

3.3　在线电压为 380V 的三相电源上，接两组电阻性对称负载，如图 3-20 所示，试求线路电流 I。

3.4　有一台三相异步电动机，其绕组接成三角形，接在线电压 $U_L = 380V$ 的电源上，从电源所取用的功率 $P_1 = 11.43kW$，功率因数 $\cos\varphi = 0.87$，试求电动机的相电流和线电流。

3.5　在图 3-21 中，电源线电压 $U_L = 380V$。（1）如果图中各相负载的阻抗模都等于 10Ω，是否可以说负载是对称的？（2）试求各相电流，并用电压与电流的相量图计算中性线电流。如果中性线电流的参考方向选定得同电路图上所示的方向相反，则结果有何不同？（3）试求三相平均功率 P。

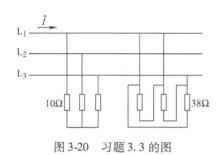

图 3-20　习题 3.3 的图　　　　　　图 3-21　习题 3.5 的图

3.6　在图 3-22 中，对称负载接成三角形，已知电源电压 $U_L = 220V$，电流表读数 $I_L = 17.3A$，三相功率 $P = 4.5kW$，试求：（1）每相负载的电阻和感抗；（2）当 L_1L_2 相断开时，图中各电流表的读数和总功率 P；（3）当 L_1 相断开时，图中各电流表的读数和总功率 P。

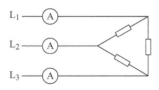

图 3-22　习题 3.6 的图

3.7　有三个相同的电感性单相负载，额定电压为 380V，功率因数为 0.8，在此电压下单相负载消耗的有功功率为 1.5kW。把它接到线电压 380V 的对称三相电源上，试问应采用什么连接方法？负载的有功功率、无功功率和视在功率是多少？

3.8　有一台三相电阻炉，每相电阻为 14Ω，接于线电压为 380V 的对称三相电源上，试求连接成星形和三角形两种情况下负载的线电流和有功功率。

3.9　电路如图 3-23 所示。在 380V/220V 低压供电系统中，分别接有 30 只荧光灯和一台三相电动机，已知每只荧光灯的额定值为：$U_N = 220V$，$P_N = 40W$，$\cos\varphi_N = 0.5$，荧光灯分三组均匀接入三相电源。电动机的额定电压为 380V，输入功率为 3kW，功率因数为 0.8，三角形联结，求电源供给的线电流。

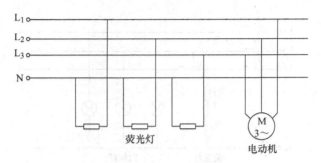

图 3-23 习题 3.9 的电路

3.10 在图 3-24 所示电路中，电源线电压 $U_L = 380V$，频率 $f = 50Hz$，对称电感性负载的功率 $P = 10kW$，功率因数 $\cos\varphi_1 = 0.5$。为了将线路功率因数提高到 $\cos\varphi = 0.9$，试问在两图中每相并联的补偿电容器的电容值各为多少？采用哪种方式（三角形联结或星形联结）较好？ [提示：每相电容 $C = \dfrac{P(\tan\varphi_1 - \tan\varphi)}{3\omega U^2}$，式中，$P$ 为三相功率（W），U 为每相电容上所加电压]

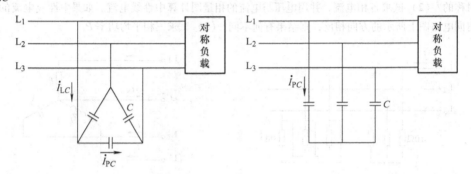

图 3-24 习题 3.10 的图

第 4 章

磁路和变压器

变压器是电力系统中不可缺少的电气设备，在电子技术和其他方面也有广泛的应用。学习变压器不仅要掌握电路的基本理论，还要具备磁路的基本知识。因此，本章先介绍磁路，然后还要介绍电磁铁。通过对电磁铁的分析，既可以有助于对磁路的理解，而且它也是今后学习自动控制电器的基础。最后再讨论变压器。

4.1 磁路

4.1.1 磁场的基本物理量

磁场是由电流产生的，磁场的情况可形象地用磁力线来描绘。磁力线是闭合的曲线，且与闭合电路相交链。磁力线（由电流产生的磁场）的方向与产生该磁场电流的方向符合右手螺旋定则。磁力线上每一点的切线方向即为该点磁场的方向，磁力线的疏密程度反映了该处磁场的强弱。磁力线是一组间距相等的平行线时，这样的磁场称为均匀磁场。

在对磁场进行分析和计算时，常用到以下几个物理量：

1. 磁通

磁场中穿过某一截面积 S 的磁力线数称为通过该面积的**磁通** [量]，用 $\varPhi$ 表示，单位为韦伯（Wb）。

2. 磁感应强度

磁感应强度是描述介质中实际的磁场强弱和方向的物理量。它是一个矢量，用 B 表示。其数值 B 表示磁场的强弱，其方向表示磁场的方向。在均匀磁场中，若通过与磁力线垂直的某面积 S 的磁通为 $\varPhi$，则

$$B = \frac{\varPhi}{S} \tag{4-1}$$

式（4-1）说明，磁感应强度在数值上就是与磁场方向垂直的单位面积上通过的磁通，故磁感应强度又称为磁通密度，它的单位为特斯拉（T）。在式（4-1）中，S 的单位为平方米（m^2）。

3. 磁场强度

磁场强度是进行磁场计算时引进的另一个辅助物理量。磁场强度是一个矢量，用 H 表示。其方向与 B 的方向相同，即磁场的方向。其数值 H 并非介质中某点磁场强弱的实际值，H 与 B 不相等。这可通过电流在无限大均匀介质中所产生的磁场为例来说明它们的区别。在

该磁场中，除电流产生的磁场外，介质被磁化后还会产生附加磁场。H 与 B 的主要区别是：H 代表电流本身所产生的磁场的强弱，它反映了电流的励磁能力，其大小只与产生该磁场的电流大小成正比，与介质的性质无关；B 代表电流所产生的以及介质被磁化后所产生的总磁场的强弱，其大小不仅与电流的大小有关，而且还与介质的性质有关。H 相当于激励，B 相当于响应。H 的单位为安培/米（A/m）。

4. 磁导率

磁感应强度 B 与磁场强度 H 之比称为**磁导率**，用 μ 表示，即

$$\mu = \frac{B}{H} \tag{4-2}$$

它是衡量物质导磁能力的物理量，单位是亨利/米（H/m）。

真空的磁导率为一常数，用 μ_0 表示，其值为 $\mu_0 = 4\pi \times 10^{-7} H/m$。

任意一种物质的磁导率 μ 和真空的磁导率 μ_0 的比值，称为该物质的**相对磁导率 μ_r**，即

$$\mu_r = \frac{\mu}{\mu_0} \tag{4-3}$$

4.1.2 物质的磁性质

自然界的物质按磁导率的不同，大体上可分为两大类：磁性物质和非磁性物质。

非磁性物质或称非铁磁物质，其磁导率 μ 近似等于真空磁导率 μ_0。它又分为顺磁物质和反磁物质两种。顺磁物质（例如变压器油和空气）的 μ 略大于 μ_0；反磁物质（例如铜和铋）的 μ 略小于 μ_0。工程上把非磁性物质的磁导率都看成等于 μ_0。

磁性物质或称铁磁物质，其磁性能归纳起来主要有以下几点：

1. 高导磁性

磁性物质的 $\mu \gg \mu_0$，两者之比可达数百至数万。例如铸钢的 μ 为 μ_0 的 1000 倍，硅钢片的 μ 为 μ_0 的 6000 ~ 7000 倍，坡莫合金的 μ 可比 μ_0 大几万倍。

磁性物质的这一性质被广泛地应用于变压器和电机中。变压器和电机都是利用磁场来实现能量转换的装置。它们的磁场除某些微型电机是用永久磁铁产生的以外，在大多数情况下，磁场都是由通过线圈的电流来产生的，而这些线圈都是绕在磁性材料（称为铁心）上的。采用铁心的结果，在同样的电流下，铁心中的 B 和 Φ 将大大增加，而且比铁心外的 B 和 Φ 大很多。这样，一方面可以利用较小的电流产生较强的磁场；另一方面，可以使绝大部分磁通集中在由磁性物质所限定的空间内。于是，如图 4-1 所示，电流通过线圈时所产生的磁通可以分为以下两部分：大部分经铁心而闭合的磁通 Φ 称为主磁通；小部分经电气等非磁性物质而闭合的磁通 Φ_σ 称为漏磁通。漏磁通常常可以忽略不计。大量磁通集中通过的路径，即主磁通通过的路径称为磁路。在这种情况下，研究电流与它所产生磁场的问题便可简化为磁路的分析和计算了。

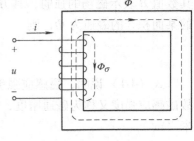

图 4-1 磁路

2. 磁饱和性

磁性物质的磁导率 μ 不但远大于 μ_0，而且不是常数，即 B 与 H 不成正比。两者的关

系一般很难用准确的数学式表达，都是用实验方法测绘出来的，称为 B-H 曲线或磁化曲线。

当磁场强度 H 由零逐渐上升时，磁感应强度 B 从零增加的过程如图 4-2 所示。这条 B-H 曲线称为初始磁化曲线。在 H 比较小时，B 差不多与 H 成正比地增加；当 H 增加到一定数值后，B 的增加缓慢下来，到后来随着 H 的继续增加，B 却增加得很少。这种现象称为**磁饱和**现象。

磁饱和现象曲线的存在使得磁路问题的分析成为非线性问题，因而要比线性电路的分析复杂。

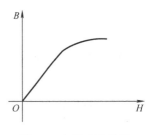

图 4-2　初始磁化曲线

3. 磁滞性

磁性物质都具有保留其磁性的倾向，因而 B 的变化总是滞后于 H 的变化，这种现象称为磁滞现象。当线圈中通入交流电流时，如果开始时铁心中的 B 随 H 从零沿初始磁化曲线增加，最后，随着与电流成正比的 H 的反复交变，B 将沿着图 4-3 所示的称为磁滞回线的闭合曲线变化。

当 H 降为零时，铁心的磁性并未消失，它所保留的磁感应强度 B_r 称为**剩磁强度**。永久磁铁的磁性就是由 B_r 产生的。当 H 反向增加至 $-H_c$ 值时，铁心中的剩余磁性才能完全消失，使 $B = 0$ 的 H 值称为**矫顽磁力** H_c。选取不同值的一系列 H_m 多次交变磁化，可得到一系列磁滞回线，如图 4-4 所示。这些磁滞回线的正顶点与原点连成的曲线称为基本磁化曲线或标准磁化曲线，通常都是用它来表征物质的磁化特性，是分析计算磁路的依据。

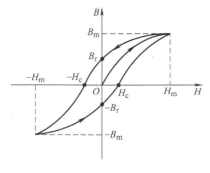

图 4-3　磁滞回线

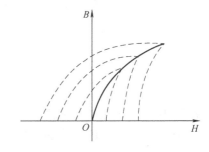

图 4-4　基本磁化曲线

按磁滞回线的不同，磁性物质又可分为硬磁物质、软磁物质和矩磁物质三种。

硬磁物质的磁滞回线很宽，B_r 和 H_c 都很大，如钴钢、铝镍钴合金和钕铁硼合金等。它常用来制造永久磁铁。

软磁物质的磁滞回线很窄，B_r 和 H_c 都很小，如软铁、硅钢、坡莫合金和铁氧体等。它常用来制造变压器、电机和接触器等的铁心。

矩磁物质的 B_r 大，H_c 小，磁滞回线接近矩形，稳定性良好。如镁锰铁氧体（磁性陶瓷）和某些铁镍合金等。它在计算机和控制系统中可用作记忆元件、开关元件和逻辑元件。

表 4-1 列出了一些磁性材料的磁性质的相关参数。

表4-1 常用磁性材料的最大相对磁导率、剩磁及矫顽磁力

材料名称	μ_{max}	B_r/T	$H_c/$（A/m）
铸铁	200	0.475 ~ 0.500	880 ~ 1040
硅钢片	8 000 ~ 10 000	0.800 ~ 1.200	32 ~ 64
坡莫合金（78.5% Ni）	20 000 ~ 20 0000	1.100 ~ 1.400	4 ~ 24
碳钢（0.45% C）		0.800 ~ 1.100	2 400 ~ 3 200
铁镍铝钴合金		1.100 ~ 1.350	40 000 ~ 52 000
稀土钴		0.600 ~ 1.000	320 000 ~ 69 000
稀土钕铁硼		1.100 ~ 1.300	600 000 ~ 900 000

4.1.3 磁路欧姆定律

磁路欧姆定律是分析磁路的基本定律。今以图4-5所示磁路为例来介绍定律的内容。

该磁路是由铁心和空气隙两部分组成的。设铁心部分各处材料相同、截面积相等，用 A_c 表示，它的平均长度即中心线的长度为 l_c，其中空气隙部分的磁路截面积为 A_0，长度为 l_0；由于磁力线是连续的，通过该磁路各截面积的磁通相同，而且磁力线分布是均匀的，故铁心和空气隙两部分的磁感应强度和磁场强度的数值分别为

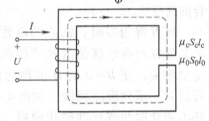

图4-5 磁路欧姆定律

$$B_c = \frac{\Phi}{S_c}$$

$$B_0 = \frac{\Phi}{S_0}$$

$$H_c = \frac{B_c}{\mu_c} = \frac{\Phi}{\mu_c S_c}$$

$$H_0 = \frac{B_0}{\mu_0} = \frac{\Phi}{\mu_0 S_0}$$

在物理学中已学过全电流定律，内容是：在磁路中，沿任一闭合路径，磁场强度的线积分等于与该闭合路径交链的电流的代数和。用公式表示即

$$\oint H dl = \sum I \qquad (4-4)$$

当电流的方向与闭合路径的积分方向符合右手螺旋定则时，电流前取正号，反之取负号。将此定律应用于图4-5所示磁路，取其中心线处的磁力线回路为积分回路。由于中心线上各点的 H 方向与 l 方向一致，铁心中各点的 H_c 是相同的，空气隙中各点的 H_0 也是相同的，故式（4-4）左边为

$$\oint H dl = H_c l_c + H_0 l_0 = \left(\frac{l_c}{\mu_c S_c} + \frac{l_0}{\mu_0 S_0} \right) \Phi$$

 令

$$R_{mc} = \frac{l_c}{\mu_c S_c}$$

$$R_{m0} = \frac{l_0}{\mu_0 S_0}$$

$$R_m = R_{mc} + R_{m0} = \frac{l_c}{\mu_c S_c} + \frac{l_0}{\mu_0 S_0} \tag{4-5}$$

R_{mc}、R_{m0}、R_m 分别称为铁心、空气隙和磁路的磁阻。

而式（4-4）右边的 $\sum I$ 等于线圈的匝数 N 与电流 I 的乘积，即

$$\sum I = NI = F$$

F 称为磁路的磁动势。因此

$$R_m \Phi = F$$

或者写成

$$\Phi = \frac{F}{R_m} \tag{4-6}$$

此式为**磁路欧姆定律**。

由于 $\mu_0 \ll \mu_c$，l_0 尽管很小，R_{m0} 仍然可以比 R_{mc} 大得多。因此，当磁路中有空气隙存在时，磁路的磁阻 R_m 将显著增加，若磁动势 NI 一定，则磁路中的磁通 Φ 将减小；反之，若要保持磁路中的磁通一定，则磁动势就应增加。可见，磁路中应尽量减少非必要的空气隙。

4.2 交流铁心线圈

4.2.1 交流铁心线圈的工作原理

图 4-6 是一交流电磁铁的原理图。交流电磁铁的电路是一个交流铁心线圈电路。当铁心线圈两端加上交流电压 u 时，线圈中通过交流电流 i，它将产生交变的磁通，其中绝大部分是主磁通 Φ，很小部分是漏磁通 Φ_σ。交变的主磁通会在线圈中产生感应电动势 e。图中 u、i、e 的参考方向的规定与第 2 章电感元件中的规定相同。由于磁性物质的磁导率 μ 不是常数，B 与 H 不成正比，而 B 正比于 Φ，H 正比于 i，所以主磁通对应的电感

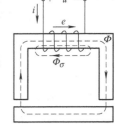

图 4-6 交流电磁铁

$$L = \frac{N\Phi}{i}$$

是非线性电感。这时 e 的大小和相位可以直接由电磁感应定律分析。设

$$\Phi = \Phi_m \sin\omega t$$

则

$$\begin{aligned}
e &= -N\frac{\mathrm{d}\Phi}{\mathrm{d}t} = -N\frac{\mathrm{d}}{\mathrm{d}t}(\Phi_m \sin\omega t) \\
&= -\omega N\Phi_m \cos\omega t = 2\pi f N\Phi_m \sin(\omega t - 90°) \\
&= E_m \sin(\omega t - 90°)
\end{aligned}$$

可见在相位上，e 滞后于主磁通 Φ 90°；在数值上，它的有效值为

$$E = \frac{E_m}{\sqrt{2}} = \frac{2\pi N f \Phi_m}{\sqrt{2}} = 4.44 N f \Phi_m \tag{4-7}$$

用相量表示，即

$$\dot{E} = -\mathrm{j}4.44N f \dot{\Phi}_\mathrm{m} \tag{4-8}$$

电流在通过线圈时，除产生主磁通外，还会产生少量的漏磁通 Φ_σ，在电感线圈上会产生漏阻抗。一般漏阻抗的作用可忽略不计，则有

$$\dot{U} = -\dot{E} = \mathrm{j}4.44N f \dot{\Phi}_\mathrm{m} \tag{4-9}$$

由式（4-9）可知

$$\Phi_\mathrm{m} = \frac{U}{4.44Nf} \tag{4-10}$$

可见，在 U 和 f 一定时，主磁通 Φ 在交流铁心线圈电路中也基本上不变。

4.2.2 交流铁心线圈的功率损耗

在交流铁心线圈中的功率损耗 ΔP 包括两部分，一部分是线圈电阻上的功率损耗，称为**铜损耗 ΔP_Cu**，简称铜损，其值为

$$\Delta P_\mathrm{Cu} = RI^2 \tag{4-11}$$

另一部分是交变的磁通在铁心中产生的功率损耗，称为**铁损耗 ΔP_Fe**，简称铁损。它又包括以下两部分：

（1）磁滞损耗 ΔP_h 磁性物质被交变磁化时是要消耗能量的。在物理学中曾经学过，磁性物质反复磁化一周时所消耗的能量与磁滞回线的面积成正比。这种由磁滞现象而在铁心中产生的功率损耗称为磁滞损耗。

（2）涡流损耗 ΔP_e 磁性物质不仅是导磁材料，又是导电材料。在交变磁场的作用下，铁心中也会产生感应电动势，从而在垂直了磁通方向的铁心平面内产生如图 4-7a 所示的漩涡状的感应电流，称为涡流。涡流在铁心内所产生的功率损耗称为涡流损耗。

综上所述，这些功率损耗的关系为

$$\Delta P_\mathrm{Fe} = \Delta P_\mathrm{h} + \Delta P_\mathrm{e} \tag{4-12}$$

$$\Delta P = \Delta P_\mathrm{Cu} + \Delta P_\mathrm{Fe} \tag{4-13}$$

铜损耗会使线圈发热，而铁损耗会使铁心发热。为了减小磁滞损耗，铁心应选用软磁材料做成，如硅钢。因软磁材料的磁滞回线面积小，磁滞损耗小。为了减小涡流损耗，一方面可把整块的铁心改由如图 4-7b 所示顺着磁场方向彼此绝缘的薄钢片叠成，使涡流限制在较小的截面积内以减小涡流和涡流损耗，另一方面，选用电阻率较大的磁性材料（如硅钢）也可以减小涡流和涡流损耗。

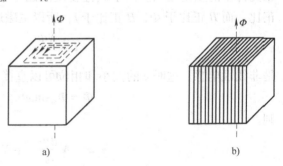

图 4-7 涡流损耗

a）涡流 b）硅钢片叠成的铁心

【**例4-1**】 一铁心线圈，加上 12V 直流电压时，电流为 1A，加上 110V 交流电压时，电流为 2A，消耗的功率为 88W。求后一种情况下线圈的铜损耗、铁损耗和功率因数。

【**解**】 由直流电压和电流求得线圈的电阻为

$$R = \frac{U}{I} = \frac{12}{1}\Omega = 12\,\Omega$$

由交流电流求得铜损耗为

$$\Delta P_{\mathrm{Cu}} = RI^2 = 12 \times 2^2\,\mathrm{W} = 48\,\mathrm{W}$$

由有功功率和铜损耗求得铁损耗为

$$\Delta P_{\mathrm{Fe}} = P - \Delta P_{\mathrm{Cu}} = (88 - 48)\,\mathrm{W} = 40\,\mathrm{W}$$

功率因数为

$$\cos\varphi = \frac{P}{UI} = \frac{88}{110 \times 2} = 0.4$$

4.3 单相变压器

4.3.1 单相变压器的工作原理

变压器是利用电磁感应原理将某一电压的交流电变换成频率相同的另一电压的交流电的能量变换装置。

图 4-8 是具有两个线圈的单相变压器的结构示意图。图 4-9 是用图形符号表示的变压器电路。变压器和电机中的线圈往往是由多个线圈元件串并联组成的，通常称为**绕组**。

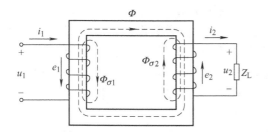

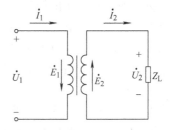

图 4-8 具有两个线圈的单相变压器的结构示意图　　图 4-9 用图形符号表示的变压器电路

工作时，接电源的绕组称为一次绕组，接负载的绕组称为二次绕组。为了加强两个绕组之间的磁耦合，它们都绕在铁心上。现以上述变压器为例来说明变压器的工作原理。

1. 电压变换

当一次绕组两端加上交流电压 u_1 时，绕组中通过交流电流 i_1，在铁心中产生既与一次绕组交链，又与二次绕组交链的主磁通 Φ，还会产生少量仅与一次绕组交链的经空气等非磁性物质闭合的一次绕组漏磁通 $\Phi_{\sigma1}$。主磁通在一次绕组中产生感应电动势 e_1；由于一次绕组电路就是上节讨论的交流铁心线圈电路，所以 u_1、i_1、e_1 等的参考方向的设定与交流铁心线圈相同，而且它们的关系用相量表示应为

$$E_1 = 4.44fN_1\Phi_{\mathrm{m}} \tag{4-14}$$

$$\dot{U}_1 = -\dot{E}_1 + (R_1 + jX_1)\dot{I}_1 = -\dot{E}_1 + Z_1\dot{I}_1 \tag{4-15}$$

式中，R_1、X_1 和 Z_1 是一次绕组的电阻、漏电抗和漏阻抗。

主磁通 Φ 除了在一次绕组中产生 e_1 外，还会在二次绕组中产生感应电动势 e_2，从而在二次绕组电路中产生了电流 i_2，在二次绕组的两端，即负载的两端产生电压 u_2。$\Phi_{\sigma2}$ 是电流

i_2通过二次绕组时产生的二次绕组的漏磁通。e_2的参考方向与 Φ 的参考方向符合右手螺旋定则，i_2的参考方向与e_2的参考方向一致，$\Phi_{\sigma 2}$的参考方向与i_2的参考方向符合右手螺旋定则，u_2的参考方向与i_2的参考方向一致。因此，它们的关系用相量表示应为

$$E_2 = 4.44fN_2\Phi_{\mathrm{m}} \tag{4-16}$$

$$\dot{U}_2 = \dot{E}_2 - (R_2 + jX_2)\dot{I}_2 = \dot{E}_2 - Z_2\dot{I}_2 \tag{4-17}$$

$$\dot{U}_2 = Z_{\mathrm{L}}\dot{I}_2 \tag{4-18}$$

式中，R_2、X_2 和 Z_2 是二次绕组的电阻、漏电抗和漏阻抗；Z_{L} 是负载阻抗。

变压器一、二次绕组的电动势之比称为变压器的电压比，用 k 表示，即

$$k = \frac{E_1}{E_2} = \frac{N_1}{N_2} \tag{4-19}$$

Z_1 和 Z_2 均很小，在忽略 Z_1 和 Z_2 的情况下，由式（4-15）和式（4-17）可知，一、二次绕组的电压之比近似等于电压比。尤其是变压器空载运行时（二次绕组不接负载），$I_2 = 0$，而一次绕组的电流（称为空载电流，用I_0表示）很小，一般不超过额定电流的10%。因此，$U_2 = E_2$，$U_1 \approx E_1$，这时一、二次绕组的电压之比更接近于匝数比，即

$$k = \frac{U_1}{U_2} = \frac{N_1}{N_2} \tag{4-20}$$

两绕组中，匝数多的绕组工作电压高，称为高压绕组，匝数少的绕组工作电压低，称为低压绕组。变压器铭牌上以分数形式标出的额定电压，通常都是指变压器在空载运行时，高、低压绕组的电压。例如某变压器的额定电压为 10000/230V，这表示若以高压绕组为一次绕组，接在 10000V 的交流电源上，则低压绕组为二次绕组，其空载电压为 230V，这时变压器起降压作用。反之，若以低压绕组为一次绕组，接在 230V 交流电源上，则高压绕组为二次绕组，其空载电压为 10000V，这时变压器起升压作用。

【例 4-2】 某单相变压器的额定电压为 10000/230V，接在 10000V 的交流电源上向一电感性负载供电，求变压器的电压比。

【解】 变压器的电压比为

$$k = \frac{U_{1\mathrm{N}}}{U_{2\mathrm{N}}} = \frac{10000}{230} = 43.5$$

2. 电流变换

变压器在工作时，二次电流 I_2 的大小主要取决于负载阻抗 $|Z_{\mathrm{L}}|$，而一次电流 I_1 的大小则取决于 I_2 的大小。这是因为从能量转换的角度来看，二次绕组向负载输出的功率，只能是由一次绕组从电源吸取，然后通过主磁通传递到二次绕组的，因此，I_2 变化时，I_1 也会发生相应的变化。从电磁关系的角度来看，空载时，主磁通是由磁动势 $N_1\dot{I}_0$ 产生的；而有载时，主磁通是磁动势 $N_1\dot{I}_1$ 和 $N_2\dot{I}_2$ 共同产生的。由于 Z_1 很小，$U_1 \approx E_1$，由式（4-14）可知，在 U_1 不变的情况下，空载和有载时的 Φ_{m} 基本相同，根据磁路欧姆定律，空载和有载时磁路中的磁动势应基本相等，即

$$N_1\dot{I}_1 + N_2\dot{I}_2 = N_1\dot{I}_0 \tag{4-21}$$

此式称为变压器的磁动势平衡方程式。

由于空载电流 I_0 比额定电流小得多，故在满载或接近满载时，I_0 可忽略不计，一、二次绕组电流的有效值之比近似与它们的匝数成反比，即

$$\frac{I_1}{I_2} = \frac{N_2}{N_1} = \frac{1}{k} \tag{4-22}$$

可见变压器还具有电流变换的作用。变压器的额定电流在铭牌上也常以分数形式标出，其中数值小者为高压绕组的额定电流，数值大者为低压绕组的额定电流。

【例4-3】 在例 4-2 的变压器中，$|Z_L| = 0.996\Omega$ 时，变压器正好满载，求该变压器的电流。

【解】
$$I_2 = \frac{U_2}{|Z_L|} = \frac{223}{0.996}\text{A} = 224\text{A}$$

$$I_1 = \frac{I_2}{k} = \frac{224}{43.5}\text{A} = 5.15\text{A}$$

3. 阻抗变换

变压器还具有阻抗变换作用。如图 4-10a 所示，当变压器的二次绕组接有阻抗模 $|Z_L|$ 为的负载时，如果一、二次绕组的漏阻抗和空载电流可以忽略不计，则

$$|Z_L| = \frac{U_2}{I_2} = \frac{U_1/k}{kI_1} = \frac{1}{k^2}\frac{U_1}{I_1}$$

U_1 与 I_1 之比相当于从变压器一次绕组看进去的等效阻抗模 $|Z_e|$，如图 4-10b 所示。故

$$|Z_e| = \frac{U_1}{I_1} = k^2 |Z_L| \tag{4-23}$$

可见，该负载直接接电源时，阻抗模为 $|Z_L|$；通过变压器接电源时，相当于将阻抗模增加到 $|Z_L|$ 的 k^2 倍。匝数比不同，负载阻抗模 $|Z_L|$ 折算到（反映到）一次侧的等效阻抗 $|Z_e|$ 也不同。可以采用不同的匝数比，把负载阻抗模变换为所需要的、比较合适的数值。这种做法通常称为阻抗匹配。在电子技术中，经常利用变压器的这一阻抗变换作用来实现"阻抗匹配"。

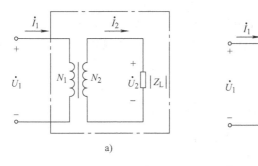

图 4-10　变压器的阻抗变换

a）等效前的电路　b）等效后的电路

图 4-11a 所示电路为一个有源二端网络经过一个变压器向负载 Z_L 传输功率，当传输的功率较小（如通信系统，电子电路中），而不必计较传输效率时，常常要研究使负载获得最大功率（有功）的条件。根据戴维南定理，该问题可以简化为图 4-11b 所示等效电路进行

研究。

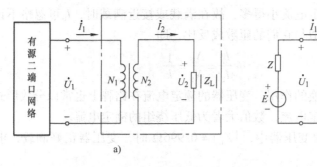

图 4-11 阻抗匹配

设 $Z_e = R_e + jX_e$，$Z = R + jX$，则负载吸收的有功功率为

$$P = \frac{E^2 R}{(R + R_e)^2 + (X + X_e)^2}$$

如果 R 和 X 可以任意变动，而其他参数不变，则获得最大功率的条件为

$$\left.\begin{array}{l} X + X_e = 0 \\[2mm] \dfrac{\mathrm{d}}{\mathrm{d}R}\left[\dfrac{(R + R_e)^2}{R}\right] = 0 \end{array}\right\}$$

解得

$$\left.\begin{array}{l} X = -X_e \\[1mm] R = R_e \end{array}\right\}$$

即有

$$Z = R_e - jX_e = Z_e^* \qquad (4\text{-}24)$$

此时获得的最大功率为

$$P_{max} = \frac{E^2}{4R} \qquad (4\text{-}25)$$

式（4-24）是负载获得最大功率的条件，称为最佳匹配。

【例 4-4】 在图 4-12 中，交流信号源的电动势 $E = 120\text{V}$，内阻 $R_0 = 800\Omega$，负载电阻 $R_L = 8\Omega$。（1）R_L 折算到一次侧的等效电阻 $R_e = R_0$ 时，求变压器的匝数比和信号源输出的功率。（2）当将负载直接与信号源连接时，信号源输出多大功率？

【解】 （1）由式（4-23）求得变压器的匝数比为

$$k = \sqrt{\frac{R_e}{R_L}} = \sqrt{\frac{800}{8}} = 10$$

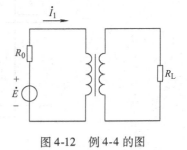

图 4-12 例 4-4 的图

信号源的输出功率为

$$P = \left(\frac{E}{R_0 + R_e}\right)^2 R_e = \left(\frac{120}{800 + 800}\right)^2 \times 800\text{W} = 4.5\text{W}$$

（2）当将负载直接接在信号源上时

$$P = \left(\frac{E}{R_0 + R_L}\right)^2 R_L = \left(\frac{120}{800 + 8}\right)^2 \times 8\text{W} = 0.176\text{W}$$

4.3.2　变压器的外特性

变压器的二次绕组接有负载后，由式（4-17）等公式可以看出，负载变化引起 I_2 变化时，漏阻抗的电压降变化，U_2 将发生变化。在一次电压 U_1 和负载功率因数 $\cos\varphi_2$ 保持不变的情况下，二次电压 U_2 与电流 I_2 之间的关系 $U_2 = f(I_2)$ 称为变压器的外特性，用曲线表示如图 4-13 所示。变压器向常见的电感性负载供电时，负载功率因数越低，U_2 下降越多；U_2 随 I_2 变化的程度通常用**电压变化率**（或称**电压调整率**）来表示，其定义为：在一次电压为额定值，负载功率因数不变的情况下，变压器从空载到满载（电流等于额定电流），二次电压变化的数值（$U_{2N} - U_2$）与空载电压（即额定电压）U_{2N} 的比值的百分数，用 $\Delta U\%$ 表示，即

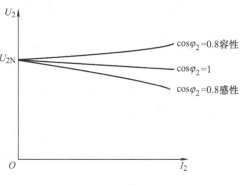

图 4-13　变压器的外特性

$$\Delta U\% = \frac{U_{2N} - U_2}{U_{2N}} \times 100\% \tag{4-26}$$

电力变压器的 $\Delta U\%$，一般为 $2\% \sim 3\%$。

【例 4-5】　在例 4-2 中，若电压调整率为 0.03，求空载和满载时的二次电压。

【解】　由题意知空载电压为 230V，满载电压由式（4-26）求得

$$U_2 = U_{2N}(1 - \Delta U\%) = 230 \times (1 - 0.03)\text{V} = 223\text{V}$$

4.3.3　变压器的功率损耗及效率

变压器工作时，一、二次绕组的视在功率为

$$S_1 = U_1 I_1 \tag{4-27}$$
$$S_2 = U_2 I_2 \tag{4-28}$$

铭牌上给出的变压器容量是二次绕组的额定视在功率。不过通常一次绕组的额定视在功率也设计得与二次绕组相同，即

$$S_N = U_{2N} I_{2N} = U_{1N} I_{1N} \tag{4-29}$$

变压器从电源输入的有功功率和向负载输出的有功功率分别为

$$P_1 = U_1 I_1 \cos\varphi_1 \tag{4-30}$$
$$P_2 = U_2 I_2 \cos\varphi_2 \tag{4-31}$$

两者之差为变压器的损耗，它包括铜损耗和铁损耗两部分，即

$$\Delta P = P_1 - P_2 = \Delta P_{Cu} + \Delta P_{Fe} \tag{4-32}$$

铜损耗是电流通过一、二次绕组电阻时产生的损耗，故

$$\Delta P_{Cu} = R_1 I_1^2 + R_2 I_2^2 \tag{4-33}$$

负载变化时，电流变化，铜损耗也随之变化，故铜损耗又称为可变损耗。

铁损耗是交变的主磁通在铁心中产生的磁滞损耗和涡流损耗，即

$$\Delta P_{Fe} = \Delta P_h + \Delta P_e \tag{4-34}$$

变压器工作时，一次电压的有效值和频率不变，主磁通基本不变，铁损耗也基本上不变，故

铁损耗又称为不变损耗。

变压器的效率 η 表示为

$$\eta = \frac{P_2}{P_1} \times 100\% = \frac{P_2}{P_2 + \Delta P} \times 100\% \tag{4-35}$$

变压器在规定的 $\cos\varphi_2$（一般 $\cos\varphi_2 = 0.8$，电感性）下满载运行时的效率称为额定效率 η_N，它也是标志变压器运行性能的指标之一。小型电力变压器的额定效率为 $80\% \sim 90\%$，大型电力变压器的额定效率可达 $98\% \sim 99\%$。

【例4-6】 一变压器容量为 $10kV \cdot A$，铁损为 $300W$，满载时铜损为 $400W$，求该变压器在满载情况下向功率因数为 0.8 的负载供电时输入和输出的有功功率及效率。

【解】 忽略电压变化率，则

$$P_2 = S_N\cos\varphi_2 = 10 \times 10^3 \times 0.8W = 8 \times 10^3W = 8kW$$

$$\Delta P = \Delta P_{Fe} + \Delta P_{Cu} = (300 + 400)W = 700W = 0.7kW$$

$$P_1 = P_2 + \Delta P = (8000 + 700)W = 8700W = 8.7kW$$

$$\eta = \frac{P_2}{P_1} \times 100\% = \frac{8}{8.7} \times 100\% = 92\%$$

4.3.4 变压器的基本结构

1. 变压器的分类

变压器是一种变换电压的电器。按用途的不同变压器可分为电力变压器、整流变压器、电焊变压器及电子技术中应用的电源变压器等。

按相数的不同，变压器可分为单相变压器和三相变压器等。

按每相绕组数量的不同，变压器可分为双绕组变压器、三绕组变压器和自耦变压器等。

按结构形式的不同，变压器可分为心式变压器和壳式变压器两种。

心式变压器的特点是绕组包围铁心，如图4-14所示。此类变压器用铁量较少、构造简单，绕组的安装和绝缘比较容易，多用于容量较大的变压器中。

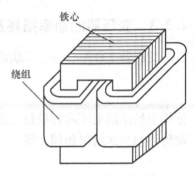

图 4-14 心式变压器

壳式变压器的特点是铁心包围绕组，如图4-15所示，此类变压器用铜量较少，多用于小容量变压器中。

按冷却方式的不同，变压器可分为空气自冷式（干式）变压器、油浸自冷式变压器等。

变压器工作时，绕组和铁心都要发热，故需要考虑冷却问题。小容量变压器可采用空气自冷式，即通过绕组和铁心直接将热量散失到周围空气中去。大、中容量的变压器则需采用专门的冷却措施。例如，将绕组和铁心放在盛满变压器油的油箱中，热量靠油的对流作用传给油箱，通过油箱再散热到周围空气中去，为了增加散热面积，油箱外壁做有散热

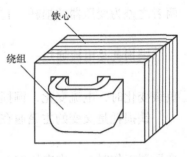

图 4-15 壳式变压器

片或装有油管。这种冷却方式称为油浸自冷式。此外，大容量的变压器还可采用许多其他更多的冷却方式，例如采用强迫通风或强迫油循环等。

2. 变压器的结构

（1）铁心 如图 4-14 和图 4-15 所示，变压器的铁心是用彼此绝缘的厚度为 0.35mm、0.27mm、0.22mm、0.20mm、0.08mm 和 0.05mm 的硅钢片叠成的。近年来，一种磁导率大、铁损耗小、厚度更薄的非晶和微晶材料已在变压器中应用。铁心中绕有绕组的部分称为铁心柱，连接铁心柱的部分称为铁轭。

（2）绕组 变压器的绕组用绝缘圆导线或扁导线绕成。电力变压器的高、低压绕组并非像图 4-8 所示那样分装在两个铁心柱上，而是同心地套在同一铁心柱上的。为绝缘方便，通常低压绕组在里面，靠近铁心柱。高压绕组套在低压绕组外面。

（3）其他 除铁心和绕组之外，因容量和冷却方式的不同，还需要增加一些其他部件，例如外壳、油箱等。

4.3.5 变压器的极性

在分析和比较两个或两个以上绕组中电流所产生的磁场方向以及磁场变化所产生的感应电动势的方向时都要涉及绕组的绕向。例如在图 4-16a 中，两绕组绕向相同；在图 4-16b 中，两绕组绕向相反。不管是哪一种情况，根据电流的方向和绕组的绕向，利用右手螺旋定则都可以判断出磁场的方向。在图 4-16a 中如果两绕组中的电流都从图中所示的 U_1 和 u_1 端流入，从 U_2 和 u_2 端流出，或者都反之，它们所产生的磁场方向相同。这就是说，U_1 和 u_1 是这两个绕组的一组对应端，U_2 和 u_2 是另一组对应端。这种对应端称为同极性端或**同名端**，即 U_1 和 u_1 是它们的一组同极性端，U_2 和 u_2 是另一组同极性端。而两个绕组中的非对应端，即 U_1 和 u_2 两端以及 U_2 和 u_1 两端称为异极性端或**异名端**。然而，在电路图和实物中绕组的绕向常常是看不出来的，绕组的极性也就无从判断。为此，需要用一种标记来反映绕组的极性。这种标记如图 4-17 所示，在两绕组对应的一端各标以小圆点（或其他符号）。这两个绕组上有标记的端点是它们的一组同极性端，无标记的端点是另一组同极性端；一个绕组上有标记的一端与另一个绕组上无标记的一端是它们的异极性端。当两绕组中的电流从同极性端流入时，产生的磁场方向相同，同方向的磁场都增强或都减弱时，在两绕组中产生的感应电动势方向相同。

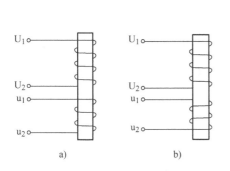

图 4-16 绕组的极性
a）绕向相同 b）绕向相反

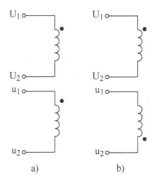

图 4-17 绕组极性的标记
a）绕向相同 b）绕向相反

　　三相变压器和三相电机中，所谓三相绕组的首端，就是它们的一组同极性端，三个末端是另一组同极性端。接线时不能弄错。在某些单相多绕组变压器中，接线时也要考虑和注意到绕组的极性问题。例如某些小容量的单相变压器，要求它们既能接在110V交流电源上工作，也能接在220V的交流电源上工作，而输出电压不变。这种变压器一次侧有两个额定电压为110V的线圈，如图4-18所示。当电源电压为110V时，两线圈的同极性端应并联；当电源电压为220V时，两线圈的异极性端应串联。否则，电流从两线圈的异极性端流入，产生的磁场方向相反，主磁通为零，二次绕组中没有感应电动势和输出电压。更为严重的是一次绕组的感应电动势同样也为零，一次电流只受一次电阻的限制，由于一次电阻很小，故一次电流很大，很快就会将绕组烧坏。

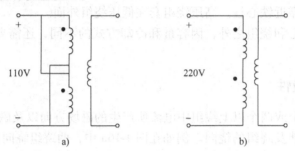

图 4-18　绕组的正确接法
a）接在110V交流电源上　b）接在220V交流电源上

4.4　三相变压器

4.4.1　三相变压器的工作原理

　　三相变压器的磁路系统可以分成各相磁路彼此无关和彼此有关的两类。

　　将三台相同的单相变压器的绕组按一定方式做三相联结，可组成三相组式变压器，如图4-19a所示。这种变压器各相磁路是相互独立的，彼此无关。当一次绕组施加三相对称交流正弦电压时，三相主磁通 $\dot{\Phi}_U$、$\dot{\Phi}_V$、$\dot{\Phi}_W$ 也是对称的，如图4-19b所示。

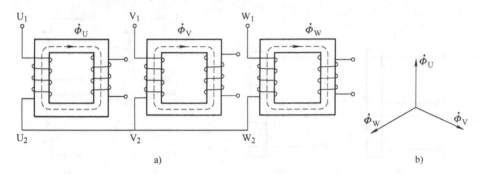

图 4-19　三相组式变压器
a）磁路系统　b）对称磁通

若将三台单相变压器的铁心合并成图 4-20a 所示的结构，通过中间铁心柱的磁通便等于 U、V、W 三个铁心柱磁通的总和（相量和）。设外施电压三相对称，则三相磁通的总和 $\dot{\Phi}_U + \dot{\Phi}_V + \dot{\Phi}_W = 0$，于是，可将中间铁心柱省去，形成图 4-20b 所示的铁心。为了使结构简单、制造方便并且体积较小、节省材料，将 U、V、W 三相铁心柱的中心线布置在一个平面内，如图 4-20c 所示。这就是三相心式变压器的铁心。这种铁心结构，两边两相磁路的磁阻比中间相的大。当外施电压三相对称时，各相磁通相等，但三相空载电流不相等。中间那相的空载电流较小，两边两相的相等且较大，即 $\dot{I}_{0U} = \dot{I}_{0W} > \dot{I}_{0V}$。这种不对称情况在小容量变压器中较为明显。由于空载电流很小，故它对变压器运行性能并没有什么影响。这种心式的铁心结构与三相组式变压器相比，其优点是材料耗用少，价格便宜，占地面积小，维护较简单。所以，工程实践中一般均采用三相心式变压器，如图 4-21 所示，只有在运输条件受到限制的情况下，才考虑采用三相组式变压器。

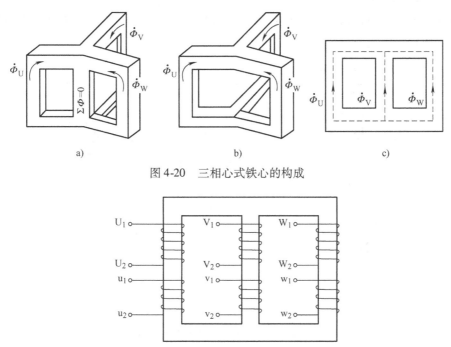

图 4-20 三相心式铁心的构成

图 4-21 三相心式变压器

4.4.2 三相绕组的连接方式

根据变压器一、二次绕组对应电动势的相位关系，把变压器绕组的联结分成各种不同的组合，这些组合称为绕组的联结组。三相变压器绕组首、末端标志的规定见表 4-2。

表 4-2 三相变压器绕组首、末端标志

绕组名称	三相变压器		中性点
	首端	末端	
高压绕组	U_1、V_1、W_1	U_2、V_2、W_2	N
低压绕组	u_1、v_1、w_1	u_2、v_2、w_2	n

三相绕组无论是高压边或低压边，主要有如下两种常用的联结方法。

1. 星形联结法（丫联结法）

将三相绕组的末端连在一起，作为中性点，而将三个首端引出，便是星形联结，如图 4-22a 所示。

2. 三角形联结法（D 联结法）

将一相绕组的末端和另一相绕组的首端连在一起，顺次连成一个闭合回路，便是三角形联结，它有两种不同的连接顺序：

1）$U_1 U_2$-$W_1 W_2$-$V_1 V_2$-$U_1 U_2$，如图 4-22b 所示。

2）$U_1 U_2$-$V_1 V_2$-$W_1 W_2$-$U_1 U_2$，如图 4-22c 所示。

将图 4-22b、c 两种不同 D 联结进行对比时，可以看出它们的对应线电动势（例如 $\dot{E}_{UV}$）之间有 60°的相位差。

在对称三相系统中，当绕组为 D 联结时，线电压等于相电压。当绕组为丫联结时，线电压等于 $\sqrt{3}$ 倍的相电压。

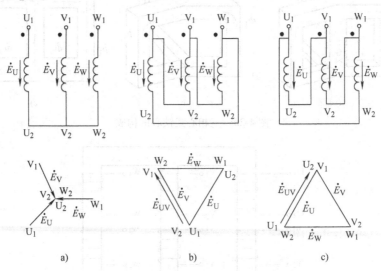

图 4-22 三相绕组连接法及其对应的电动势相量图

a）丫形联结 b）△形联结 c）另一种△联结

三相变压器一次绕组接三相电源，二次绕组接三相负载。绕组的连接方式表示：高压绕组写在前面，用大写字母表示，低压绕组写在后面，用小写字母表示。其中星形又分为三线制和四线制两种，前者用 Y 或 y 表示，后者用 YN 或 yn 表示。三角形联结用 D 或 d 表示。

4.4.3 三相变压器的联结组

分析这个问题很重要，例如两台或多台三相变压器并联运行时，除了要知道一、二次绕组的连接方法外，还必须知道一、二次绕组对应的线电动势（或线电压）之间的相位关系，以便确定它们是否能并联运行。三相变压器的联结组就是用来表示上述相位关系的。

变压器的联结组采用时钟表示法，即把时钟的长针作为高压边线电动势的相量，令其指向钟面上的数字 12，把时钟的短针作为低压边对应线电动势的相量，它的钟面上所指的数字即为变压器的联结组标号。

决定三相变压器联结组标号的因素，除绕法与首端标志两个外，还要考虑到变压器的连接，故较为复杂一些，现说明如下。

1. Yy0 联结组

如图 4-23a 所示。一、二次绕组首端为同极性，则一、二次绕组中相电动势同相位，从而其线电动势也必须同相位。可以用做相量图的方法来求出联结组标号，步骤如下：

1）根据绕组的连接方法画出绕组接线图。

2）画出一次绕组电动势相量图。

3）任取二次绕组相电动势一个首端（如 u_1 端），使其与对应的一次绕组的相电动势首端（如 U_1 端）相重合，根据一、二次绕组各相电动势相对极性关系（如同极性端都标在首端或末端，则两个对应相电动势同相，否则反相）和二次绕组三相连接方法画出二次绕组相电动势相量图。

4）比较一、二次绕组对应的线电动势之间的相位关系。例如将一次绕组（高压边）线电动势 $\dot{E}_{UV}$ 置于钟面上 12 的位置，二次绕组（低压边）对应线电动势 $\dot{E}_{uv}$ 在钟面上所指的数字即为三相变压器的联结组标号。显然图 4-23a 的联结组为 Yy0，而图 4-23b 为其相量图。

2. Yd11 联结组

如图 4-24a 所示，一、二次绕组的首端为同极性端，二次绕组串联次序为 $u_1 u_2$-$w_1 w_2$-v_1 v_2-$u_1 u_2$，各相一、二次绕组中相电动势同相位，但线电动势 $\dot{E}_{uv}$ 滞后 $\dot{E}_{UV}$ 相位330°。若将 $\dot{E}_{UV}$（长针）置于钟面上 12 的位置，则 $\dot{E}_{uv}$（短针）在钟面上指向 11，用 Yd11 来表示这种联结组。图 4-24b 为其电动势相量图。

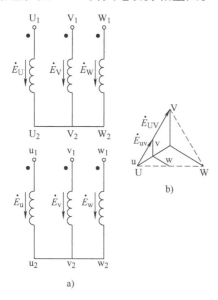

图 4-23 Yy0 联结组
a）线路图 b）相量图

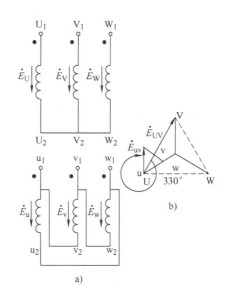

图 4-24 Yd 11 联结组
a）线路图 b）相量图

不论是 Y/Y（或 D/D）联结，还是 Y/D（或 Y/Y）联结，若一次绕组标志不变，而将二次绕组三相出线端标志依次向右轮换移动，例如将 u、v、w 标志依次改为 w、u、v，相应线电动势的相位差增加120°，即相当于增加"四个钟头"。Yy0 联结组如这样移一次，就变成 Yy4 联结组。

当一、二次绕组做相同联结时，例如 Y/Y（或 D/D）联结，改换二次绕组端点标志可以得到六种偶数组别；当一、二次绕组做不同联结时，例如 D/Y（或 Y/D）联结，改换二次绕组端点标志可以得到六种奇数联结组，因此三相变压器共可得 12 种联结组。

4.4.4 标准联结组

联结组数目很多，对于变压器的制造和并联运行都很不方便，安装时也容易搞错。为了制造和运行上的方便，我国规定同一铁心柱上的一、二次绕组采用相同相号的标志字母。国家标准规定了三相电力变压器有五种标准联结组，它们是 Yyn0、Yd11、YNd11、YNy0 和 Yy0，见表4-3。表4-3 中三相变压器的前三种联结组最常用。

表4-3 三相变压器标准联结组

联 结 组		相 量 图		联结组
高 压	低 压	高 压	低 压	
				Yyn0
				Yd11
				YNd11
				YNy0
				Yy0

Yyn0 联结组，其二次绕组有中性线引出，成为三相四线制，可兼供动力负载（380V）和照明负载（220V）。

Yd11 联结组，用于二次电压超过 400V 的线路中，与二次绕组接成 △，对运行有利。

YNd11 联结组，主要用于 110kV 及以上的高压输电网络中。电力系统高压侧中性点可以接地。

三相变压器铭牌上给出的额定电压和额定电流是高压侧和低压侧线电压和线电流的额定值，容量（额定功率）是三相视在功率的额定值。

4.4.5　电力变压器的容量

我国电力变压器采用 R10 容量系列。所谓 R10 容量系列，是指容量等级是按 $R10 = \sqrt[10]{10} \approx 1.26$ 倍数递增的。容量等级如 100kV·A、125kV·A、160kV·A、200kV·A、250kV·A、315kV·A、400kV·A、500kV·A、630kV·A、800kV·A、1000kV·A、1250kV·A、1600kV·A 等。

【例 4-7】　某三相变压器 $S_N = 50kV·A$，$U_{1N}/U_{2N} = 10000V/400V$，丫/D 联结，向功率因数 $\cos\varphi_2 = 0.9$ 的感性负载供电，满载时二次绕组的线电压为 380V。求：（1）满载时一、二次绕组的线电流和相电流；（2）输出的有功功率。

【解】　（1）满载时一、二次绕组的线电流即额定电流

$$I_{1N} = \frac{S_N}{\sqrt{3}\,U_{1N}} = \frac{50 \times 10^3}{\sqrt{3} \times 10000}A \approx 2.9A$$

$$I_{2N} = \frac{S_N}{\sqrt{3}\,U_{2N}} = \frac{50 \times 10^3}{\sqrt{3} \times 400}A \approx 72.2A$$

相电流为

$$I_{1P} = I_{1N} = 2.9A$$

$$I_{2P} = \frac{I_{2N}}{\sqrt{3}} = \frac{72.2}{\sqrt{3}}A = 41.7A$$

（2）输出的有功功率

$$P_2 = \sqrt{3}\,U_2 I_2 \cos\varphi_2 = \sqrt{3} \times 380 \times 72.2 \times 0.9W \approx 42.8 \times 10^3 W = 42.8kW$$

4.5　特殊变压器

下面简单介绍几种特殊用途的变压器。

4.5.1　自耦变压器

高、低压绕组中有一部分是公共绕组的变压器称为自耦变压器。在工厂和实验室里，常用作调压器和交流电动机的减压起动设备等。

自耦变压器可以看成是普通双绕组变压器的一种特殊连接。图 4-25 所示的是一种自耦变压器，其结构特点是二次绕组是一

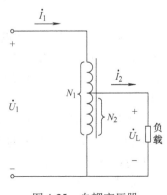

图 4-25　自耦变压器

次绕组的一部分。一、二次绕组的电压之比和电流之比也是

$$\frac{U_1}{U_2} = \frac{N_1}{N_2} = k, \quad \frac{I_1}{I_2} = \frac{N_2}{N_1} = \frac{1}{k} \tag{4-36}$$

4.5.2 仪用互感器

仪用互感器是一种特殊的变压器，它能比一般变压器更准确地按一定比例变换电压和电流。可用来扩大仪表测量范围或者使仪表与高电压隔离，以保护工作人员的安全。

仪用互感器又分为电压互感器和电流互感器两种。

1. 电压互感器

电压互感器的接线如图 4-26 所示。高压绕组作一次绕组，与被测电路并联。低压绕组作二次绕组，接电压表等负载。

由于电压表等负载阻抗非常大，电压互感器相当于工作在空载状态，因而

$$U_1 = \frac{N_1}{N_2} U_2 = k_u U_2 \tag{4-37}$$

式中，k_u 称为电压互感器的变压比，只要选择合适的 k_u 就可以将高电压变为低电压，使之便于测量。通常二次绕组的额定电压大多设计成统一标准值 100V，配 100V 量程的电压表。

电压互感器在使用时要注意：二次绕组不能短路，以免电流过大烧坏互感器；为安全起见，尤其是一次电压很高时，二次绕组连同铁心要可靠接地；此外电压互感器不宜接过多仪表，以免影响测量的准确性。而且，电压互感器不用时要开路。

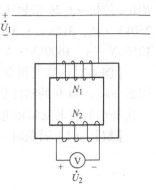

图 4-26　电压互感器

2. 电流互感器

电流互感器的接线如图 4-27 所示。低压绕组作一次绕组与被测电路串联。二次绕组接电流表等负载。

由于电流表等负载阻抗非常小，电流互感器相当于工作在短路状态，因而一次电压很低，产生的主磁通很小。空载电流很小，故 $N_1 \dot{I}_1 + N_2 \dot{I}_2 = 0$。因而

$$I_1 = \frac{N_1}{N_2} I_2 = k_i I_2 \tag{4-38}$$

式中，k_i 称为电流互感器的电流比，只要选择合适的 k_i，就可以将大电流变为小电流，使之便于测量。通常二次绕组的额定电流大多数设计成统一标准值 5A，配 5A 量程的电流表。

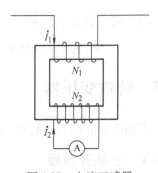

图 4-27　电流互感器

电流互感器在使用时要注意：二次绕组不要开路，否则由于 $N_2 I_2 = 0$，剩下的 $N_1 I_l$ 会使 Φ_m 增加至饱和，有可能产生很大的电动势，损坏互感器的绝缘并危及工作人员的安全；为安全起见，尤其是在一次电压很高时，二次绕组一端连同铁心要可靠接地；此外，电流互感器不宜接过多仪表，以免影响测量的准确性。而且，电流互感器不用时要短路。

习 题

4.1 有一单相照明变压器，容量为 10kV·A，电压为 3300V/220V。今欲在二次绕组接上额定功率为 60W 及额定电压为 220V 的白炽灯，如果要变压器在额定情况下运行，这种电灯可接多少个？并求一、二次绕组的额定电流。

4.2 已知某单相变压器 $S_N = 50$kV·A，$U_{1N}/U_{2N} = 6600$V/230V，空载电流为额定电流的 3%，铁损耗为 500W，满载铜损耗为 1450W。向功率因数为 0.85 的负载供电时，满载时的二次电压为 220V。求：(1) 一、二次绕组的额定电流；(2) 空载时的功率因数；(3) 电压调整率；(4) 满载时的效率。

4.3 某收音机的输出变压器，一次绕组的匝数为 230，二次绕组的匝数为 80，原配接 8Ω 的扬声器，现改用 4Ω 的扬声器，问二次绕组的匝数应改为多少？

4.4 电阻值为 8Ω 的扬声器，通过变压器接到 $U_S = 10$V，内阻 $R_0 = 250$Ω 的信号源上。设变压器一次绕组的匝数为 500，二次绕组的匝数为 100。求：(1) 变压器一次侧的等效阻抗模 $|Z|$；(2) 扬声器消耗的功率。

4.5 试判断图 4-28 中各绕组的同极性端。

4.6 某三相变压器 $S_N = 50$kV·A，$U_{1N}/U_{2N} = 10000$V/400 V，Yyn 联结。求高、低压绕组的额定电流。

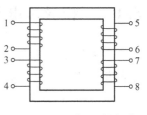

4.7 某三相变压器的容量为 800kV·A，Yd 联结，额定电压为 35kV/10.5kV。求高压绕组和低压绕组的额定相电压、相电流和线电流。

4.8 某三相变压器的容量为 75kV·A，以 400V 的线电压供电给三相对称负载。设负载为星形联结，每相电阻为 2Ω，感抗为 1.5Ω。问此变压器能否负担上述负载？

图 4-28 习题 4.5 的电路

4.9 有一台三相变压器 $S_N = 180$kV·A，$U_{1N} = 6.3$kV，$U_{2N} = 0.4$kV，负载的功率因数为 0.8（电感性），电压变化率为 4.5%，求满载时的输出功率。

4.10 一自耦变压器，一次绕组的匝数 $N_1 = 1000$，接到 220V 交流电源上，二次绕组的匝数 $N_2 = 500$，接到 $R = 4$Ω，$X_L = 3$Ω 的感性负载上。忽略漏阻抗的电压降。求：(1) 二次电压 U_2；(2) 输出电流 I_2；(3) 输出的有功功率 P_2。

第5章

三相异步电动机

电动机的作用是将电能转换为机械能，它被广泛应用于各种机床、轧钢机、纺织机械、印刷机械、化工机械、电力机车、起重机、水泵、家用电器等，可以说是数不胜数。电动机种类甚多，不能一一加以介绍。本章重点介绍目前应用最广泛的三相异步电动机。

5.1 三相异步电动机的构造

三相异步电动机分成两个基本部分：**定子**（固定部分）和**转子**（旋转部分）。图 5-1 所示的是三相异步电动机的构造。

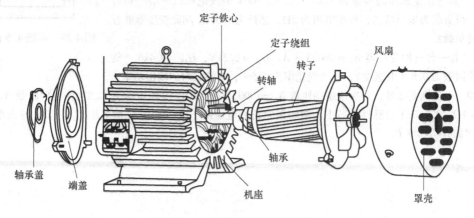

图 5-1 三相异步电动机的构造

三相异步电动机的定子由机座和装在机座内的圆筒形铁心以及其中的三相定子绕组组成。机座是用铸铁或铸钢制成的，铁心是由互相绝缘的硅钢片叠成的。铁心的内圆周表面冲有槽（图 5-2），用以放置对称三相绕组 U_1U_2、V_1V_2、W_1W_2，有的连接成星形，有的连接成三角形。

三相异步电动机的转子根据构造上的不同分为两种型式：笼型和绕线型。转子铁心是圆柱状，也用硅钢片叠成，表面冲有槽（图 5-2）。铁心装在转轴上，轴上加机械负载。

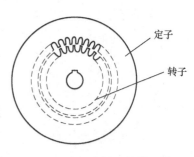

图 5-2 定子和转子的铁心片

笼型的转子绕组做成鼠笼状，就是在转子铁心的槽中放铜条，其两端用端环连接（图 5-3）。或者在槽中浇铸铝液，铸成一鼠笼（图 5-4），这样便可以用比较便宜的铝来代替铜，同时制造也快。因此，目前中小型笼型电动机的转子很多是铸铝的。笼型异步电动机的"鼠笼"是它的构造特点，易于识别。

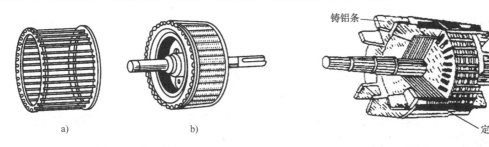

图 5-3　笼型转子
a）笼型绕组　b）转子外形

图 5-4　铸铝的笼型转子

绕线转子异步电动机的构造如图 5-5 所示，它的转子绕组同定子绕组一样，也是互相的；它连成星形。每相的始端连接在三个铜制的集电环上，集电环固定在转轴上。环与环、环与转轴都互相绝缘。在环上用弹簧压着炭质电刷。以后就会知道，起动电阻和调速电阻是借助于电刷同集电环和转子绕组连接的（图 5-6）。通常就是根据绕线转子异步电动机具有三个集电环的构造特点来辨认它的。

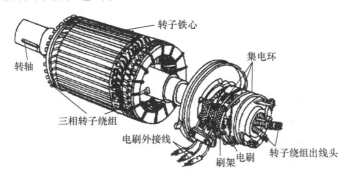

图 5-5　绕线转子异步电动机的构造

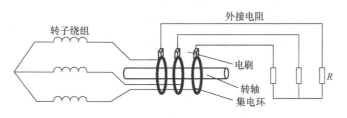

图 5-6　绕线转子示意图

由于笼型电动机构造简单、价格低廉、工作可靠、使用方便，因而成为生产上应用得最广泛的一种电动机。

5.2　三相异步电动机的工作原理

电机都是利用电与磁的相互转化和相互作用制成的。在变压器中，交变电流通过集中的绕组产生交变的磁场。三相异步电动机则是利用三相电流通过三相绕组产生在空间旋转的磁场。因此，在讨论三相异步电动机工作原理之前，先要了解旋转磁场的问题。

5.2.1 旋转磁场

1. 旋转磁场的产生

旋转磁场是由电流通过多相绕组产生的。要说明这一问题，只要分析三相电流通过三相绕组时，在不同时刻所产生的合成磁场就一目了然了。为此，假设三相绕组 U_1U_2、V_1V_2 和 W_1W_2 中通过的三相电流分别为 i_1、i_2 和 i_3，它们的波形如图 5-7b 所示，并选择电流的参考方向是从绕组的首端 U_1、V_1、W_1 流向末端 U_2、V_2、W_2，如图 5-7a 所示。

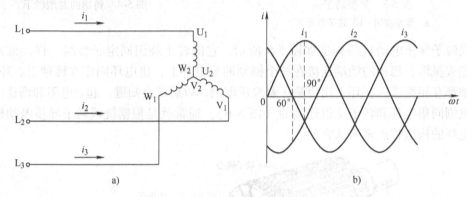

图 5-7 三相对称电流

当 $\omega t = 0°$ 时，$i_1 = 0$，U_1U_2 绕组中没有电流；$i_2 < 0$，实际方向与参考方向相反，即从末端 V_2 流入（用 $\otimes$ 表示），从首端 V_1 流出（用 $\odot$ 表示）；$i_3 > 0$，实际方向与参考方向相同，即从首端 W_1 流入，从末端 W_2 流出。根据右手螺旋定则，它们产生的合成磁场的方向如图 5-8a 所示，是一个二极磁场。上面是 N 极，磁力线穿出定子铁心；下面是 S 极，磁力线进入定子铁心。

当 $\omega t = 60°$ 时，$i_1 > 0$，即从首端 U_1 流入，从末端 U_2 流出；$i_2 < 0$，即从末端 V_2 流入，从首端 V_1 流出；$i_3 = 0$，W_1W_2 绕组中无电流。它们产生的合成磁场的方向如图 5-8b 所示，是个二极磁场，但合成磁场在空间上已顺时针旋转了 60°。

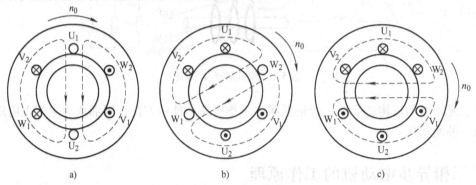

图 5-8 二极旋转磁场

a) $\omega t = 0°$ b) $\omega t = 60°$ c) $\omega t = 90°$

当 $\omega t = 90°$ 时，$i_1 > 0$，即从首端 U_1 流入，从末端 U_2 流出；$i_2 < 0$，即从末端 V_2 流入，从首端 V_1 流出；$i_3 < 0$，即从末端 W_2 流入，从首端 W_1 流出。它们产生的合成磁场的方向如图 5-8c 所示，仍是个二极磁场，但合成磁场在空间上比 $\omega t = 60°$ 时又顺时针旋转了 $30°$。

同理还可以继续得到其他时刻的合成磁场，从而证明了合成磁场是在空间旋转的。

如果如图 5-9 所示那样，将每相绕组都改用两个线圈串联组成，采用与前面同样的分析方法，可以得到四极旋转磁场，如图 5-10 所示。当电流变化了 60° 时，旋转磁场在中间旋转了 30°，比二极旋转磁场的转速慢了一半，产生了四极磁场。

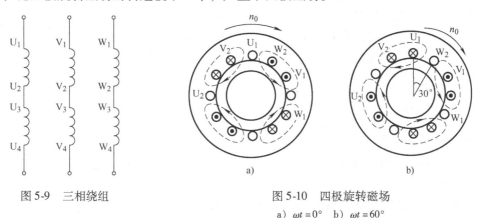

图 5-9　三相绕组　　　图 5-10　四极旋转磁场
a) $\omega t = 0°$　b) $\omega t = 60°$

由上可知，当定子绕组中通入三相电流后，它们共同产生的合成磁场是随电流的交变而在空间不断地旋转着，这就是旋转磁场。这个旋转磁场同磁极在空间旋转所起的作用是一样的。利用同样的分析方法还可以证明其他多相电流通过多相绕组，例如两相电流（相位相差 90° 的电流）通过两相绕组（轴线相差 90° 的绕组）也会产生旋转磁场。

2. 旋转磁场的极数

三相异步电动机的极数就是旋转磁场的极数。旋转磁场的极数和三相绕组的安排有关。在上述图 5-8 的情况下，每相绕组只有一个线圈，绕组的始端之间相差 120° 空间角。则产生的旋转磁场具有一对极，即 $p = 1$（p 是**磁极对数**）。如将定子绕组安排的如图 5-9 那样，即每相绕组有两个线圈串联，绕组的始端之间相差 60° 空间角，则产生的旋转磁场具有两对极，即 $p = 2$。

3. 旋转磁场的转速

旋转磁场的转速称为**同步转速**，用 n_0 表示。如前所述，对于两个磁极（即一对磁极）的旋转磁场，当电流变化了一个周期时，磁场在空间也转了一周。如果电流的频率为 f_1，则同步转速 $n_0 = 60f_1$，对于四个磁极（即两对磁极）的旋转磁场，$n_0 = \dfrac{60f_1}{2}$。依次类推，如果旋转磁场具有 p 对磁极，则同步转速应为

$$n_0 = \frac{60f_1}{p} \tag{5-1}$$

当电流的频率为工频 50Hz 时，不同极对数时的同步转速见表 5-1。

表 5-1　同步转速

p	1	2	3	4	5	6
$n/$（r/min）	3000	1500	1000	750	600	500

4. 旋转磁场的转向

由图 5-8 和图 5-10 可以看出旋转磁场是沿着 $U_1 \to V_1 \to W_1$ 方向旋转的，即与三相绕组中的三相电流的相序 $L_1 \to L_2 \to L_3$ 是一致的。所以要改变旋转磁场的转向，就必须改变三相绕组中电流的相序，即如图 5-11 所示，把三相绕组的三根导线中的任意两根对调一下位置，例如将 L_2 和 L_3 对调。利用前述分析方法可以证明，这时旋转磁场的转向变为 $U_1 \to W_1 \to V_1$，旋转磁场方向反向。

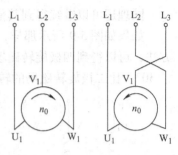

图 5-11　改变旋转磁场的转向

5.2.2　工作原理

1. 电磁转矩的产生

图 5-12 是说明三相异步电动机工作原理的示意图。它是由固定不动的定子和可以转动的转子两部分组成的。

定子上装有前述的对称三相绕组，工作时将它连接成星形或三角形后接到三相电源上。为了能形象地说明问题，图中未画出定子三相绕组，而将三相电流通过定子三相绕组后产生的旋转磁场用一对旋转的 N 极和 S 极来表示。它以同步转速 n_0 顺时针方向旋转。于是，转子绕组切割磁力线而产生感应电动势，且在闭合的转子绕组中产生感应电流。感应电流与感应电动势相位相同，它们的方向可以用右手定则判断，如图 5-12 所示，在 N 极下是穿出纸面的，用 ⊙ 表示，在 S 极下是进入纸面的，用 ⊗ 表示。转子电流与旋转磁场相互作用而产生电磁力 F，其方

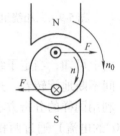

图 5-12　三相异步电动机
工作原理示意图

向可用左手定则判断，如图 5-12 小箭头所示。这些电磁力在转子形成了顺时针方向的转矩。由电磁力形成的转矩称为**电磁转矩**，它驱使转子沿着旋转磁场的转向旋转，从轴上输出机械功率。

由于转子与旋转磁场之间在相对运动时，转子绕组才会切割磁力线而产生感应电动势和感应电流，从而产生电磁转矩，所以转子的转速总是小于同步转速的，两者不可能相等，故称为异步电动机。由于电磁转矩是旋转磁场与转子中的感应电流相互作用产生的，故又称感应电动机。

转子转速 n 与同步转速 n_0 之差，与同步转速 n_0 的比值称为**转差率**，用 s 表示，即

$$s = \frac{n_0 - n}{n_0} \tag{5-2}$$

因此转子转速

$$n = (1 - s) n_0 \tag{5-3}$$

转差率是分析异步电动机工作情况的重要参数。当电动机接通电源而尚未转动时（即

起动瞬间），$n=0$，$s=1$；当转子转速等于同步转速时（这种状态称为理想空载，实际运行时不可能出现），$n=n_0$，$s=0$。所以异步电动机在正常工作时，$n_0 > n > 0$，$0 < s < 1$。

以上分析说明，从电磁关系来看，异步电动机和变压器相似，定子绕组相当于一次绕组，从电源取用电流和功率；转子绕组相当于二次绕组，通过电磁感应产生电动势和电流。只不过变压器将感应电流作输出电流，从而输出电功率，而异步电动机利用感应电流产生电磁转矩，从而输出机械功率。转子电流通过转子绕组也要产生旋转磁场，故实际工作时的旋转磁场是由定子电流和转子电流共同作用产生的。因此，电动机的定子电流和转子电流之间也应该满足相应的磁动势平衡方程式的关系，转子电流增加时，定子电流也会相应增加，与变压器不同的是，异步电动机的转子在电磁转矩的驱动下是旋转的。旋转磁场与定、转子绕组的相对运动速度不同，因此定、转子绕组中的电动势和电流的频率也就不同，它们分别为

$$f_1 = \frac{pn_0}{60} \tag{5-4}$$

$$f_2 = \frac{p(n_0 - n)}{60} = \frac{n_0 - n}{n_0} \frac{pn_0}{60} = sf_1 \tag{5-5}$$

可见，转子电流的频率 f_2 与转差率 s 成正比，即与转子转速有关。

2. 电磁转矩的方向

电磁转矩的方向是与旋转磁场的转向一致的，而电磁转矩的方向决定了转子的转向。因此，要想改变转子的转向，即要使转子反转，如图 5-11 所示，只要将三相异步电动机接至电源的三根导线中的任意两根对调一下位置即可。

3. 电磁转矩的大小

电磁转矩 T（以下简称转矩）是三相异步电动机的最重要的物理量之一，机械特性是它的主要特性。对电动机进行分析往往离不开它们。

异步电动机的转矩是由旋转磁场的每极磁通 Φ 与转子电流 I_2 相互作用而产生的。但因转子电路是电感性的，转子电流 $\dot{I}_2$ 比转子电动势 $\dot{E}_2$ 滞后 φ_2；又因

$$T = \frac{P_\psi}{\Omega_0} = \frac{P_\psi}{\dfrac{2\pi n_0}{60}}$$

电磁转矩与电磁功率 P_ψ 成正比，和讨论有功功率一样，也要引入 $\cos\varphi_2$。于是得出

$$T = K_T \Phi I_2 \cos\varphi_2 \tag{5-6}$$

式中，K_T 是一常数，它与电动机的结构有关。

由式（5-6）可见，转矩除与 Φ 成正比外，还与 $I_2 \cos\varphi_2$ 成正比。

其中（证明从略）

$$\Phi = \frac{E_1}{4.44 f_1 N_1} \approx \frac{U_1}{4.44 f_1 N_1} \propto U_1$$

$$I_2 = \frac{sE_{20}}{\sqrt{R_2^2 + (sX_{20})^2}} = \frac{s(4.44 f_1 N_2 \Phi)}{\sqrt{R_2^2 + (sX_{20})^2}}$$

$$\cos\varphi_2 = \frac{R_2}{\sqrt{R_2^2 + (sX_{20})^2}}$$

由于 I_2 和 $\cos\varphi_2$ 与转差率 s 有关，所以转矩 T 也与 s 有关。

如果将上列三式代入式（5-6），则得出转矩的另一个表示式

$$T = K \frac{s R_2 U_1^2}{R_2^2 + (s X_{20})^2} \tag{5-7}$$

式中，K 是一常数。转矩 T 还与定子每相电压 U_1 的二次方成比例，所以当电源电压有所变化时，对转矩的影响很大。此外，转矩 T 还受转子电阻 R_2 的影响。由于转子电流的频率 f_2 是随 s 变化的，所以转子漏电抗也是随 s 变化的。只有转子静止不动的漏电抗才是一个固定的数值。式（5-7）中的 X_{20} 即指转子静止不动时的漏电抗，$s X_{20}$ 则为转子转动时的漏电抗。

5.2.3 转矩平衡

电动机在工作时，施加在转子上的转矩，除电磁转矩 T 外，还有空载转矩 T_0（由风阻和轴承摩擦等形成的阻转矩）和负载转矩 T_L（生产机械的阻转矩）。电磁转矩减去空载转矩是电动机的输出转矩 T_2，即

$$T_2 = T - T_0 \tag{5-8}$$

电动机只有在 $T_2 = T_L$ 时，才能稳定运行。也就是说，电动机在稳定运行时，应满足下述的转矩平衡方程式，即

$$T = T_0 + T_L \tag{5-9}$$

T_0 一般很小，电动机在满载运行或接近满载运行时，T_0 可忽略不计，这时 $T \approx T_2 = T_L$。

电动机在稳定运动时，若 T_L 减小，则原来的平衡被打破。T_L 减小瞬间，$T_2 > T_L$。电动机加速，n 增加，s 减小，转子电流 I_2 减小，定子电流 I_1 也随之减小；I_2 减小又会使 T 减小，直到恢复 $T_2 = T_L$ 为止，电动机便在比原来高的转速和比原来小的电流下重新稳定运行。反之，当 T_L 增加时，T 相应增加，电动机将在比原来低的转速和比原来大的电流下重新稳定运行。

5.2.4 功率与效率

电动机输出的机械功率用 P_2 表示为

$$P_2 = T_2 \omega = \frac{2\pi}{60} T_2 n \tag{5-10}$$

式中，ω 是转子的旋转角速度，单位是弧度/秒（rad/s）；T_2 的单位是牛·米（N·m）；n 的单位是转/分（r/min）；P_2 的单位是瓦（W）。

三相异步电动机从电源输入的有功功率

$$P_1 = \sqrt{3} U_L I_L \cos\varphi = 3 U_p I_p \cos\varphi \tag{5-11}$$

式中，U_L 和 I_L 是定子绕组的线电压和线电流；U_p 和 I_p 是定子绕组的相电压和相电流。三相异步电动机是电感性负载，定子相电流滞后于相电压一个 φ 角，$\cos\varphi$ 是三相异步电动机的功率因数。

P_1 与 P_2 之差是电动机的功率损耗 ΔP，它包括铜损耗 ΔP_{Cu}、铁损耗 ΔP_{Fe}、机械损耗 ΔP_{Me}，即

$$\Delta P = P_1 - P_2 = \Delta P_{Cu} + \Delta P_{Fe} + \Delta P_{Me} \tag{5-12}$$

三相异步电动机的效率

$$\eta = \frac{P_2}{P_1} \times 100\% \qquad (5\text{-}13)$$

【例 5-1】 某三相异步电动机，极对数 $p=2$，定子绕组三角形联结，接于 50Hz、380V 的三相电源上工作，当负载转矩 $T_L = 91\text{N} \cdot \text{m}$ 时，测得 $I_l = 30\text{A}$，$P_1 = 16\text{kW}$，$n = 1470\text{r/min}$，求该电动机带此负载运行时的 s、P_2、η 和 $\cos\varphi$。

【解】

$$n_0 = \frac{60f_1}{p} = \frac{60 \times 50}{2} \text{ r/min} = 1500 \text{ r/min}$$

$$s = \frac{n_0 - n}{n_0} = \frac{1500 - 1470}{1500} = 0.02$$

$$P_2 = \frac{2\pi}{60} T_2 n = \frac{2\pi}{60} T_L n = \frac{2 \times 3.14}{60} \times 91 \times 1470 \text{W} = 14 \times 10^3 \text{W} = 14\text{kW}$$

$$\eta = \frac{P_2}{P_1} \times 100\% = \frac{14}{16} \times 100\% = 87.5\%$$

$$\cos\varphi = \frac{P_1}{\sqrt{3}U_l I_l} = \frac{16 \times 10^3}{\sqrt{3} \times 380 \times 30} = 0.81$$

5.3　三相异步电动机的转矩与机械特性

当定子电压 U_1、频率 f_1 等保持不变时，三相异步电动机的 n 与 T 之间的关系 $n = f(T)$ 称为**机械特性**。

如果定子电压和频率保持为额定值，而且是绕线转子异步电动机，则其转子电路中不另外串联电阻或电抗，这时的机械特性称为**固有机械特性**，否则称为**人工机械特性**。

5.3.1　固有机械特性

三相异步电动机的固有机械特性如图 5-13 所示。机械特性的 n_0M 段，s 增加时，T 增加，n 减小；在机械特性的 MS 段，s 增加时，T 减小，n 减小。

固有机械特性上的 N、M、S 三个特殊的工作点代表了三相异步电动机的如下三个重要的工作状态。

1. 额定状态

这是电动机的电压、电流、功率和转速等都等于额定值时的状态，工作点在特性曲线上的 N 点，约在 n_0M 段的中间附近。这时的转差率 s_N、转速 n_N 和转矩 T_N 分别称为额定转差率、额定转速和额定转矩。忽略 T_0，则 $T_2 = T_N$，由式（5-10）可知，额定转矩

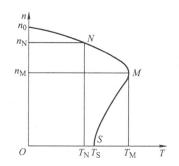

图 5-13　三相异步电动机的机械特性

$$T_N = \frac{P_N}{\omega_N} = \frac{60 P_N}{2\pi n_N} = 9.55 \frac{P_N}{n_N} \qquad (5\text{-}14)$$

额定转矩是电动机在额定负载时的转矩，它可以从电动机铭牌上的额定功率（输出机

械功率）和额定转速应用式（5-14）求得。

额定状态说明了电动机的长期运行能力。因为，若 $T > T_N$，则电流和功率都会超过额定值，电动机处于过载状态。长期过载运行，电动机的温度会超过允许值，这将会降低电动机的使用寿命，甚至很快烧坏，这是不允许的。因此，长期运行时电动机的工作范围应在固有机械特性的 n_0N 段。国产异步电动机的 n_N 非常接近又略小于 n_0，$s_N = 0.01 \sim 0.09$，因此，工作在上述区段，T 增加时，n 下降不多。像这种转矩增加时，转速下降不多的机械特性称为硬特性。

2. 临界状态

这是电动机的电磁转矩等于最大值时的状态，工作点在特性曲线上的 M 点。这时的电磁转矩 T_M 称为**最大转矩**，转差率 s_M 和转速 n_M 称为临界转差率和临界转速。将式（5-7）中的 T 对 s 求导数并令其等于零可求得临界转差率

$$s_M = \frac{R_2}{X_{20}} \tag{5-15}$$

将式（5-15）代入到式（5-7）中，可求得最大转矩为

$$T_M = K_T \frac{U_1^2}{2f_1 X_{20}} \tag{5-16}$$

临界状态说明了电动机的短时过载能力。因为电动机虽然不允许长期过载运行，但是只要过载时间很短，电动机的温度还没有超过允许值就停止工作或负载又减小了，在这种情况下，从发热的角度看，电动机短时过载是允许的。可是，过载时，负载转矩却必须小于最大转矩，不然电动机带不动负载，转速会越来越低，直到停转，出现"堵转"现象。堵转时 $s = 1$，转子与旋转磁场的相对运动速度大，因而电流要比额定电流大得多，时间一长，电动机会严重过热，甚至烧坏。因此，通常用最大转矩 T_M 和额定转矩 T_N 的比值来说明异步电动机的短时过载能力，用 K_M 表示，即

$$K_M = \frac{T_M}{T_N} \tag{5-17}$$

Y 系列三相异步电动机的 $K_M = 2 \sim 2.2$。

3. 起动状态

这是电动机刚接通电源、转子尚未转动时的工作状态，工作点在特性曲线上的 S 点。这时的转差率 $s = 1$，转速 $n = 0$，对应的电磁转矩 T_S 称为**起动转矩**，定子线电流用 I_S 表示，称为**起动电流**。起动状态说明了电动机的直接起动能力。因为只有在 $T_S > T_L$ 时，电动机才能起动起来。T_S 大，电动机才能重载起动；T_S 小，电动机只能轻载、甚至空载起动。因此，通常用起动转矩 T_S 和额定转矩 T_N 的比值来说明异步电动机的直接起动能力，用 K_S 表示，即

$$K_S = \frac{T_S}{T_N} \tag{5-18}$$

直接起动时，起动电流远大于额定电流，这也是直接起动时应予考虑的问题。电动机的起动电流 I_S 与额定电流 I_N 的比值用 K_C 表示，即

$$K_C = \frac{I_S}{I_N} \tag{5-19}$$

Y 系列三相异步电动机的 $K_S = 1.6 \sim 2.2$，$K_C = 5.5 \sim 7.0$。

【例 5-2】　某三相异步电动机，额定功率 $P_N = 45kW$，额定转速 $n_N = 2970r/min$，$K_M = 2.2$，$K_S = 2.0$。若 $T_L = 200N \cdot m$，试问能否带此负载：（1）长期运行；（2）短时运行；（3）直接起动。

【解】　（1）电动机的额定转矩

$$T_N = 9.55 \frac{P_N}{n_N} = 9.55 \times \frac{45 \times 10^3}{2970} N \cdot m = 145N \cdot m$$

由于 $T_N < T_L$，故不能带此负载长期运行。

（2）电动机的最大转矩

$$T_M = K_M T_N = 2.2 \times 145N \cdot m = 319N \cdot m$$

由于 $T_M > T_L$，故可以带此负载短时运行。

（3）电动机的起动转矩

$$T_S = K_S T_N = 2.0 \times 145N \cdot m = 290N \cdot m$$

由于 $T_S > T_L$，故可以带此负载直接起动。

5.3.2　人工机械特性

1. 定子电压降低时的人工机械特性

由式（5-15）、式（5-16）可知，临界转差率和临界转速与电压无关，而转矩是正比于电压的二次方的，因此，电压降低后的人工机械特性如图 5-14 所示。

2. 转子电阻增加时的人工机械特性

由式（5-15）、式（5-16）可知，临界转差率 s_M 正比于转子电阻 R_2，最大转矩 T_M 却与转子电阻 R_2 无关，因此，绕线转子异步电动机在转子电路中串入电阻时的人工机械特性如图 5-15 所示。

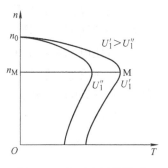

图 5-14　定子电压降低时的人工机械特性

转子电阻增加后，T_S 的大小则与 R_2 和 X_2 的相对大小有关，如图 5-16 所示。分析如下：

当 $R_2 < X_2$ 时，$s_M < 1$，R_2 增加时，T_S 增加；

当 $R_2 = X_2$ 时，$s_M = 1$，$T_S = T_M$，起动转矩最大；

当 $R_2 > X_2$ 时，$s_M > 1$，R_2 增加时，T_S 减小。

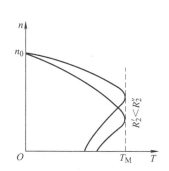

图 5-15　转子电阻增加时的人工机械特性

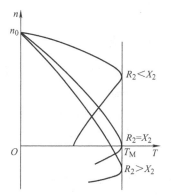

图 5-16　R_2 对 T_S 的影响

5.4 三相异步电动机的起动

5.4.1 起动性能

电动机的起动就是把它开动起来。在起动初始瞬间，$n=0$，$s=1$。现在从起动时的电流和转矩来分析电动机的起动性能。

首先讨论起动电流 I_S。在刚起动时，由于旋转磁场对静止的转子有着很大的相对转速，磁通切割转子导条的速度很快，这时转子绕组中感应出的电动势和产生的转子电流都很大。与变压器的原理一样，转子电流增大，定子电流必然相应增大。一般中小型笼型电动机的定子起动电流（指线电流）与额定电流之比值为 5 ~ 7。例如 Y132M-4 型电动机的额定电流为 15.4A，起动电流与额定电流之比值为 7，因此起动电流为 $7 \times 15.4A = 107.8A$。

电动机不是频繁起动时，起动电流对电动机本身影响不大。因为起动电流虽大，但起动时间一般很短（小型电动机只有 1 ~ 3s），从发热角度考虑没有问题，并且一经起动后，转速很快升高，电流便很快减小了。但当起动频繁时，由于热量的积累，可以使电动机过热。因此，在实际操作时应尽可能不让电动机频繁起动。例如，在切削加工时，一般只是用摩擦离合器或电磁离合器将主轴与电动机轴脱开，而不将电动机停下来。但是，电动机的起动电流对线路是有影响的。过大的起动电流在短时间内会在线路上造成较大的电压降落，而使负载端的电压降低，影响邻近负载的正常工作。例如对邻近的异步电动机，电压的降低不仅会影响它们的转速（下降）和电流（增大），甚至可能使它们的最大转矩 T_M 降到小于负载转矩，以致使电动机停下来。

其次讨论起动转矩 T_S。在刚起动时，虽然转子电流较大，但转子的功率因数是很低的。因此由式（5-6）可知，起动转矩实际上是不大的。它与额定转矩之比值为 1.0 ~ 2.2。

如果起动转矩过小，就不能在满载下起动，应设法提高。但起动转矩如果过大，会使传动机构（譬如齿轮）受到冲击而损坏，所以又应设法减小。一般机床的主电动机都是空载起动（起动后再切削），对起动转矩没有什么要求，但对移动床鞍、横梁以及起重用的电动机应采用起动转矩较大一点的。

由上述可知，异步电动机起动时的主要缺点是起动电流较大。为了减小起动电流（有时也为了提高或减小起动转矩），必须采用适当的起动方法。

5.4.2 起动方法

笼型电动机的起动有直接起动和减压起动两种。

1. 直接起动

直接起动就是利用刀开关或接触器将电动机直接接到具有额定电压的电源上。这种起动方法虽然简单，但如上所述，由于起动电流较大，将使线路电压下降，影响负载正常工作。

一台电动机能否直接起动，有一定规定。有的地区规定：用电单位如有独立的变压器，则在电动机起动频繁时，电动机容量小于变压器容量的 20% 时允许直接起动；如果电动机不经常起动，它的容量小于变压器容量的 30% 时允许直接起动。如果没有独立的变压器

（与照明共用），电动机直接起动时所产生的电压降不应超过5%。

二、三十千瓦以下的异步电动机一船都采用直接起动。

2. 降压起动

如果电动机直接起动时所引起的线路电压降较大，必须采用降压起动，就是在起动时降低加在电动机定子绕组上的电压，以减小起动电流。笼型电动机的减压起动常用下面几种方法：

（1）星形-三角形（丫-△）换接起动　如果电动机在工作时其定子绕组是连接成三角形的，那么在起动时可把它连成星形，等到转速接近额定值时再换接成三角形。这样，在起动时就把定子每相绕组上的电压降到正常工作电压的$\frac{1}{\sqrt{3}}$。

图 5-17 是定子绕组的两种连接方法，$|Z|$ 为起动时每相绕组的等效阻抗模。

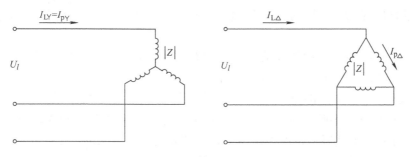

图 5-17　比较星形联结和三角形联结时的起动电流

当定子绕组连成星形，即减压起动时

$$I_{L\curlyvee} = I_{p\curlyvee} = \frac{U_l}{\sqrt{3}|Z|} \tag{5-20}$$

当定子绕组连成三角形，即直接起动时

$$I_{L\triangle} = \sqrt{3}I_{p\triangle} = \sqrt{3}\frac{U_l}{|Z|} \tag{5-21}$$

比较式（5-20）和式（5-21），可得

$$\frac{I_{L\curlyvee}}{I_{L\triangle}} = \frac{1}{3} \tag{5-22}$$

即减压起动时的电流为直接起动时的$\frac{1}{3}$。

由于转矩和电压的二次方成正比，所以起动转矩也减小到直接起动时的$\left(1/\sqrt{3}\right)^2 = \frac{1}{3}$。因此，这种方法只适合于空载或轻载时起动。

这种换接起动可采用丫-△起动器来实现。图5-18是一种丫-△起动器的接线简图。

在起动时将手柄向右扳，使右边一排动触点与静触点相连，电动机就连成星形。等电动机接近额定转速

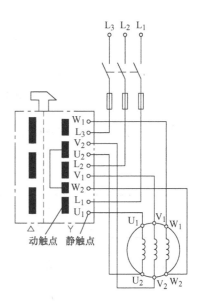

图 5-18　星-三角起动器的接线简图

时，将手柄往左扳，则使左边一排动触点与静触点相连，电动机换接成三角形。

星-三角起动器的体积小、成本低、寿命长、动作可靠。目前 4～100kW 的异步电动机都已设计为 380V 三角形联结，因此星-三角起动器得到了广泛的应用。

（2）自耦减压起动　自耦减压起动是利用三相自耦变压器将电动机在起动过程中的端电压降低，其接线图如图 5-19 所示。起动时，先把开关 Q_2 扳到"起动"位置。当转速接近额定值时，将 Q_2 扳向"工作"位置，切除自耦变压器。

自耦变压器备有抽头，以便得到不同的电压（例如为电源电压的 73%、64%、55%），根据对起动转矩的要求而选用。

采用自耦减压起动，也同时能使起动电流和起动转矩减小。

自耦减压起动适用于容量较大的或正常运行时连成星形不能采用星-三角起动器的笼型异步电动机。

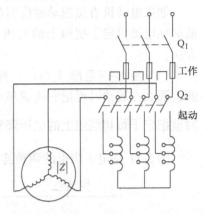

图 5-19　自耦减压起动接线图

至于绕线转子电动机的起动，只要在转子电路中接入大小适当的起动电阻 R_{st}（图 5-20），就可达到减小起动电流的目的；同时，由图 5-19 可见，起动转矩也提高了。所以它常用于要求起动转矩较大的生产机械上，例如卷扬机、锻压机、起重机及转炉等。

起动后，随着转速的上升将起动电阻逐段切除。

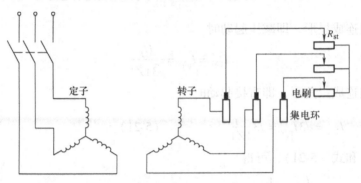

图 5-20　绕线转子电动机起动时的接线图

【例 5-3】　有一 Y225-4 型三相异步电动机，其额定数据见表 5-2。试求：（1）额定电流 I_N；（2）额定转差率 s_N；（3）额定转矩 T_N、最大转矩 T_M、起动转矩 T_S。

表 5-2　额定数据

功　率	转　速	电　压	效　率	功率因数	I_S/I_N	T_S/T_N	T_M/T_N
45kW	1480r/min	380V	92.3%	0.88	7.0	1.9	2.2

【解】　（1）4～100kW 的电动机通常都是 380V，△联结。

$$I_N = \frac{P_2 \times 10^3}{\sqrt{3}\,U\cos\varphi\eta} = \frac{45 \times 10^3}{\sqrt{3} \times 380 \times 0.88 \times 0.923}A \approx 84.2A$$

（2）由已知 $n = 1480\text{r/min}$ 可知，电动机是四极的，即 $p = 2$，$n = 1500\text{r/min}$。所以

$$s_N = \frac{n_0 - n}{n_0} = \frac{1500 - 1480}{1500} = 0.013$$

（3）

$$T_N = 9.55 \frac{P_2}{n} = 9.55 \times \frac{45 \times 10^3}{1480} \text{N} \cdot \text{m} = 290.4\text{N} \cdot \text{m}$$

$$T_M = \frac{T_M}{T_N} T_N = 2.2 \times 290.4\text{N} \cdot \text{m} = 638.9\text{N} \cdot \text{m}$$

$$T_S = \frac{T_S}{T_N} T_N = 1.9 \times 290.4\text{N} \cdot \text{m} = 551.8\text{N} \cdot \text{m}$$

【例 5-4】 在例 5-3 中：（1）如果负载转矩为 510.2N·m，试问在 $U = U_N$ 和 $U' = 0.9U_N$ 两种情况下电动机能否起动？（2）采用 Y-△ 换接起动时，求起动电流和起动转矩。又当负载转矩为额定转矩 T_N 的 80% 和 50% 时，电动机能否起动？

【解】 （1）在 $U = U_N$ 时，$T_S = 551.8\text{N} \cdot \text{m} > 510.2\text{N} \cdot \text{m}$，所以能起动。

（2）

$$I_{S\triangle} = 7I_N = 7 \times 84.2\text{A} = 589.4\text{A}$$

$$I_{SY} = \frac{1}{3} I_{S\triangle} = \frac{1}{3} \times 589.4\text{A} = 196.5\text{A}$$

$$T_{SY} = \frac{1}{3} T_{S\triangle} = \frac{1}{3} \times 551.8\text{N} \cdot \text{m} = 183.9\text{N} \cdot \text{m}$$

在 80% 额定转矩时

$$\frac{T_{SY}}{T_N 80\%} = \frac{183.9}{290.4 \times 80\%} = \frac{183.9}{232.3} < 1，不能起动；$$

在 50% 额定转矩时

$$\frac{T_{SY}}{T_N 50\%} = \frac{183.9}{290.4 \times 50\%} = \frac{183.9}{145.2} > 1，可以起动。$$

【例 5-5】 对例 5-3 中的电动机采用自耦减压起动，设起动时电动机的端电压降到电源电压的 64%，求线路起动电流和电动机的起动转矩。

【解】 直接起动时的起动电流 $I_S = 7I_N = 7 \times 84.2\text{A} = 589.4\text{A}$

设降压起动时电动机中（及变压器二次侧）的起动电流为 I_S'，即

$$\frac{I_S'}{I_S} = 0.64，\quad I_S' = 0.64 \times 589.4\text{A} = 377.2\text{A}$$

设降压起动时线路（即变压器一次侧）的起动电流为 I_S''。因为变压器一、二次绕组中电流之比等于电压之比的倒数，所以也等于 64%，即

$$\frac{I_S''}{I_S'} = 0.64，\quad I_S'' = 0.64^2 \times I_S = 0.64^2 \times 589.4\text{A} = 241.4\text{A}$$

设降压起动时的起动转矩

$$\frac{T_S''}{T_S} = 0.64^2，\quad T_S'' = 0.64^2 \times T_S = 0.64^2 \times 551.8\text{N} \cdot \text{m} = 226\text{N} \cdot \text{m}$$

5.5 三相异步电动机的调速

调速就是在同一负载下能得到不同的转速，以满足生产过程的要求。例如各种切削机床

的主轴运动随着工件与刀具的材料、工件直径、加工工艺的要求及走刀量的大小等的不同，要求有不同的转速，以获得最高的生产率和保证加工质量。如果采用电气调速，就可以大大简化机械变速机构。

在讨论异步电动机的调速时，首先从研究公式

$$n = (1-s)n_0 = (1-s)\frac{60f_1}{p}$$

出发。此式表明，改变电动机的转速有三种可能，即改变电源频率 f_1、极对数 p 及转差率 s。前两者是笼型电动机的调速方法，后者是绕线转子电动机的调速方法。今分别讨论如下。

5.5.1 变频调速

近年来变频调速技术发展很快，目前主要采用如图 5-21 所示的变频调速装置，它主要由整流器和逆变器两大部分组成。整流器先将频率 f 为 50Hz 的三相交流电变换为直流电，再由逆变器变换为频率 f_1 可调、电压有效值 U_1 也可调的三相交流电，供给三相笼型电动机。由此可得到电动机的无级调速，并具有硬的机械特性。

图 5-21 变频调速装置

通常有下列两种变频调速方式：

1）在 $f_1 < f_{1N}$，即低于额定转速时，应保持 $\frac{U_1}{f_1}$ 的比值近于不变，也就是两者要成比例地同时调节。由 $U_1 \approx 4.44f_1N_1\Phi$ 和 $T = K_T\Phi I_2\cos\varphi_2$ 两式可知，这时磁通 Φ 和转矩 T 也都近似不变。这是恒转矩调速。

如果把转速调低时 $U_1 = U_{1N}$ 保持不变，在减小 f_1 时磁通 Φ 则将增加。这就会使磁路饱和（电动机磁通一般设计在接近铁心磁饱和点），从而增加励磁电流和铁损，导致电动机过热，这是不允许的。

2）在 $f_1 > f_{1N}$，即高于额定转速调速时，应保持 $U_1 \approx U_{1N}$。这时磁通 Φ 和转矩 T 都将减小。转速增大，转矩减小，将使功率近于不变。这是恒功率调速。

如果把转速调高时 $\frac{U_1}{f_1}$ 的比值不变，在增加 f_1 时，U_1 也要增加。U_1 超过额定电压也是不允许的。

频率调节范围一般为 0.5～320Hz。

目前在国内由于逆变器中的开关器件（门极关断晶闸管、大功率晶体管和功率场效应晶体管等）的制造水平不断提高，笼型电动机的变频调速技术的应用也就日益广泛。

5.5.2 变极调速

由式 $n_0 = \frac{60f_1}{p}$ 可知，如果极对数 p 减小一半，则旋转磁场的转速 n_0 便提高一倍，转子转

速 n 差不多也提高一倍。因此改变 p 可以得到不同的转速。如何改变极对数？这同定子绕组的接法有关。

图 5-22 所示的是定子绕组的两种接法。把 U 相绕组分成两半：线圈 $U_{11} U_{21}$ 和 $U_{12} U_{22}$。图 5-22a 中是两个线圈串联，得出 $p = 2$。图 5-22b 中是两个线圈反并联（头尾相联），得出 $p = 1$。在换极时，一个线圈中的电流方向不变，而另一个线圈中的电流必须改变方向。

双速电动机在机床上用得较多，像某些磨床、铣床上都有。这种电动机的调速是有级的。

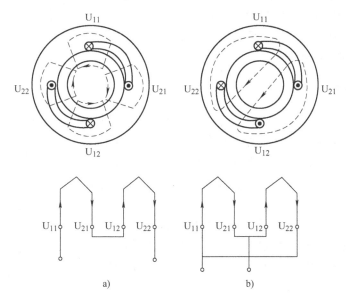

图 5-22 改变极对数 p 的调速方法

5.5.3 变转差率调速

只要在绕线转子电动机的转子电路中接入一个调速电阻（和起动电阻一样接入，见图 5-20），改变电阻的大小，就可得到平滑调速。譬如增大电阻时，转差率 s 上升，而转速 n 下降。这种调速方法的优点是设备简单、投资少，但能量损耗大。

5.6 三相异步电动机的制动

因为电动机的转动部分有惯性，所以把电源切断后，电动机还会继续转动一定时间而后停止。为了缩短辅助工时，提高生产机械的生产率，并为了安全起见，往往要求电动机能够迅速停车和反转。这就需要对电动机制动。对电动机制动，也就是要求它的转矩与转子的转动方向相反。这时的转矩称为**制动转矩**。

异步电动机的制动常用下列三种方法。

5.6.1 能耗制动

这种制动方法就是在切断三相电源的同时，接通直流电源（图 5-23），使直流电流通入定子绕组。直流电流的磁场是固定不动的，而转子由于惯性继续在原方向转动。根据右手定则和左手定则不难确定这时的转子电流和固定磁场相互作用产生的转矩的方向与电动机转动的方向相反，因而起制动的作用。制动转矩的大小与直流电流的大小有关。直流电流的大小一般为电动机额定电流的 0.5～1 倍。

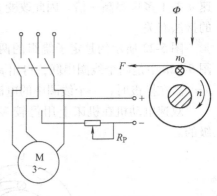

因为这种方法是用消耗转子的动能（转换为电能）来进行制动的，所以称为能耗制动。

这种制动能量消耗小，制动平稳，但需要直流电源。在有些机床中采用这种制动方法。

图 5-23　能耗制动

5.6.2　反接制动

在电动机停车时，可将接到电源的三根导线中的任意两根的一端对调位置，使旋转磁场反向旋转，而转子由于惯性仍在原方向转动。这时的转矩方向与电动机的转动方向相反（图 5-24），因而起制动的作用。当转速接近零时，利用某种控制电器将电源自动切断，否则电动机将会反转。

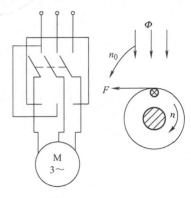

由于在反接制动时旋转磁场与转子的相对转速 $(n_0 + n)$ 很大，因而电流较大。为了限制电流，对功率较大的电动机进行制动时必须在定子电路（笼型）或转子电路（绕线转子型）中接入电阻。

这种制动比较简单，效果较好，但能量消耗较大。对有些中型车床和铣床主轴的制动采用这种方法。

图 5-24　反接制动

5.6.3　发电反馈制动

当转子的转速 n 超过旋转磁场的转速 n_0 时，这时的转矩也是制动的（图 5-25）。

当起重机快速放重物时，就会发生这种情况。这时重物拖动转子，使其转速 $n > n_0$，重物受到制动而等速下降。实际上这时电动机转入发电机运行，将重物的位能转换成电能而反馈到电网里去，所以称为发电反馈制动。

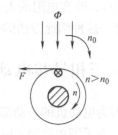

另外，当多速电动机从高速调到低速的过程中，也自然发生这种制动。因为刚将极对数 p 加倍时，磁场转速立即减半，但由于惯性，转子转速只能逐渐下降，因此就出现 $n > n_0$ 的情况。

图 5-25　发电反馈制动

5.7　三相异步电动机的铭牌数据

要正确使用电动机，必须要看懂铭牌。今以 Y132M-4 型电动机为例来说明铭牌上各个数据的意义。

三相异步电动机		
型号 Y132M-4	功率 7.5kW	频率 50Hz
电压 380V	电流 15.4A	接法 △
转速 1444 r/min	绝缘等级 B	工作方式 连续
年 月 编号	××电机厂	

此外，它的主要技术数据还有：功率因数 0.85，效率 87%。

1. 型号

为了适应不同用途和不同工作环境的需要，电动机制成不同的系列，每种系列用各种型号表示。

型号说明，例如

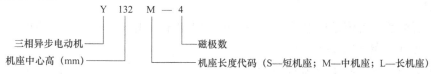

异步电动机的产品名称代号及其汉字意义摘录于表 5-3 中。

表 5-3 异步电动机产品名称代码

产 品 名 称	代 码	汉 字 意 义
异步电动机	Y	异
绕线转子异步电动机	YR	异绕
防爆型异步电动机	YB	异爆
高起动转矩异步电动机	YQ	异起

2. 接法

这是指定子三相绕组的接法。一般笼型电动机的接线盒中有六根引线，标有 U_1、V_1、W_1、U_2、V_2、W_2，其中

U_1、U_2 是第一相绕组的两端；

V_1、V_2 是第二相绕组的两端；

W_1、W_2 是第三相绕组的两端。

如果 U_1、V_1、W_1 分别为三相绕组的始端（头），则 U_2、V_2、W_2 是相应的末端（尾）。

这六个引出线端在接电源之前，相互间必须正确连接。连接方法有星形（Y）联结和三角形（△）联结两种（图 5-26）。通常三相异步电动机自 3kW 以下者，连接成星形；自 4kW 以上者，连接成三角形。

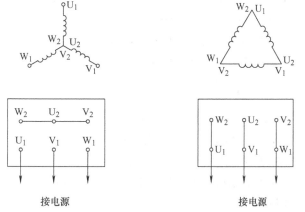

图 5-26 定子绕组的星形
联结和三角形联结

3. 电压

铭牌上所标的电压值是指电动机在额定运行时定子绕组上应加的线电压值。一般规定电动机的电压不应高于或低于额定值的 5%。

当电压高于额定值时，磁通将增大（因 $U_1 \approx 4.44 f_1 N_1 \Phi$）。若所加电压较额定电压高出较多，这将使励磁电流大大增加，电流大于额定电流，使绕组过热。同时，由于磁通的增大，铁损（与磁通二次方成正比）也就增大，使定子铁心过热。

但常见的是电压低于额定值。这时会引起转速下降，电流增加。如果在满载或接近满载的情况下，则电流的增加将超过额定值，使绕组过热。还必须注意，在低于额定电压下运行时，和电压二次方成正比的最大转矩 T_M 会显著地降低，这对电动机的运行也是不利的。

三相异步电动机的额定电压有 380V、3000V 及 6000V 等多种。

4. 电流

铭牌上所标的电流值是指电动机在额定运行时定子绕组的线电流值。当电动机空载时，转子转速接近于旋转磁场的转速，两者之间相对转速很小，所以转子电流近似为零，这时定子电流几乎全为建立旋转磁场的励磁电流。

当输出功率增大时，转子电流和定子电流都随着相应增大，如图 5-27 中 $I_1 = f(P_2)$ 曲线所示。图 5-27 是一台 10kW 三相异步电动机的工作特性曲线。

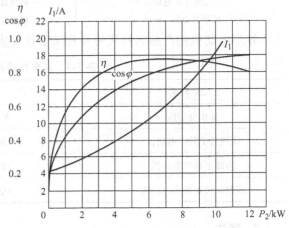

图 5-27　三相异步电动机的工作特性曲线

5. 功率与效率

铭牌上所标的功率值是指电动机在额定运行时轴上输出的机械功率值。输出功率与输入功率不等，其差值等于电动机本身的损耗功率，包括铜损、铁损及机械损耗等。所谓效率 η 就是输出功率与输入功率的比值。

如以 Y132M-4 型电动机为例：

输入功率：$P_1 = \sqrt{3} U_L I_L \cos\varphi = \sqrt{3} \times 380 \times 15.4 \times 0.85 W = 8.6 kW$

输出功率：$P_2 = 7.5 kW$

效率：$\eta = \dfrac{P_2}{P_1} = \dfrac{7.5}{8.6} \times 100\% = 87\%$

一般笼型电动机在额定运行时的效率为 72%～93%。$\eta = f(P_2)$ 曲线如图 5-27 所示，在额定功率的 75% 左右时效率最高。

6. 功率因数

因为电动机是电感性负载，定子相电流比相电压滞后一个 φ 角，$\cos\varphi$ 就是电动机的功率因数。

三相异步电动机的功率因数较低，在额定负载时为 0.7～0.9，而在轻载和空载时更低，空载时只有 0.2～0.3。因此，必须正确选择电动机的容量，防止"大马拉小车"，并力求缩短空载的时间。$\cos\varphi = f(P_2)$ 曲线如图 5-27 所示。

7. 转速

由于生产机械对转速的要求不同，需要生产不同磁极数的异步电动机，因此有不同的转速等级。最常用的是四个极的（$n_0 = 1500 \text{r/min}$）。

8. 绝缘等级

绝缘等级是按电动机绕组所用的绝缘材料在使用时容许的极限温度来分级的。所谓极限温度，是指电动机绝缘结构中最热点的最高容许温度。技术数据见表 5-4。

表 5-4　技术数据

绝 缘 等 级	A	E	B	F	H
极限温度/℃	105	120	130	155	180

9. 工作方式

电动机的工作方式分为十类，用字母 $S_1 \sim S_{10}$ 分别表示。

其中 S_1 为连续工作方式；S_2 为短时工作方式，分 10、30、60、90min 四种；S_3 为断续周期性工作方式，其周期由一个额定负载时间和一个停止时间组成，额定负载时间与整个周期之比称为负载持续率，标准持续率有 15%、25%、40%、60% 几种，每个周期为 10min。

5.8　三相异步电动机的选择

选择电动机，既要使电动机的性能满足生产机械的要求，又要考虑周围环境的影响，同时还要尽可能节约投资，降低运行费用。一般来说，电动机的选择包括以下内容：

5.8.1　功率的选择

根据生产机械所需要的功率和电动机的工作方式选择电动机的额定功率，使其温度不超过而又接近或等于额定值。

如果电动机的功率选大了，虽然能保证正常运行，但是不经济。因为这不仅使设备投资增加和电动机未被充分利用，而且由于电动机经常不是在满载下运行，它的效率和功率因数也都不高（图 5-27）。如果电动机的功率选小了，就不能保证电动机和生产机械的正常运行，不能充分发挥生产机械的效能，并使电动机由于过载而过早地损坏。所以所选电动机的功率是由生产机械所需的功率确定的。

对连续运行的电动机，先算出生产机械的功率，所选电动机的额定功率等于或稍大于生产机械的功率即可。

例如，车床的切削功率（单位为 kW）为

$$P_1 = \frac{Fv}{1000 \times 60}$$

式中，F 为切削力（N），它与切削速度、进给量、工件及刀具的材料有关，可从切削用量手册中查取或经计算得出；v 为切削速度（m/min）。

电动机的功率（单位为 kW）则为

$$P = \frac{P_1}{\eta_1} = \frac{Fv}{1000 \times 60 \times \eta_1} \tag{5-23}$$

式中，η_1 为传动机构的效率。

而后根据式（5-23）计算出的功率 P，在产品目录上选择一台合适的电动机，其额定功率应为

$$P_N \geqslant P$$

又如拖动水泵的电动机的功率（单位为 kW）为

$$P = \frac{\rho Q H}{102 \eta_1 \eta_2} \tag{5-24}$$

式中，Q 为流量（m^3/s）；H 为扬程，即液体被压送的高度（m）；ρ 为液体密度（kg/m^3）；η_1 为传动机构的效率；η_2 为泵的效率。

【例 5-6】 有一离心水泵，其数据如下：$Q = 0.03 m^3/s$，$H = 20m$，$n = 1460r/min$，$\eta_2 = 0.55$。今用一台笼型电动机拖动做长期运行，电动机与水泵直接连接（$\eta_1 \approx 1$）。试选择电动机的功率。

【解】 $\qquad P = \frac{\rho Q H}{102 \eta_1 \eta_2} = \frac{1000 \times 0.03 \times 20}{102 \times 1 \times 0.55} kW = 10.7 kW$

选用 Y160M-4 型电动机，其额定功率 $P_N = 11kW（P_N > P）$，额定转速 $n = 1460r/min$。

5.8.2 电压和转速的选择

1. 电压的选择

根据电动机的容量和供电电压的情况选择电动机的额定电压。例如三相笼型异步电动机，中小容量的额定电压为 380V，而大中容量的额定电压有 3000V、6000V 和 10000V 几种。

2. 转速的选择

电动机的额定转速是根据生产机械的要求而选定的。但是，通常转速不低于 500r/min。因为当功率一定时，电动机的转速越低，则其尺寸越大，价格越高，而且效率也较低。因此就不如购买高速电动机，再另配减速器合算。

异步电动机通常采用 4 个极的，即同步转速 $n_0 = 1500r/min$。

5.8.3 种类和型式的选择

1. 种类的选择

选择电动机的种类是从交流或直流、机械特性、调速与起动性能、维护及价格等方面来考虑的。

因为通常生产场所用的都是三相交流电源，如果没有特殊要求，一般都应采用交流电动机。在交流电动机中三相笼型异步电动机结构简单，坚固耐用，工作可靠，价格低廉，维护方便；其主要缺点是调速困难，功率因数较低，起动性能较差。因此，要求机械特性较硬而无特殊调速要求的一般生产机械的拖动应尽可能采用笼型电动机。在功率不大的水泵和通风机、运输机、传送带上，以及机床的辅助运动机构（如刀架快速移动、横梁升降和夹紧等）上，差不多都采用笼型电动机。一些小型机床上也采用它作为主轴电动机。

绕线转子电动机的基本性能与笼型相同。其特点是起动性能较好，并可在不大的范围内平滑调速。但是它的价格较笼型电动机贵，维护也较不便。因此，对某些起重机、卷扬机、锻压机及重型机床的横梁移动等不能采用笼型电动机的场合，才采用绕线转子电动机。

2. 安装型式的选择

各种生产机械因整体设计和传动方式的不同，而在安装结构上对电动机也会有不同的要求。电动机的安装方式很多，主要分卧式和立式。在卧式中又分为 B3、B35、B34、B5、B6、B7、B8、B9、B10、B14、B15、B20、B30；立式分为 V1、V15、V2、V3、V36、V4、V5、V6、V8、V9、V10、V14、V16、V18、V19、V21、V30、V31。国产三相异步电动机的几种主要安装结构型式主要有表 5-5 中所列举的几种。

表 5-5　电动机的安装结构型式

型式代号	安装结构型式	说　明
B3		卧式，机座带底脚，端盖上无凸缘
B5		卧式，机座不带底脚，端盖上有凸缘
B35		卧式，机座带底脚，端盖上有凸缘
V1		立式，机座不带底脚，端盖上有凸缘

3. 外壳防护等级的选择

IP（Ingress Protection）等级是针对电气设备外壳对异物侵入的防护等级。根据 GB 4208—2008《外壳防护等级（IP 代码）》规定，防护等级多以 IP 后跟随两位特征数字来表述，如电机的防护等级 IP65、IP55 等。第一个特征数字表明设备防止固体异物进入的防护等级，最高级别是 6；第二个数字表明设备防止水进入的保护等级，最高级别是 8。详见表 5-6。

表 5-6　电气设备外壳防护等级

防止固体异物进入的防护等级（第一位特征数字）			防止水进入的防护等级（第二位特征数字）		
第一位	防护范围		第二位	防护范围	
	名　称	说　明		名　称	说　明
0	无防护	—	0	无防护	—
1	防止直径不小于 50mm 的固体异物	直径 50mm 球形物体试具不得完全进入壳内	1	防止垂直方向滴水	垂直方向滴水应无有害影响
2	防止直径不小于 12.5mm 的固体异物	直径 12.5mm 球形物体试具不得完全进入壳内	2	防止当外壳在 15°范围内倾斜时垂直方向滴水	当外壳的各垂直面在 15°范围内倾斜时，垂直滴水应无有害影响

（续）

防止固体异物进入的防护等级（第一位特征数字）			防止水进入的防护等级（第二位特征数字）		
第一位	防护范围		第二位	防护范围	
	名　称	说　明		名　称	说　明
3	防止直径不小于2.5mm的固体异物	直径2.5mm球形物体试具不得完全进入壳内	3	防淋水	各垂直面在60°范围内淋水，无有害影响
4	防止直径不小于1.0mm的固体异物	直径1.0mm球形物体试具不得完全进入壳内	4	防溅水	向外壳各方向溅水无有害影响
5	防尘	不可能完全阻止尘埃进入，但进入的灰尘量不得影响设备的正常运行，不得影响安全	5	防喷水	向外壳各方向喷水无有害影响
6	尘密	无灰尘进入	6	防强烈喷水	向外壳各方向强烈喷水无有害影响
注：物体试具的直径部分不得进入外壳的开口			7	防短时间浸水影响	浸入规定压力的水中经规定时间后外壳进水量不致达有害程度
			8	防持续潜水影响	按生产厂和用户双方同意的条件（应比特征数字为7时严酷）持续潜水后外壳进水量不致达有害程度

习　题

5.1　某三相异步电动机，定子电压的频率 $f_1 = 50Hz$，极对数 $p = 1$，转差率 $s = 0.015$。求同步转速 n_0、转子转速 n 和转子电流频率 f_2。

5.2　某三相异步电动机，$p = 1$，$f_1 = 50Hz$，$s = 0.02$，$P_2 = 30kW$，$T_0 = 0.51N \cdot m$。求：（1）同步转速 n_0；（2）转子转速 n；（3）输出转矩；（4）电磁转矩。

5.3　一台4个磁极的三相异步电动机，定子电压380V，频率50Hz，三角形联结。在负载转矩 $T_L = 133N \cdot m$ 时，定子线电流为47.5A，总损耗为5kW，转速为1440r/min。求：（1）同步转速；（2）转差率；（3）功率因数；（4）效率。

5.4　某三相异步电动机，定子电压380V，三角形联结。当负载转矩为51.61N·m时，转子转速为740 r/min，效率为80%，功率因数为0.8。求：（1）输出功率；（2）输入功率；（3）定子线电流和相电流。

5.5　某三相异步电动机，$P_N = 30kW$，$n_N = 980r/min$，$K_M = 2.2$，$K_S = 2.0$。求：（1）$U_1 = U_N$ 时的 T_M 和 T_S；（2）$U_1 = 0.8U_N$ 时的 T_M 和 T_S。

5.6　有一台三相异步电动机，磁极数为4，$P_N = 4.5kW$，$U_N = 220/380V$，$\eta_N = 85\%$，$\cos\varphi_N = 0.85$。试求电源电压为380V和220V两种情况下，定子绕组的连接方法和额定电流的大小。

5.7　某三相异步电动机，$P_N = 11kW$，$U_N = 380V$，$n_N = 2900r/min$，$\eta_N = 85.5\%$，$\cos\varphi_N = 0.88$。试问：（1）$T_L = 40N \cdot m$ 时，电动机是否过载？（2）$I_1 = 10A$ 时，电动机是否过载？

5.8　Y160M-2型三相异步电动机，$P_N = 15kW$，$U_N = 380V$，三角形联结，$n_N = 2930r/min$，$\eta_N = 88.2\%$，$\cos\varphi_N = 0.88$。$K_C = 7$，$K_M = 2.2$，$K_S = 2.0$，起动电流不允许超过150A。若 $T_L = 60N \cdot m$，试问能否带此负载：（1）长期运行；（2）短时运行；（3）直接起动。

5.9　已知 Y132S-4 型三相异步电动机的额定技术数据见表 5-7。

表 5-7　习题 5.9 数据

功　　率	转　　速	电　压	效　　率	功率因数	I_S/I_N	T_S/T_N	T_M/T_N
5.5kW	1440r/min	380V	85.5%	0.84	7	2.2	2.2

电源频率为 50Hz。试求额定状态下的转差率 s_N、电流 I_N 和转矩 T_N，以及起动电流 I_S、起动转矩 T_S、最大转矩 T_M。

5.10　某三相异步电动机，$P_N = 30kW$，$U_N = 380V$，三角形联结，$I_N = 63A$，$n_N = 740r/min$，$K_S = 1.8$，$K_C = 6$，$T_L = 0.9T_N$，由 $S_N = 200kV \cdot A$ 的三相变压器供电。电动机起动时，要求从变压器取用的电流不得超过变压器的额定电流。试问：（1）能否直接起动？（2）能否采用星形 – 三角形起动？（3）能否选用 $K_A = 0.8$ 的自耦变压器起动？

5.11　某三相异步电动机，$P_N = 5.5kW$，$U_N = 380V$，三角形联结，$I_N = 11.1A$，$n_N = 2900r/min$，$K_S = 2.0$，$K_C = 7.0$。由于起动频繁，要求起动时电动机的电流不得超过额定电流的 3 倍。若 $T_L = 10N \cdot m$，试问可否：（1）采用直接起动？（2）采用星形 – 三角形起动？（3）选用 $K_A = 0.5$ 的自耦变压器起动？

5.12　有一台三相异步电动机在轻载下运行，已知输入功率 $P_1 = 20kW$，$\cos\varphi = 0.6$，今接入三角形联结的补偿电容（图 5-28），使其功率因数达到 0.8。又已知电源线电压为 380V，频率为 50Hz。试求：（1）补偿电容器的无功功率；（2）每相电容 C。

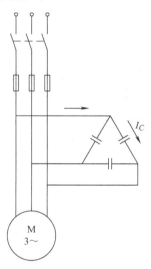

图 5-28　习题 5.12 的图

第 6 章

继电器-接触器控制系统

就现代机床或生产机械而言，它们的运动部件大多是由电动机来带动的。因此，在生产过程中要对电动机进行控制，使生产机械各部件的动作按顺序进行，保证生产过程和加工工艺合乎预定要求。对电动机主要是控制它的起动、停止、正反转、制动及顺序控制。

任何复杂的控制电路都是由一些元器件和单元电路组成的。因此，在本章中先介绍一些常用控制电器和基本控制电路，而后讨论应用实例。

6.1　常用控制电器

6.1.1　组合开关

在机床电气控制电路中，组合开关（又称转换开关）常用来作为电源引入开关，也可以用它来直接起动和停止小容量笼型电动机或使电动机正反转，局部照明电路也常用它来控制。组合开关结构示意图和图形符号如图 6-1 所示。

组合开关的种类很多，常用的有 HZ10 等系列的，它有三对静触片，每个触片的一端固定在绝缘垫板上，另一端伸出盒外，连在接线柱上。三个动触片套在装有手柄的绝缘转动轴上，转动转轴就可以将三个触点（彼此相差一定角度）同时接通或断开。图 6-2 是用组合开关来起动和停止异步电动机的接线图。

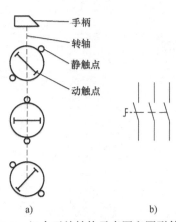

图 6-1　组合开关结构示意图和图形符号

a）示意图　b）图形符号

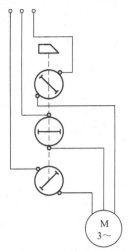

图 6-2　用组合开关起停电动机接线图

组合开关有单极、双极、三极和四极几种，额定持续电流有 10A、25A、60A 和 100A 等多种。

6.1.2　按钮

按钮通常用来接通或断开电流很小的控制电路，从而控制电动机或其他电气设备的运行。

图 6-3 所示的是一种按钮的剖面图和图形符号。将按钮帽按下时，下面一对原来断开的静触点被动触点接通，以接通某一控制电路；而上面一对原来接通的静触点则被断开，以断开另一控制电路。原来就接通的触点称为常闭触点或动断触点；原来就断开的触点称为常开触点或动合触点。

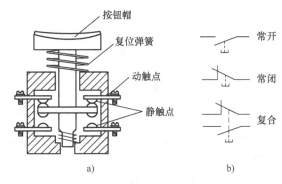

图 6-3　按钮剖面图和图形符号

a）示意图　b）图形符号

6.1.3　交流接触器

交流接触器常用来接通和断开电动机或其他主电路，每个小时可开闭千余次。

交流接触器主要由电磁铁和触点两部分组成。它是利用电磁铁的吸引力而动作的。图 6-4 是交流接触器的外形图和图形符号。图 6-5 是交流接触器的主要结构图。当按钮按下时，吸引线圈通电，吸引"山"字形动铁心（上铁心），而使常开触点闭合。

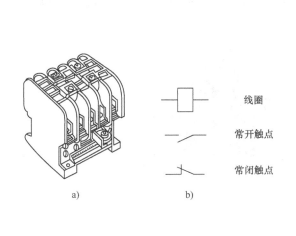

图 6-4　交流接触器外形图和图形符号

a）交流接触器外形图　b）图形符号

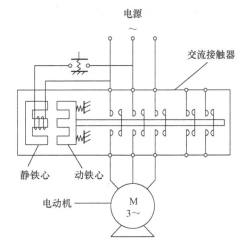

图 6-5　交流接触器示意图

根据用途不同，接触器的触点分主触点和辅助触点两种。辅助触点通过电流较小，常接在电动机的控制电路中；主触点能通过较大电流，接在电动机的主电路中。如 CJ10-20 型交流接触器有三个常开主触点、四个辅助触点（两个常开、两个常闭）。

当主触点断开时，其间产生电弧，会烧坏触点，并使切断时间拉长，因此，必须采取灭弧措施。通常交流接触器的触点都做成桥式，它有两个断点，以降低当触点断开时加在断点上的电压，使电弧容易熄灭；并且相间有绝缘隔板，以免短路。在电流较大的接触器中还专门设有灭弧装置。

为了减小铁损，交流接触器的铁心由硅钢片叠成。为了消除铁心的颤动和噪声，在铁心端面的一部分套有短路环。

在选用接触器时，应注意它的额定电流、线圈电压及触点数量等。CJ10 系列接触器的主触点额定电流有 5A、10A、20A、40A、60A、100A、150A 等数种；线圈额定电压通常是 220V 或 380V，也有 36V 和 127V 的。

6.1.4　中间继电器

中间继电器通常用来传递信号和同时控制多个电路，也可直接用它来控制小容量电动机或其他电气执行元件。中间继电器的结构和交流接触器基本相同，只是电磁系统小些，触点多些。

在选用中间继电器时，主要是考虑电压等级和触点（常开和常闭）数量。

6.1.5　热继电器

热继电器是用来保护电动机使之免受长期过载的危害。

热继电器是利用电流的热效应而动作的，它的原理图和图形符号如图 6-6 所示。热元件是一段电阻不大的电阻丝，接在电动机的主电路中。双金属片是由两种具有不同膨胀系数的金属辗压而成的。图中，下层金属的膨胀系数大，上层的小。当主电路中电流超过容许值而使双金属片受热时，它便向上弯曲，因而脱扣，扣板在弹簧的拉力下将常闭触点断开。常闭触点接在电动机的控制电路中。控制电路断开而使接触器的线圈断电，从而断开电动机的主电路。

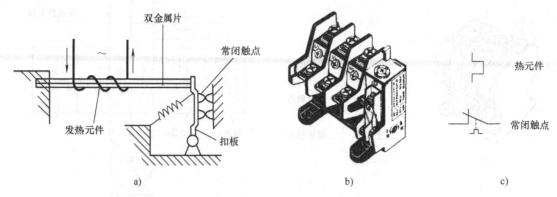

图 6-6　热继电器原理图和图形符号

a) 结构图　b) 外形　c) 图形符号

由于热惯性，热继电器不能作短路保护。因为发生短路事故时，要求电路立即断开，而热继电器是不能立即动作的。但是这个热惯性也是合乎要求的，在电动机起动或短时过载时，热继电器不会动作，这可避免电动机的不必要的停车。

如果要热继电器复位，则按下复位按钮即可。

热继电器的主要技术数据是整定电流。所谓整定电流，就是热元件中通过的电流超过此值的 20% 时，热继电器应当在 20min 内动作。热元件有多种额定整定电流等级，例如 JR15-10 型有 2.4 ~ 11A 五个等级。为了配合不同电流的电动机，热继电器配有 "整定电流调节装置"，调节范围为额定整定电流的 66% ~ 100%。整定电流与电动机的额定电流基本上一致。

6.1.6 熔断器

熔断器是最简便的而且是有效的短路保护电器。熔断器中的熔片或熔丝用电阻率较高的易熔合金制成，例如铅锡合金等；或用截面积甚小的良导体制成，例如铜、银等。其外形图和图形符号如图 6-7 所示。线路在正常工作情况下，熔断器中的熔丝或熔片不应熔断。一旦发生短路或严重过载时，熔断器中的熔丝或熔片应立即熔断。

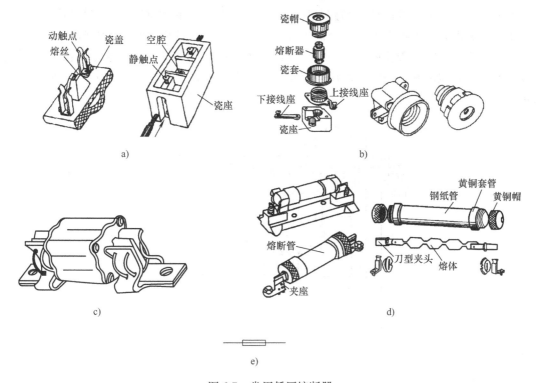

图 6-7 常用低压熔断器

a) RC1A 型插式 b) RL1 型螺旋式 c) RT0 型有填料封闭管式 d) RM10 型无填料封闭管式 e) 图形符号

选择熔丝的方法如下：

（1）电灯支路的熔丝 满足下列关系式，即

$$熔丝额定电流 \geqslant 支路上所有电灯上的电流$$

（2）一台电动机的熔丝 为了防止电动机起动时电流较大而将熔丝烧断，熔丝不能按电动机的额定电流来选择，应按下式计算，即

$$熔丝额定电流 \geqslant \frac{电动机的起动电流}{2.5}$$

如果电动机起动频繁，则为

$$熔丝额定电流 \geqslant \frac{电动机的起动电流}{1.6 \sim 2}$$

（3）几台电动机合用的总熔丝　一般可粗略地按下式计算，即

熔丝额定电流 = $(1.5 \sim 2.5) \times$ 容量最大的电动机的额定电流 + 其余电动机的额定电流之和

6.1.7　断路器

断路器俗称自动开关，是常用的一种低压保护电器，可实现短路、过载和失电压保护。它的结构形式很多，图6-8是一般原理图。主触点通常是由手动操作机构来闭合的。开关的脱扣机构是一套连杆装置。当主触点闭合后就被锁钩锁住。如果电路中发生故障，脱扣机构就在有关脱扣器的作用下将锁钩脱开，于是主触点在释放弹簧的作用下迅速分断。脱扣器有过电流脱扣器和欠电压脱扣器等，它们都是电磁铁。在正常情况下，过电流脱扣器的衔铁是释放着的，一旦发生严重过载或短路故障时，与主电路串联的线圈（图中只画出一相）就将产生较强的电磁吸力把衔铁往下吸而顶开锁钩，使主触点断开。欠电压脱扣器的工作恰恰相反，在电压正常时，吸住衔铁，主触点才得以闭合；一旦电压严重下降或断电时，衔铁就被释放而使主触点断开。当电源电压恢复正常时，必须重新合闸后才能工作，实现了失电压保护。

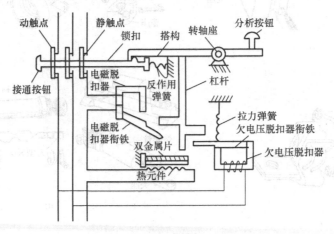

图6-8　万能式断路器工作原理

另有一种断路器还具有双金属片过载脱扣器。

6.2　笼型电动机直接起动的控制电路

图6-9是中、小容量笼型电动机直接起动的控制电路，其中用了组合开关Q、交流接触器KM、按钮SB、热继电器FR及熔断器FU等几种电器。

先将组合开关Q闭合，为电动机起动做好准备。当按下起动按钮SB_2时，交流接触器KM的线圈通电，动铁心被吸合而将三个主触点闭合，电动机M便起动。当松开SB_2时，它在弹簧的作用下恢复到断开位置。但是由于与起动按钮并联的辅助触点和主触点同时闭合，因此接触器线圈的电路仍然接通，而使接触器触点保持在闭合的位置。这个辅助触点称为**自锁触点**。若将停止按钮SB_1按下，则将线圈的电路切断，动铁心和触点恢复到断开的位置。

采用上述控制电路还可实现短路保护、过载保护和零电压保护。起短路保护的是熔断器

FU。一旦发生短路事故，熔丝立即熔断，电动机立即停车。

起过载保护的是热继电器 FR。当过载时，它的热元件发热，将常闭触点断开，使接触器线圈断电，主触点断开，电动机也就停下来。

所谓零电压（或失电压）保护就是当电源暂时断电或电压严重下降时，电动机即自动从电源切除。因为这时接触器的动铁心释放而使主触点断开。当电源电压恢复正常时，如不重按起动按钮，则电动机不能自行起动，因为自锁触点亦已断开。

控制电路的功率很小，因此可以通过小功率的控制电路来控制功率较大的电动机。

在原理图中，同一电器的各部件（譬如接触器的线圈和触点）是分散的。为了识别起见，它们用同一文字符号来表示。

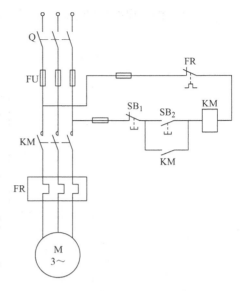

图 6-9 直接起动控制电路

在不同的工作阶段，各个电器的动作不同，触点时闭时开。而在原理图中只能表示出一种情况。因此，规定所有电器的触点均表示在起始情况下的位置，即在没有通电或没有发生机械动作时的位置。对接触器来说，是在动铁心未被吸合时的位置；对按钮来说，是在未按下时的位置等。在起始的情况下，如果触点是断开的，则称为常开触点或动合触点；如果触点是闭合的，则称为常闭触点或动断触点。

如果将图 6-9 中的自锁触点 KM 除去，则可对电动机实现点动控制，就是按下起动按钮 SB_2，电动机就转动，一松手就停止。这在生产上也是常用的，例如在调整时用。

6.3 笼型电动机正反转控制

在生产上往往要求运动部件向正反两个方向运动。例如，机床工作台的前进与后退，主轴的正转与反转，起重机的提升与下降等。为了实现正反转，在学习三相异步电动机的工作原理时已经知道，只要将接到电源的任意两根连线对调一头即可。为此，只要用两个交流接触器就能实现这一要求（图 6-10）。当正转接触器 KM_F 工作时，电动机正转；当反转接触器 KM_R 工作时，由于调换了两根电源线，所以电动机反转。

如果两个接触器同时工作，那么从图 6-10 可以见到，将有两根电源线通过它们的主触点而将电源短路了。所以对正反转控制电路最根本的要求是：必须保证两个接触器不能同时工作。

这种在同一时间里两个接触器只允许一个工作的控制作用称为**互锁或联锁**。下面分析两种有联锁保护的正反转控制电路。

图 6-10a 所示的控制电路中，正转接触器 KM_F 的一个常闭辅助触点串接在反转接触器 KM_R 的线圈电路中，而反转接触器的一个常闭辅助触点串接在正转接触器的线圈电路中。这两个常闭触点称为联锁触点。这样一来，当按下正转起动按钮 SB_F 时，正转接触器线圈通电，主触点 KM_F 闭合，电动机正转。与此同时，互锁触点断开了反转接触器 KM_R 的线圈电

路。因此，即使误按反转起动按钮 SB_R，反转接触器也不能动作。

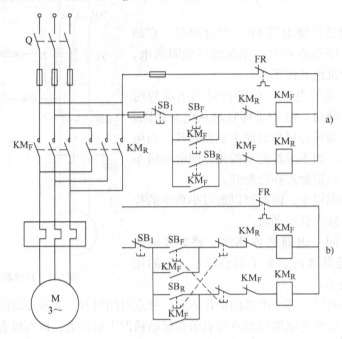

图 6-10　笼型电动机正反转的控制电路

但是这种控制电路有个缺点，就是在正转过程中要求反转，必须先按停止按钮 SB_1，让互锁触点 KM_F 闭合后，才能按反转起动按钮使电动机反转，带来操作上的不方便。为了解决这个问题，在生产上常采用复式按钮和触点联锁的控制电路，如图 6-10b 所示。当电动机正转时，按下反转起动按钮 SB_R，它的常闭触点断开，而使正转接触器的线圈 KM_F 断电，主触点 KM_F 断开。与此同时，串接在反转控制电路中的常闭触点 KM_F 恢复闭合，反转接触器的线圈通电，电动机就反转。同时串接在正转控制电路中的常闭触点 KM_R 断开，起着联锁保护作用。

6.4　行程控制

行程控制，就是当运动部件到达一定行程位置时采用行程开关来进行控制。

行程开关的种类很多，常用的有直动式、滚轮式、微动式等，其工作原理基本相同。图 6-11 是直动式行程开关的结构图，图中有一个常开触点和一个常闭触点，行程开关是由装在运动部件上的挡块来撞动的。

图 6-12 是用行程开关来控制工作台前进与后退的示意图和控制电路。

行程开关 SQ_a 和 SQ_b 分别装在工作台的原位和终点，由装在工作台上的挡块来撞动。工作台由电动机 M 带动。电动机的主电路和图 6-10 中的是一样的，控制电路也只是多了行程开关的三个触点。

工作台在原位时，其上挡块将原位行程开关 SQ_a 压下，将串接在反转控制电路中的常闭触点压开。这时电动机不能反转。按下正转起动按钮 SB_F，电动机正转，带动工作台前进。

当工作台到达终点时（譬如这时机床加工完毕），挡块压下终点行程开关 SQ_b，将串接在正转控制电路中的常闭触点 SQ_b 压开，电动机停止正转。与此同时，将反转控制电路中的常开触点 SQ_b 压合，电动机反转，带动工作台后退。退到原位，挡块压下 SQ_a，将串接在反转控制电路中的常闭触点压开，于是电动机在原位停止。

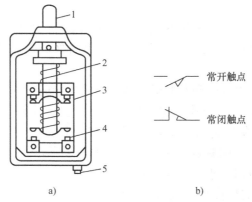

图 6-11　直动式行程开关内部结构图

a）结构图　b）触点符号

1—触杆　2—弹簧　3—常闭触点　4—常开触点　5—接地螺钉

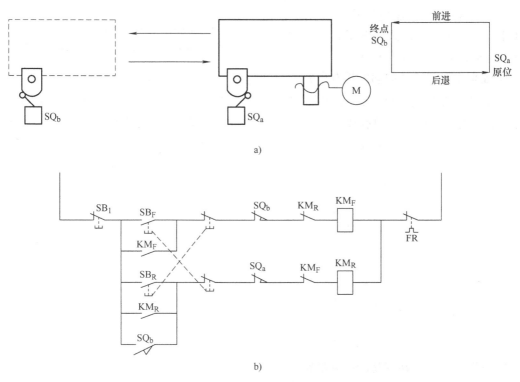

图 6-12　用行程开关来控制工作台前进与后退

a）示意图　b）控制电路

如果工作台在前进中按下反转按钮 SB_R，工作台立即后退，到原位停止。

行程开关除用来控制电动机的正反转外，还可实现终端保护、自动循环、制动和变速等各项要求。

6.5 时间控制

时间控制，就是采用时间继电器进行延时控制。例如电动机的丫-△换接起动，先是丫联结，经过一定时间待转速上升到接近额定值时换成△联结。这就得用时间继电器来控制。

时间继电器可分为通电延时和断电延时两种。通电延时的时间继电器有两副延时触点：一副是延时断开的常闭触点，一副是延时闭合的常开触点。此外，还有两副瞬时动作的触点：一副常开触点和一副常闭触点。断电延时的时间继电器也有两副延时触点：一副是延时闭合的常闭触点；另一副是延时断开的常开触点。此外还有两副瞬时动作的触点：一副常开触点和一副常闭触点。时间继电器的图形符号如图 6-13 所示。

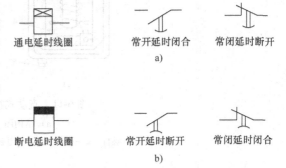

图 6-13 时间继电器图形符号
a) 通电延时继电器 b) 断电延时继电器

在继电-接触器控制电路中，常用的时间继电器有空气式、电动式和电子式等几种。下面举两个时间控制的基本电路。

1. 笼型电动机丫-△起动的控制电路

图 6-14 是笼型电动机丫-△起动的控制电路，其中用了通电延时的时间继电器 KT 的两个触点：延时断开的常闭触点和瞬时闭合的常开触点。KM$_1$、KM$_2$、KM$_3$ 是三个交流接触器。起动时 KM$_3$ 工作，电动机接成星形；运行时 KM$_2$ 工作，电动机接成三角形。线路的动作顺序如下：

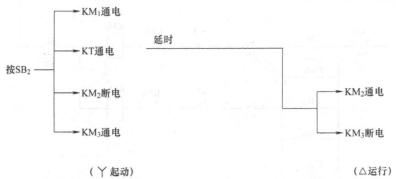

（丫起动） （△运行）

2. 笼型电动机能耗制动的控制电路

这种制动方法是在断开三相电源的同时，接通直流电源，使直流通入定子绕组，产生制动转矩。

图 6-15 是能耗制动的控制电路，其中用了图 6-13 所示的断电延时的时间继电器 KT 的一个延时断开的常开触点。直流电流由接成桥式的整流电源供给。

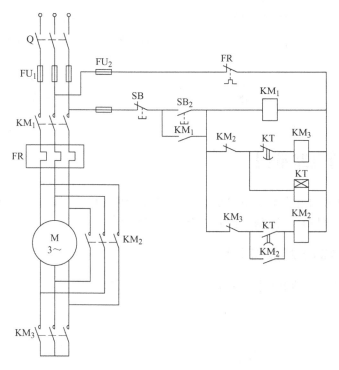

图 6-14　笼型电动机丫-△起动控制电路

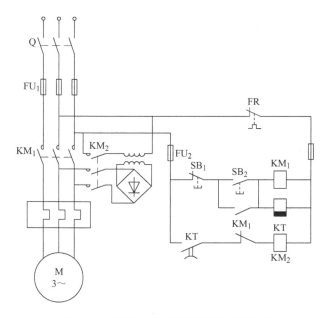

图 6-15　笼型电动机能耗制动的控制电路

在制动时，电路的动作次序如下：

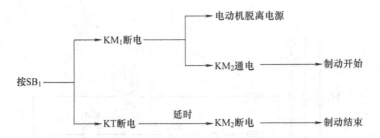

6.6 典型控制电路举例

在上述各节中分别讨论了常用控制电气、控制原则及基本控制电路，现举两个生产机械的具体控制电路，以提高对控制电路的综合分析能力。

6.6.1 加热炉自动上料控制电路

图 6-16 是加热炉自动上料控制电路，其动作次序如下：

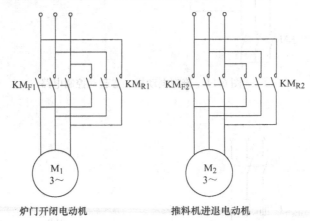

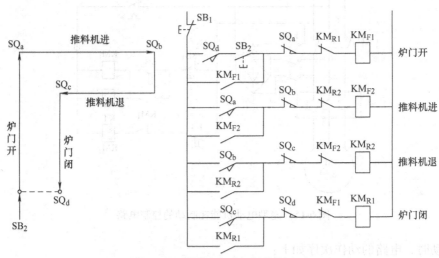

图 6-16 加热炉自动上料控制电路

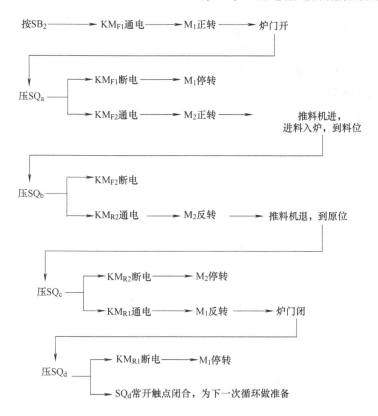

6.6.2　带式运输机顺序控制系统

在建筑工地上，常用带式运输机运送砂料等物品，其工作过程示意图如图 6-17 所示。

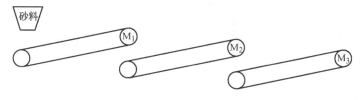

图 6-17　带式运输机工作过程示意图

1. 三台带式运输机联动控制对系统的要求

（1）电动机起动顺序　电动机起动时，顺序为 M_3、M_2、M_1，并要有一定的时间间隔，以免砂料在输送带上堆积，造成后面的输送带重载起动。

（2）电动机停车顺序　电动机的停车顺序为 M_1、M_2、M_3，且也应有一定的时间间隔，以保证停车后输送带上不残存砂料。

（3）电动机过载　无论哪台电动机过载，所有电动机必须按顺序停车，以免造成砂料堆积。

（4）电动机的保护环节　电动机控制系统应有失电压、过载和短路等保护环节。

按控制要求，发出起动指令后，3 号带式运输机立即起动，延时 t_1 后，2 号带式运输机自行起动，再经一时间 t_2 后，1 号带式运输机起动。延时时间利用通电延时时间继电器来完成。

在停车时发出停车指令，1 号带式运输机立即停车，经一定时间间隔，2 号带式运输机自动停车；再经一定时间间隔，3 号带式运输机停车。对 2 号及 3 号带式运输机停车信号的延时输入，也采用通电延时时间继电器来完成。

2. 实际控制系统分析

三台带式运输机联动控制的电路如图 6-18 所示。电路中设置 $FR_1 \sim FR_3$ 的常闭触点，与 KA 线圈串联，用于过载停车保护。与起动按钮 SB_2 并联的 KA 自锁触点兼有失电压保护的作用。为实现过载时按顺序停车的要求，用 KA 的常闭触点控制 KT_3 和 KT_4。

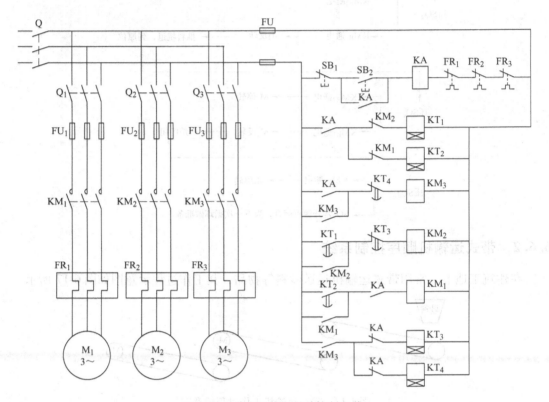

图 6-18　带式运输机联动控制电路

联动控制工作原理分析如下：

（1）起动　合上 Q、$Q_1 \sim Q_3$，按下起动按钮 SB_2，KA 得电吸合并自锁，互锁 KT_3 和 KT_4，而 KT_2、KT_1 和 KM_3 均通电，开始延时，电动机 M_3 起动运行。5s 后，KT_1 的常开延时闭合触点闭合，KM_2 通电，M_2 起动且断开 KT_1 线圈电路。10s 时，KT_2 的常开延时闭合触点闭合，KM_1 通电，M_1 起动且断开 KT_2 线圈电路；KM_1 和 KM_2 均以自锁触点维持吸合。

（2）停车　按下停车按钮 SB_1，KA 失电，其常闭触点复位接通 KT_3、KT_4 线圈电路，开始延时，常开触点复位断开 KM_1 线圈电路，M_1 停车。延时 5s 后，KT_3 常闭延时断开触头动作，切断 KM_2 线圈电路，M_2 停车；延时 10s 时，KT_4 常闭延时断开触点动作，切断 KM_3 线圈电路，M_3 停车，同时，KM_3 常开触点打开，断开 KT_3、KT_4 线圈电路。

习 题

6.1 试画出三相笼型电动机既能连续工作、又能点动工作的继电-接触器控制电路。

6.2 图 6-19 所示的各电路能否控制异步电动机的起、停？为什么？

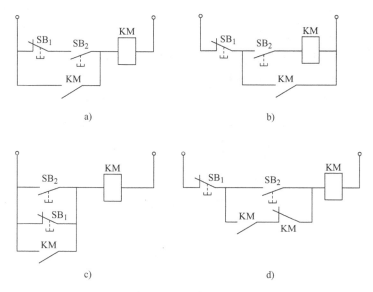

图 6-19 习题 6.2 的图

6.3 某机床主轴由一台笼型电动机带动，润滑油泵由另一台笼型电动机带动。今要求：（1）主轴必须在油泵开动后才能开动；（2）主轴要求能用电器实现正反转，并能单独停车；（3）有短路、零电压及过载保护。试绘出控制电路。

6.4 在图 6-20 中，要求按下起动按钮后顺序完成下列动作：（1）运动部件 A 从 1 到 2；（2）接着 B 从 3 到 4；（3）接着 A 从 2 回到 1；（4）接着 B 从 4 回到 3。试绘出控制电路。

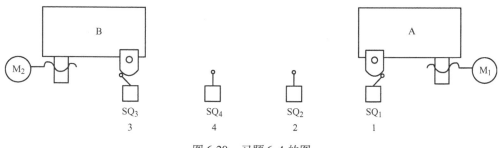

图 6-20 习题 6.4 的图

6.5 图 6-21 是电动葫芦（一种小型起重设备）的控制电路，试分析其工作过程。

6.6 根据下列四个要求，分别绘出控制电路（M_1 和 M_2 都是三相笼型电动机）：（1）电动机 M_1 先起动后，M_2 才能起动；（2）M_1 先起动，经过一定延时后 M_2 能自行起动；（3）M_1 先起动，经过一定延时后 M_2 能自行起动，M_2 起动后，M_1 立即停车；（4）起动时，M_1 起动后 M_2 才能起动；停止时，M_2 停止后 M_1 才能停止。

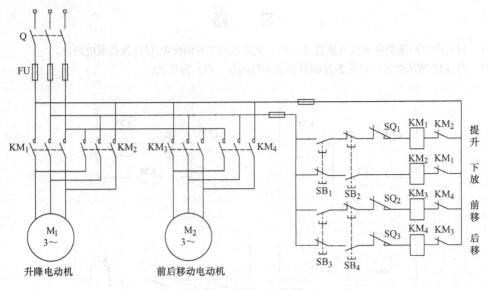

图 6-21 习题 6.5 的图

第7章 可编程序控制器及其应用

继电-接触器控制系统在生产上得到广泛的应用，但由于它的机械触点多、接线复杂、可靠性低、功耗高，并当生产工艺流程改变时须重新设计和改装控制电路，通用性和灵活性也较差，因此日益满足不了现代化生产过程复杂多变的控制要求。可编程序控制器（PLC）是将继电-接触器的优点与计算机技术、自动控制技术和通信技术相结合的一种新型的、实用的自动控制装置，用"软件编程"代替继电器控制的"硬件接线"。它被广泛地应用于工业控制领域，具有可靠性好、稳定性高、实时处理能力强、使用灵活方便、编程容易等特点。

本章以西门子公司的 S7-200 系列小型 PLC 为例，介绍系统的组成、工作原理及编程应用。

7.1 可编程序控制器的基本概念

7.1.1 可编程序控制器的结构

PLC 的种类繁多，功能和指令系统也不尽相同，但其结构和工作方式则大同小异，一般由主机、输入/输出接口、电源、编程器、扩展接口和外部设备接口等几个主要部分构成，如图 7-1 所示。如果把 PLC 看作一个系统，外部的各种开关信号或模拟信号均为输入变量，它们经输入接口寄存到 PLC 内部的数据寄存器中，而后按用户程序要求进行逻辑运算或数据处理，最后以输出变量形式送到输出接口，从而控制输出设备。

1. 主机

主机部分包括中央处理器（CPU）、系统程序存储器和用户程序存储器及数据存储器。CPU 是 PLC 的核心，它主要用来运行用户程序，监控输入/输出接口状态，做出逻辑判断和进行数据处理。即读取输入变量，完成用户指令规定的各种操作，将结果送到输出端，并响应外部设备（如编程器、打印机、条码扫描仪等）的请求以及进行各种内部诊断等。

PLC 的内部存储器有两类：一类是系统程序存储器，主要存放系统管理和监控程序及对用户程序做编译处理的程序，系统程序已由厂家固定，用户不能更改；另一类是用户程序及数据存储器，主要存放用户编制的应用程序及各种暂存数据和中间结果。

CPU226 集成 24 输入/16 输出共 40 个数字量 I/O 点，可连接 7 个扩展模块，最大扩展至 248 路数字量 I/O 点或 35 路模拟量 I/O 点。它包括 13KB 程序和数据存储空间，扫描速度为 $0.37\mu s$/指令，6 个独立的 30kHz 高速计数器，2 路独立的 20kHz 高速脉冲输出，具有 PID 控制器。它有 2 个 RS485 通信/编程口，具有 PPI 通信协议、MPI 通信协议和自由方式通信能力。

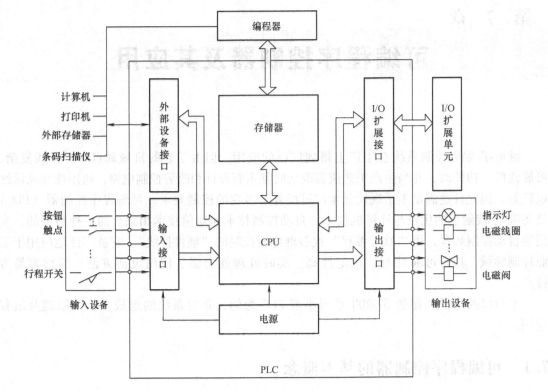

图 7-1　PLC 硬件结构图

2. 输入/输出（I/O）接口

I/O 接口是 PLC 与输入/输出设备连接的部件。输入接口接收输入设备（如按钮、行程开关、各种继电器触点、传感器等）的控制信号。输出接口是将经主机处理过的结果通过输出电路去驱动输出设备（如继电器、接触器、电磁阀、指示灯等）。

（1）输入继电器（I）　输入继电器和 PLC 的输入端子相连，是专设的输入过程映像寄存器，用来接收外部传感器或开关元件发来的信号。输入继电器一般采用八进制编号，一个端子占用一个点。输入继电器不能由程序驱动，其触点不能直接输出带负载。

（2）输出继电器（Q）　输出继电器是 PLC 向外部负载发出控制命令的窗口，是专设的输出过程映像寄存器。输出继电器的外部输出触点接到输出端子上，以控制外部负载。输出继电器的外部输出执行器件有继电器、晶体管和晶闸管三种。当程序驱动输出继电器接通时，它所连接的外部电器被接通，同时输出继电器的常开、常闭触点动作，可在程序中使用。

（3）内部辅助继电器（M）　内部辅助继电器不能直接驱动外部设备，它可由 PLC 中各种继电器的触点驱动，作用与继电器控制中的中间继电器相似，每个内部辅助继电器带有若干个常开和常闭触点，供编程使用。

3. 电源

PLC 的电源是指为 CPU、存储器、I/O 接口等内部电子电路工作所配备的直流开关稳压电源。I/O 接口电路的电源相互独立，以避免或减小电源间的干扰。通常也为输入设备提供直流电源。

4. 编程器

编程器也是 PLC 的一种重要的外部设备，用于手持编程。用户可以用它输入、检查、修改、调试程序或监视 PLC 的工作情况。除手持编程器外，目前使用较多的是利用通信电缆将 PLC 和计算机连接，并利用专用的工具软件进行编程或监控。

5. 输入/输出扩展接口

I/O 扩展接口用于将扩充外部输入/输出端子数的扩展单元与基本单元（即主机）连接在一起。

6. 外部设备接口

此接口可将编程器、计算机、打印机、条码扫描仪等外部设备与主机相连，以完成相应操作。

7.1.2　可编程序控制器的工作原理

PLC 可看作一个执行逻辑功能的工业控制装置。它的等效电路可分为输入部分、内部控制电路、输出部分，如图 7-2 所示。

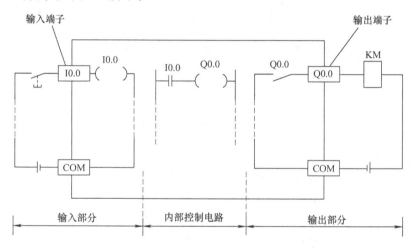

图 7-2　PLC 等效电路

（1）输入部分　输入部分的作用是收集被控设备的信息或操作命令，如图 7-2 中 I0.0 为输入继电器。它们由接到输入端的外部信号驱动，驱动电源可由 PLC 的电源组件提供（如直流 24V），也有的用独立的交流电源（如 220V）供给。等效电路中的一个输入继电器实际上对应于 PLC 输入端的一个输入点及其输入电路。例如，一个 PLC 有 16 点输入，那么它相当于有 16 个微型输入继电器。它在 PLC 内部与输入端子相连，并作为 PLC 编程时的常开与常闭触点。

（2）内部控制电路　这部分控制电路是由用户根据控制要求编制的程序组成的，作用是按用户程序的控制要求对输入信息进行运算处理，判断哪些信号需要输出，并将得到的结果输出给负载。

（3）输出部分　这部分的作用是驱动外部负载。输出端子是 PLC 向外部负载输出信号的端子。如果一个 PLC 的输出点为 12 点，那么它就有 12 个输出继电器（如图 7-2 中 Q0.0）。

7.1.3　可编程序控制器的工作方式

PLC 是采用"顺序扫描、不断循环"的方式进行工作的。即 PLC 运行时，CPU 根据用户按控制要求编制好并存于用户存储器中的程序，按指令步序号（或地址号）做周期性循环扫描。如果无跳转指令，则从第一条指令开始逐条顺序执行用户程序，直到程序结束，然后重新返回第一条指令，开始下一轮新的扫描。在每次扫描过程中，还要完成对输入信号的采样和对输出状态的刷新等工作，周而复始。

PLC 的扫描工作过程大致可分为输入采样、程序执行和输出刷新三个阶段，并进行周期性循环，如图 7-3 所示。

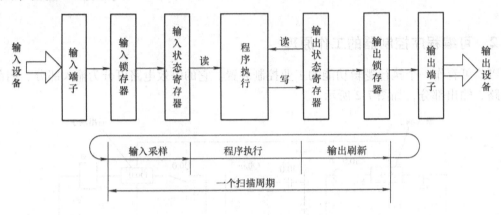

图 7-3　PLC 的扫描工作过程

1. 输入采样阶段

PLC 在输入采样阶段，首先以扫描方式按顺序将所有暂存在输入锁存器中的输入端子的通断状态或输入数据读入，并将其存入（写入）各对应的输入状态寄存器中，即刷新输入。随即关闭输入端口，进入程序执行阶段。在程序执行阶段，即使输入状态有变化，输入状态寄存器的内容也不会改变。变化了的输入信号状态只能在下一个扫描周期的输入采样阶段被读入。

2. 程序执行阶段

PLC 在程序执行阶段，按用户程序指令存放的先后顺序扫描执行每条指令，所需的执行条件可从输入状态寄存器和当前输出状态寄存器中读入，经过相应的运算和处理后，其结果再写入输出状态寄存器中。所以，输出状态寄存器中所有的内容随着程序的执行而改变。

3. 输出刷新阶段

当所有指令执行完毕，输出状态寄存器的通断状态在输出刷新阶段送至输出锁存器中，并通过一定方式（继电器、晶体管或晶闸管）输出，驱动相应输出设备工作。这就是 PLC 的实际输出。

经过这三个阶段，完成一个扫描周期。实际上 PLC 在程序执行后还要进行各种错误检测（自诊断）并与外部设备进行通信，这一过程称为"监视服务"。由于扫描周期为完成一次扫描所需的时间（输入采样、程序执行、监视服务、输出刷新），其长短主要取决于三个因素，即 CPU 执行指令的速度、每条指令占用的时间和执行指令的数量，即用户程序长短，一般不超过 100ms。

7.1.4 可编程序控制器的特点

1）**可靠性高，抗干扰能力强**。可编程序控制器的输入、输出采用光电隔离、滤波等措施，有效地减少了供电电路以及电源之间的干扰。实验证明一般 PLC 的平均无故障工作时间可达几万小时以上。

2）**采用模块化结构，扩展能力强**。PLC 采用模块化结构使系统更灵活，可根据现场需要进行不同功能的组合和扩展，便于维修，实现分散式控制。

3）**编程语言简单易学**。采用面向控制过程的编程语言（梯形图），是一种图形编程语言，简单、直观，与工业现场使用的继电器控制原理图相似，适合现场人员学习。

4）**适用于恶劣的工业环境**。采用封装的方式，适合于各种振动、腐蚀、有毒气体的应用场合。

5）**体积小、重量轻、功耗低**。易于装入机械设备内部，是实现机电一体化的理想控制设备。

7.2 可编程序控制器的基本指令

7.2.1 梯形图的特点

梯形图和语句表是可编程序控制器最基本的编程语言。梯形图直接来源于传统的继电器控制系统，其符号及规则体现了电气技术人员的看图及思维习惯，简洁直观。但它们又有不同之处，并具有以下特点：

1）梯形图按自上而下、从左到右的顺序排列，每个继电器线圈为一个逻辑行，每一逻辑行始于左母线，然后是各种触点，最后止于继电器线圈（有的还加上一条右母线），整个图形呈梯形。

2）梯形图中除有跳转指令和步进指令等程序段外，某个编号的继电器的线圈只能出现一次，而继电器接点则可无限引用，既可是常开触点，又可是常闭触点。

3）梯形图是 PLC 形象化的编程手段，梯形图两端的母线是没有任何电源可接的，梯形图中并没有真实的物理电流流动，而只有"概念"电流。"概念"电流只能从左向右流动，层次改变只能先上后下。

4）输入继电器供 PLC 接收外部输入信号，而不能由内部其他继电器的接点驱动，因此，梯形图中只出现输入继电器的触点，而不出现输入继电器的线圈，输入继电器的触点表示相应的输入信号。

5）输出继电器供 PLC 作输出控制用，它通过开关量输出模块对应的输出开关（晶体管、双向晶闸管或继电器触点）去驱动外部负荷，因此，当梯形图中输出继电器线圈满足接通条件时，就表示在对应的输出点有输出信号。

6）PLC 的内部继电器不能作输出控制用，其触点只能供 PLC 内部使用。

7）当 PLC 处于运行状态时，它就开始按照梯形图符号排列的先后顺序（从上到下、从左到右）逐一处理。也就是说，PLC 对梯形图是按扫描方式顺序执行程序，因此，不存在几条并列支路同时动作的因素。设计梯形图时，这可减少许多有约束关系的联锁电路，从而使电路设计大大简化。

语句表是由若干条语句组成的程序，是用指令助记符号编程的。它也是应用较多的一种编程语言。

7.2.2 基本指令

本章以 S7-200 系列 PLC 的指令为例，说明指令的含义、梯形图的编程方法及对应的语句表形式。

1. 逻辑取和线圈驱动指令 LD（Load）、LDN（Load Not）、=（Out）

LD（Load）：常闭触点逻辑运算开始

LDN（Load Not）：常闭触点逻辑运算开始

=（Out）：线圈驱动

图 7-4 所示为梯形图及语句表表示的指令示例。

指令说明：

1）LD、LDN 指令用于与输入公共线（输入母线）相连的触点，也可以与 OLD、ALD 指令配合使用"与"分支回路的开头。

2）并联的"="指令可连续使用任意次。

3）继电器编号见表 7-1。

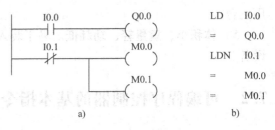

图 7-4 LD、LDN、=指令使用举例
a）梯形图 b）语句表

表 7-1 继电器编号

继电器类型	继电器数量	继电器编号
输入继电器（I）	24	I0.0 ~ I2.7
输出继电器（Q）	16	Q0.0 ~ Q1.7
内部辅助继电器（M）	256	M0.0 ~ M31.7

2. 触点串联指令 A（And）、**AN**（And Not）

A（And）：常开触点串联连接。

AN（And Not）：常闭触点串联连接。

图 7-5 所示为梯形图及语句表表示上述指令的用法。

指令说明：

1）A、AN 是单个触点串联连接指令，可连续使用。

2）若要串联多个触点组合回路，需采用 ALD 指令。

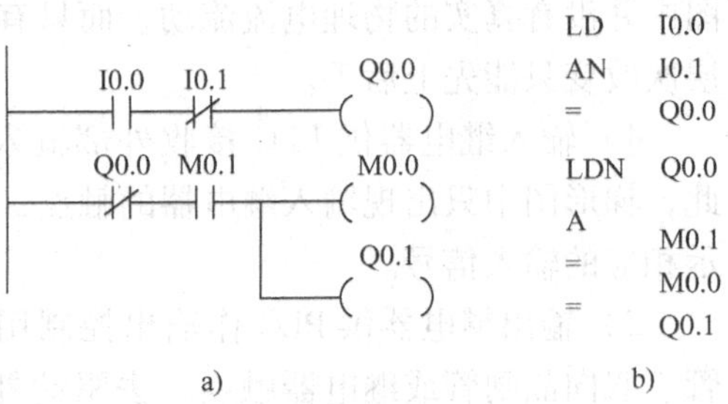

图 7-5 A、AN 指令使用举例
a）梯形图 b）语句表

3. 触点并联指令 O（Or）、ON（Or Not）

O（Or）：常开触点并联连接。

ON（Or Not）：常闭触点并联连接。

图 7-6 所示为梯形图及语句表表示上述指令的用法。

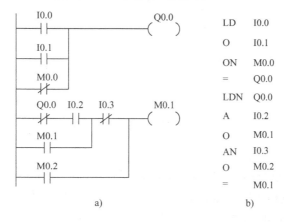

图 7-6 O、ON 指令使用举例

a）梯形图 b）语句表

指令说明：

1）O、ON 指令可作为一个接点的并联连接指令，在 LD、LDN 指令之后用。

2）若将两个以上触点的串联回路和其他回路并联，需用 OLD 指令。

4. 串联电路块的并联指令 OLD

OLD（Or Load）：用于串联电路块的并联连接，如图 7-7 所示。

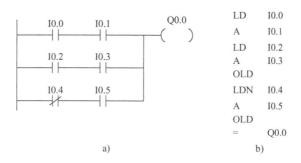

图 7-7 OLD 指令使用举例

a）梯形图 b）语句表

指令说明：

1）几个串联支路并联连接时，其支路的起点以 LD、LDN 开始，支路终点用 OLD 指令。

2）如需将多个支路并联，从第二条支路开始，在每一条支路后面加 OLD 指令。

5. 并联电路块的串联指令 ALD

ALD（And Load）：用于并联电路块的串联连接。

图 7-8 所示为梯形图及语句表表示上述指令的用法。

指令说明：

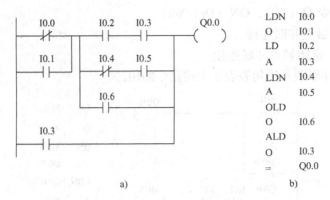

图 7-8　ALD 指令使用举例

a）梯形图　b）语句表

1）分支电路（并联电路块）与前面电路串联连接时，使用 LND 指令。分支的起点用 LD、LDN 指令，并联电路块结束后，使用 ALD 指令与前面电路串联。

2）如果有多个并联电路块串联，顺次以 ALD 指令与前面支路连接，支路数量没有限制。

6. 定时器

S7-200 系列 PLC 按工作方式分有三大类定时器：TON（On Delay Timer）延时接通定时器、TONR（Retentive On Delay Timer）保持延时接通定时器和 TOF（Off Delay Timer）延时断开定时器。

（1）TON（延时接通定时器）　图 7-9 为延时接通定时器指令示例。

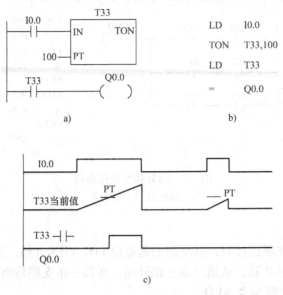

图 7-9　TON 指令使用举例

a）梯形图　b）语句表　c）时序图

在图 7-9 所示例中，当 I0.0 接通时，驱动 T33 开始计时；计时到设定值 PT 时，T33 的状态变为 1（ON），其常开触点闭合，接通驱动 Q0.0 输出，当计时值一直增加时，不影响定时器的状态值。但当 I0.0 断开时，T33 复位，当前状态值为 0。若 I0.0 接通时间未到设定值就断开，T33 状态值仍为 0，Q0.0 没有输出。

（2）TONR（保持延时接通定时器）　图 7-10 为保持延时接通定时器指令示例。

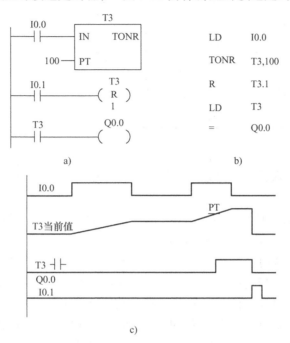

图 7-10　TONR 指令使用举例

a）梯形图　b）语句表　c）时序图

指令说明：

对于保持型延时接通定时器 T3，则当输入 I0.0 接通时，定时器开始计数；当 I0.0 断开时，定时器保持当前值；下次 I0.0 再接通时，T3 当前值开始往上加，将当前值与设定值 PT 做比较，当前值大于设定值时，T3 的状态值为 1（ON），驱动 Q0.0 有输出；此后即使输入 I0.0 再断开也不会使 T3 复位，要使其复位需使用复位指令。

（3）TOF（延时断开定时器）　图 7-11 为延时断开定时器指令示例。

指令说明：

对于延时断开定时器 T33，当输入 I0.0 接通时，定时器不计时，T33 的状态值为 1（ON），驱动 Q0.0 有输出；当 I0.0 断开时，

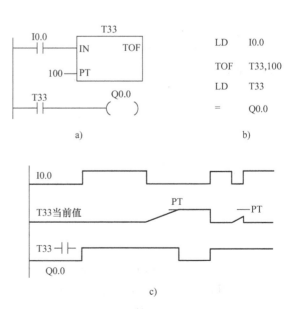

图 7-11　TOF 指令使用举例

a）梯形图　b）语句表　c）时序图

定时器开始计时，当前值等于设定值时，T33 的状态值为 0（OFF），Q0.0 无输出。

定时器的分辨率和编号见表 7-2。

表 7-2 定时器的分辨率和编号

定时器类型	分辨率/ms	最大当前值/s	定时器编号
TONR	1	32.767	T0，T64
	10	327.67	T1 ~ T4，T65 ~ T68
	100	3276.7	T5 ~ T31，T69 ~ T95
TON、TOF	1	32.767	T32，T96
	10	327.67	T33 ~ T36，T97 ~ T100
	100	3276.7	T37 ~ T63，T101 ~ T255

7. 计数器

计数器用来累计输入脉冲的次数，在实际应用中用来对产品进行计数或完成复杂的逻辑控制任务。

S7-200 系列 PLC 有三种计数器：CTU（Cont Up）加计数器、CTD（Cont Down）减计数器和 CTUD（Cont Up/Down）加/减计数器。

（1）CTU 首次扫描时，计数器为 OFF，当前值为零。在计数脉冲输入端 CU 的每个上升沿，计数器计数一次，当前值增加 1 个单位。当前值达到设定值时，计数位为 ON。复位输入端有效时，计数器自动复位。图 7-12 为加计数器指令示例。

（2）CTD 首次扫描时，计数器为 OFF，当前值为 PV。在 CD 输入端的每个上升沿计数器计数一次，当前值减少 1 个单位。当前值减小到零时，计数位为 ON。复位输入端有效时，计数器自动复位。图 7-13 为减计数器指令示例。

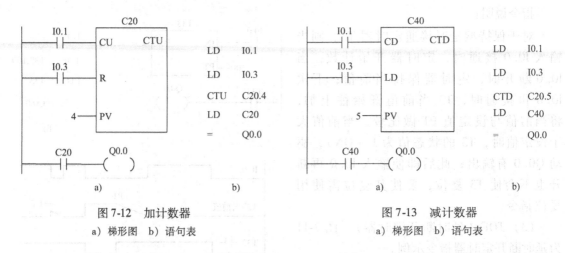

图 7-12 加计数器
a）梯形图 b）语句表

图 7-13 减计数器
a）梯形图 b）语句表

（3）CTUD CU（CD）为加计数脉冲输入端，R 为复位端，PV 为设定值。当 R 端为 0 时，计数脉冲有效；当 CU（CD）端有上升沿输入时，计数器当前值加 1（减 1）。当计数器当前值大于或等于设定值时，其常开触点闭合。R 端为 1 时，计数器当前值清零。图 7-14 为加/减计数器指令示例。

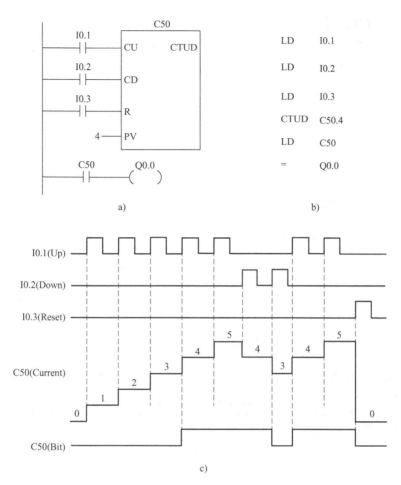

图 7-14　加/减计数器应用示例

a）梯形图　b）语句表　c）时序图

7.3　可编程序控制器应用举例

随着电气控制技术的发展，自动控制电路从过去的硬件电路系统逐渐过渡到现在以 PLC 为核心的软件控制系统。本章以工作台的往复控制和带式运输机顺序控制为例说明 PLC 控制的设计过程。

7.3.1　工作台往复运动

1. 功能说明

控制系统的示意图如图 6-12a 所示。行程开关 SQ_a 和 SQ_b 分别装在工作台的原位和终点，由装在工作台上的挡块来撞动。

具体控制任务为：若先按下正转按钮 SB_F，电动机正转，并实现自动往复控制；若先按下正转按钮 SB_R，电动机反转，并实现自动往复控制；在正、反转途中，若按下停止按钮 SB_1 或电动机过载，则电动机立即停止。

2. 控制系统硬件设计

工作台由电动机 M 带动。电动机的主电路和图 6-12 中的是一样的。图 7-15 是 PLC 外部接线图，对 PLC 的 I/O 进行分配。

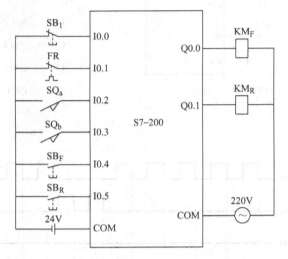

图 7-15   PLC 外部接线图

I/O 点及地址分配见表 7-3。

表 7-3   工作台往复控制系统 I/O 点及地址分配

名　　称	地址编号	说　　明
输入信号		
SB$_1$	I0.0	停止按钮
FR	I0.1	过载保护
SQ$_a$	I0.2	右行程开关
SQ$_b$	I0.3	左行程开关
SB$_F$	I0.4	正转按钮
SB$_R$	I0.5	反转按钮
输出信号		
继电器线圈 KM$_F$	Q0.0	电动机正转
继电器线圈 KM$_R$	Q0.1	电动机反转

3. 控制系统软件设计

控制系统梯形图如图 7-16 所示。

7.3.2   带式运输机顺序控制

1. 功能说明

控制系统的示意图如图 6-17 所示。具体任务为：

发出起动指令后，3 号带式运输机立即起动；延时 5s 后，2 号带式运输机自动起动；再经 5s 后，1 号带式运输机起动。

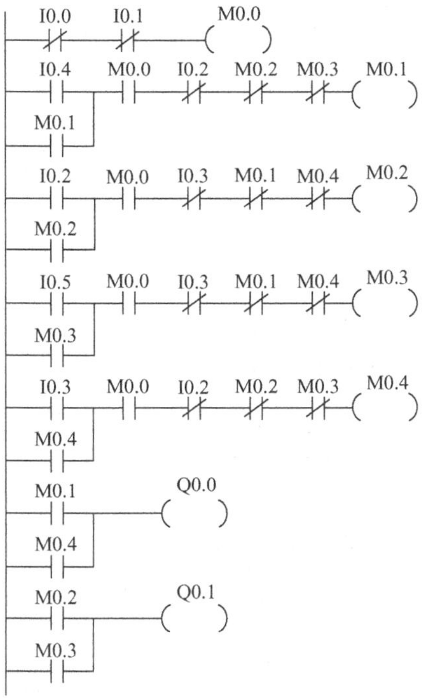

图 7-16 控制系统梯形图

发出停车指令后，1 号带式运输机立即停车；延时 5s 后，2 号带式运输机自动停车；再经 5s 后，3 号带式运输机停车。无论哪台电动机过载，所有电动机必须按顺序停车，以免造成砂料堆积。

2. 控制系统硬件设计

运输机由电动机带动，电动机的主电路和图 6-18 的主电路一样。图 7-17 是 PLC 外部接线图，I/O 点及地址分配见表 7-4，梯形图如图 7-18 所示。

表 7-4 带式运输机顺序控制系统 I/O 点及地址分配

名　称	地址编号	说　明
输入信号		
SB$_1$	I0.0	停止按钮
SB$_2$	I0.1	起动按钮
FR$_1$	I0.2	过载保护
FR$_2$	I0.3	过载保护
FR$_3$	I0.4	过载保护
输出信号		
继电器线圈 KA	Q0.0	系统运行控制
继电器线圈 KM$_1$	Q0.1	电动机 1 运行
继电器线圈 KM$_2$	Q0.2	电动机 2 运行
继电器线圈 KM$_3$	Q0.3	电动机 3 运行

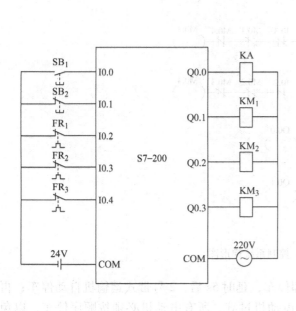

图 7-17　PLC 外部接线图　　　　图 7-18　控制系统梯形图

习　　题

7.1　试编制实现下述控制要求的梯形图。用一个开关 S 控制三个灯 H1、H2、H3 的亮灭：S 闭合一次 H1 点亮；闭合两次 H2 点亮；闭合三次 H3 点亮；再闭合一次三个灯全灭。

7.2　有两台三相笼型电动机 M_1 和 M_2。今要求 M_1 先起动，经过 5s 后 M_2 起动；M_2 起动后 M_1 立即停车。试用 PLC 实现上述要求，画出梯形图，并写出指令语句表。

7.3　有三台笼型电动机 M_1、M_2 和 M_3，按一定顺序起动和运行。（1）M_1 起动 1min 后 M_2 起动；（2）M_2 起动 2min 后 M_3 起动；（3）M_3 起动 3min 后 M_1 停车；（4）M_1 停车 30s 后 M_2、M_3 立即停车；（5）备有起动按钮和总停车按钮。试编制用 PLC 实现上述控制要求的梯形图。

7.4　有 8 个彩灯排成一行，自左至右依次每秒有一个灯点亮（只有一个灯亮），循环三次后，全部灯同时点亮，3s 后全部熄灭。如此不断重复进行，试用 PLC 实现上述控制要求。

第（8）章

建筑配电与用电安全

本章主要介绍建筑供电与安全用电的基本知识，要求熟悉对发电、输电、变电、配电和用电的基本概念。重点介绍变电所的主接线、主要电器设备、低压配电系统的接地及建筑防雷等内容。

8.1 电力系统概述

电力系统是由发电、变电、输电、配电和用电等环节组成的电能生产与消费系统。它的功能是将自然界的一次能源通过发电动力装置转化成电能，再经输、变电系统及配电系统将电能供应到各负荷中心，通过各种设备再转换成动力、热、光等不同形式的能量，为地区经济和人民生活服务。电力是现代工业的主要动力，在各行各业中都得到了广泛应用。对于从事建筑工程的技术人员，应该了解电能的产生、输送和分配。

8.1.1 基本概念

1. 电力系统

电力系统是通过各级电压的电力线路将发电厂、变电所和电力用户连接起来的发电、输电、变电、配电和用电的整体。一个完整的电力系统由分布各地的各种类型的发电厂、升压和降压变电所、输电线路及电力用户组成，它们分别完成电能的生产、电压变换、电能的输配及使用。电力系统示意图如图 8-1 所示。

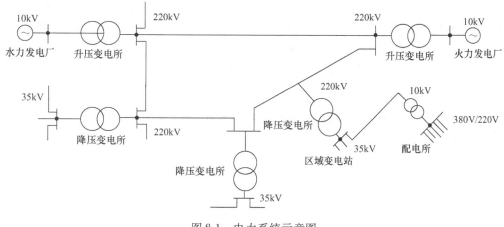

图 8-1　电力系统示意图

2. 电网（电力网）

电网是由输电设备、变电设备和配电设备组成的网络。它是指电力系统中各级电压的电力线路及其联系的变电所，主要作用是变换电压、传送电能，负责将发电厂生产的电能经过输电线路，送到用户。

3. 电力用户（用电设备）

电力用户是消耗电能的场所，将电能通过用电设备转换为满足用户需求的其他形式的能量。例如，电动机将电能转换为机械能、电热设备将电能转换为热能、照明设备将电能转换为光能等。

电力用户根据供电电压分为高压用户（1kV 及以上）和低压用户（380V/220V）。

8.1.2 电力系统的组成

电力系统是由发电、输电、配电系统和用户组成的。

1. 发电系统

电能多是由发电厂提供的，发电厂是将自然界蕴藏的多种一次能源转换为电能（二次能源）的工厂。根据所利用的一次能源不同，发电厂可分为火力发电厂、水力发电厂、核能发电厂、风力发电厂、地热发电厂、太阳能发电厂等类型。目前在我国接入电力系统的发电厂主要是火力发电厂和水力发电厂，近几年也在发展核能发电、风能发电和太阳能发电。

水力发电厂是利用水流的能量，火力发电厂是利用煤炭或油燃烧的热能量，核能发电厂是利用核裂变产生的能量来进行发电。大型发电厂一般都建于能源的蕴藏地，距离用电户几十至几百千米，甚至几千千米以上。

2. 输电系统

输电系统是将发电厂发出的电能经铁塔上的高压线输送到各个地方或直接输送到大型用电户。其输送的电功率为

$$P = \sqrt{3}UI\cos\varphi \tag{8-1}$$

由式（8-1）可知，当输送的电功率 P 和功率因数 $\cos\varphi$ 一定时，电网电压 U 越高，则输送的电流 I 越小，使输电线路的能量损耗下降，而且可以减少输电线的截面积，节省造价。这就需要将发电机组发出的电压经升压变压器变为 35 ~ 750kV 甚至更高的高压。所以，输电网由 35kV 及以上的输电线路与其相连接的变电所组成，它是电力系统的主要网络。但是，电压越高线路的绝缘要求越高，变压器和开关设备的价格越高，选择电压等级要权衡经济效益。当然一般情况下，输电线路的电压越高，可输送的容量越大，输送的距离也越远。同时，输送容量和距离还要取决于其他技术条件以及是否采取了补偿措施等。各级电压与输电线路的输送容量和距离间的关系见表 8-1。

表 8-1　各级电压与输电线路的输送容量和距离间的关系

额定输电电压/kV	输电容量/MW	输电距离/km
0.38	小于 0.25	0.5 以下（原则上控制在 0.2 以内）
10	0.25 ~ 25	0.5 ~ 25
35	2.0 ~ 15	20 ~ 50
60	3.5 ~ 30	30 ~ 100

（续）

额定输电电压/kV	输电容量/MW	输电距离/km
110	10 ~ 50	50 ~ 150
220	100 ~ 500	100 ~ 300
330	200 ~ 800	200 ~ 600
500	1000 ~ 1500	150 ~ 850
750	2000 ~ 2500	500 以上

输电系统是联系发电厂与用户的中间环节，可通过高压输电线远距离地将电能输送到各个地方。在进入市区或大型用电户之前，再利用降压变压器将 35 ~ 500kV 高压变为 3kV、6kV、10kV 高压。

3. 配电系统和用户

配电系统是由 10kV 及以下的配电线路和配电（降压）变压器所组成的。它的作用是将 3 ~ 10kV 高压降为 380V/220V 低压，再通过低压输电线分配到各个用户的用电设备。

8.1.3　三相交流电网和电力设备的额定电压

1. 电网（线路）的额定电压

电网的额定电压 U_N：线路首末两端电压的平均值应等于电网额定电压。此电压作为确定其他电力设备额定电压的依据。

电网的额定电压等级是国家根据国民经济发展的需要和电力工业的水平，经全面的技术经济分析后确定的。它是确定各类电力设备额定电压的基本依据。我国电力系统的电压等级有 220V/380V、3kV、6kV、10kV、20kV、35kV、66kV、110kV、220kV、330kV、500kV、750 kV 等。供电系统以 10kV、35kV 为主。随着我国经济的快速发展，10kV 配电网逐渐出现了容量小、布点密、损耗大、占用大量通道资源等问题，20kV 配电网络将被逐渐推广。输配电系统以 110 kV 以上为主。低压用户均是 220V/380V。1kV 以下的电压称为低压，主要有 220V、380V 和特低电压（ELV）。特低电压其额定电压不应超过交流 50V，常用为 12V、24V、36V。

2. 用电设备的额定电压

由于线路运行时（有电流通过时）要产生电压降，所以线路上各点的电压都略有不同。但是成批生产的用电设备，其额定电压不可能按使用处线路的实际电压来制造，而只能按电网的额定电压 U_N 来制造。因此用电设备的额定电压规定与同级电网的额定电压相同。

3. 发电机的额定电压

发电机的额定电压规定比同级电网电压高 5%，以补偿电压损失。整个线路允许有 10% 的电压损耗值，即为了维持线路的平均电压在额定值，线路首端（电源端）的电压可较线路额定电压高 5%，而线路末端则可较线路额定电压低 5%，如图 8-2 所示。

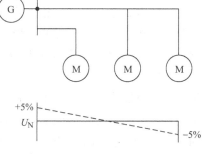

图 8-2　用电设备和发电机的额定电压说明

4. 电力变压器的额定电压

（1）电力变压器一次绕组的额定电压　分两种情况：

① 当变压器直接与发电机相连时，如图 8-3 中的变压器 T_1，其一次绕组额定电压应与发电机额定电压相同，即高于同级电网额定电压 5%。

② 当变压器不与发电机相连而是连接在线路上时，如图 8-3 中的变压器 T_2，则可看作是线路的用电设备，因此其一次绕组额定电压应与电网额定电压相同。

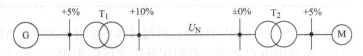

图 8-3　电力变压器的额定电压说明

（2）电力变压器二次绕组的额定电压　亦分两种情况：

① 变压器二次侧供电线路较长（如为较大的高压电网）时，如图 8-3 中的变压器 T_1，其二次绕组额定电压应比相连电网额定电压高 10%，其中有 5% 是用于补偿变压器满负荷运行时绕组内部约 5% 的电压降，因为变压器二次绕组的额定电压是指变压器一次绕组加上额定电压时二次绕组开路的电压；此外变压器满负荷时输出的二次电压还要高于所连电网额定电压 5%，以补偿线路上的电压降。

② 变压器二次侧供电线路不长（如为低压电网，或直接供电给高低压用电设备）时，如图 8-3 中的变压器 T_2，其二次绕组额定电压只需高于所连电网额定电压 5%，仅考虑补偿变压器满负荷运行时绕组内部 5% 的电压降。

8.1.4　供电质量要求

供电质量对工业和公用事业用户的安全生产、经济效益和人民生活有着很大的影响。供电质量恶化会引起用电设备的效率和功率因数降低，损耗增加，寿命缩短，产品品质下降，电子和自动化设备失灵等。

供电质量包括电能质量和供电可靠性两方面。电能质量是指电压、频率和波形的质量。电能质量的主要指标有频率偏差、电压偏差、电压波动和闪变、谐波（电压波形畸变）及三相电压不平衡度等。理想情况下，电力系统应以恒定的工业频率的正弦波形，按规定的电压水平向用户供电。三相电路中各相电压和电流应该是幅值和相位差都相等的对称状态。工程上要使电力系统保持三相平衡的、稳定的正弦波形的供电压，则要求用户的负荷具有正弦电流和三相平衡分配，并能以恒功率供电，但实际上这些都难以保证。一般交流电力设备的额定频率为 50Hz，此频率通称为"工频"。工频的频率偏差一般不得超过 ±0.5Hz，如果电力系统容量达 3000MW 或以上，频率偏差不得超过 ±0.2Hz。供电的可靠性是衡量供配电质量的一个重要指标，有的把它列在质量指标的首位。衡量供配电可靠性的指标，一般以全年平均供电时间占全年时间的百分数来表示，例如，全年时间为 8760h，用户全年平均停电时间 87.6h，即停电时间占全年的 1%，则供电可靠性为 99%。供电设备计划检修时，对 35kV 及以上电压供电的用户的停电次数，每年不应该超过 1 次；对 10kV 供电的用户，每年不应该超过 3 次。

8.1.5　电力负荷的分级

电力负荷根据对供电可靠性的要求及中断供电对人身安全、经济损失上所造成的影响程度分为三级，并以此采取相应的供电措施来满足对供电可靠性的要求。

1. 符合下列情况之一时，视为一级负荷

1）中断供电将造成人身伤害。

2）中断供电将在经济上造成重大损失。

3）中断供电将影响重要用电单位的正常工作。

在一级负荷中，当中断供电将造成人员伤亡或重大设备损坏或发生中毒、爆炸和火灾等情况的负荷，以及特别重要场所的不允许中断供电的负荷，视为一级负荷中特别重要的负荷。

一级负荷应由双重电源供电，当一电源发生故障时，另一电源不应同时受到损坏。一级负荷中特别重要的负荷供电，除应由双重电源供电外，尚应增设应急电源，并严禁将其他负荷接入应急供电系统，并应保证设备供电电源的切换时间和设备允许供电的要求。

2. 符合下列情况之一时，视为二级负荷

1）中断供电将在经济上造成较大损失。

2）中断供电将影响较重要用电单位的正常工作。

二级负荷的供电系统，宜由两回线路供电。在负荷较小或地区供电条件困难时，二级负荷可由一回路 6kV 及以上专用的架空线路或电缆供电。当采用架空线时，可为一回路架空线供电；当采用电缆线路时，应采用两回路电缆组成的线路供电，其每回路电缆应能承受100% 的二级负荷。

3. 三级负荷

不属于一级、二级负荷者视为三级负荷。

三级负荷对供电无要求，可按约定供电。

8.2　高、低压配电系统

8.2.1　变电所系统常用电气设备

变电所主要担负着变换电压等级、汇集电流、分配电能、控制电能流向、调整电压的作用。它担负着先从电网受电，再经过变压，然后分配电能的任务。变电所是供电系统的枢纽，占有特殊重要的地位。工业与民用建筑的变电所大都采用 10kV 进线，将 10kV 高压降为 400V/230V 的低压。

变配电所承担传输和分配电能到各用电场所的配电线路称为一次电路（主接线），一次电路中所有电气设备称为一次设备。用来测量、控制、信号显示和保护一次电路及其中设备运行的电路，称为二次电路（二次回路），二次电路中的所有电气设备称为二次设备（辅助设备）。其主要电气设备除变压器外还有以下电气设备：

1. 高压电气设备

常用的高压一次设备有高压断路器、高压隔离开关、高压负荷开关、高压熔断器和高压开关柜等。

（1）高压断路器　高压断路器俗称高压开关，它具有相当完善的灭弧结构和足够的断流能力。它的作用包括：

① 控制作用。根据电力系统运行的需要，将部分或全部电气设备，以及部分或全部线路投入或退出运行。

② 保护作用。当电力系统某一部分发生故障时，它和保护装置、自动装置相配合，将该故障部分从系统中迅速切除，减少停电范围，防止事故扩大，保护系统中各类电气设备不受损坏，保证系统无故障部分安全运行。即接通和切断高压负荷电流，并在严重过载和短路时自动跳闸，切断过载电流和短路电流。

高压断路器的主要结构大体分为导流部分、灭弧部分、绝缘部分和操动机构部分。高压断路器按操作性质可分为电动机构、气动机构、液压机构、弹簧储能机构和手动机构；按灭弧介质分为真空断路器（ZN）（图8-4）、少油断路器（SN）（图8-5）、SF$_6$断路器等。

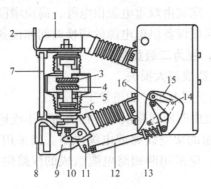

图 8-4　真空断路器

1—上支架　2—上接线端子　3—静触头　4—动触头　5—外壳　6—冷媒软管　7—绝缘杆　8—下接线端子　9—下支架
10—导向杆　11—角杆　12—绝缘耦合器　13—触头弹力压簧　14—闭合位置　15—释放棘爪　16—断路位置

（2）高压隔离开关　高压隔离开关保证了高压电器及装置在检修工作时的安全，起隔离电压的作用，不能用于切断、投入负荷电流和开断短路电流，仅可用于不产生强大电弧的某些切换操作，即它不具有灭弧功能。高压隔离开关按安装地点不同分为屋内式和屋外式；按绝缘支柱数目分为单柱式、双柱式和三柱式。各电压等级都有可选设备。还可将高压配电装置中需要停电的部分与带电部分可靠地隔离，以保证检修工作的安全。高压隔离开关的触头全部敞露在空气中，具有明显的断开点。隔离开关没有灭弧装置，因此不能用来切断负荷电流或短路电流，否则在高压作用下，断开点将产生强烈电弧，并很难自行熄灭，甚至可能造成飞弧（相对地或相间短路），烧损设备，危及人身安全。这就是所谓"带负荷拉隔离开关"的严重事故。

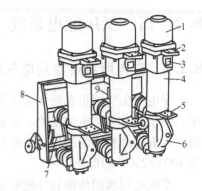

图 8-5　少油断路器

1—上帽　2—上出线座　3—油标
4—绝缘筒　5—下出线座　6—基座
7—主轴　8—框架　9—断路弹簧

断路器一般与隔离开关配合使用，操作原则是：断开电路时，先断断路器，后拉隔离开关；接通电路时，先合隔离开关，后合断路器。图 8-6 所示是 GN8-10/600 型高压隔离开关。

（3）高压负荷开关 高压负荷开关是一种功能介于高压断路器和高压隔离开关之间的电器。高压负荷开关常与高压熔断器串联配合使用，用于控制电力变压器。高压负荷开关具有简单的灭弧装置，能通断一定的负荷电流和过负荷电流。但是它不能断开短路电流，所以它一般与高压熔断器串联使用，借助熔断器来进行短路保护。高压负荷开关（图 8-7）具有专门的灭弧装置，用于在高压装置中通断负荷电流。高压负荷开关分户内式和户外式两大类。

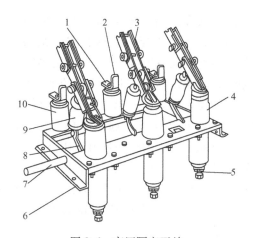

图 8-6 高压隔离开关
1—上接线端子 2—静触头 3—闸刀 4—套管绝缘子
5—下接线端子 6—框架 7—转轴 8—拐臂
9—升降绝缘子 10—支柱绝缘子

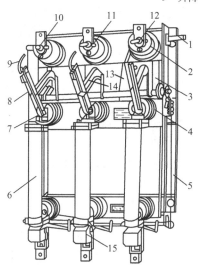

图 8-7 高压负荷开关
1—主轴 2—上绝缘子兼气缸 3—连杆 4—下绝缘子 5—框架 6—高压熔断器 7—下触座 8—闸刀
9—动弧触头 10—绝缘喷嘴 11—主静触头 12—上触头 13—断路弹簧 14—绝缘拉杆 15—热脱扣器

（4）高压熔断器 熔断器是最简单的保护电器，它用来保护电气设备免受过载和短路电流的损害。按安装条件及用途选择不同类型高压熔断器，如户外跌落式、户内式，对于一些专用设备的高压熔断器应选专用系列。熔断器主要用于高压输电线路、电力变压器、电压互感器等电器设备的过载和短路保护。其结构一般包括熔丝管、接触导电部分、支持绝缘子和底座等部分，熔丝管中填充用于灭弧的石英砂细粒。熔件是利用熔点较低的金属材料制成的金属丝或金属片，串联在被保护电路中，当电路或电路中的设备过载或发生故障时，熔件发热而熔化，从而切断电路，达到保护电路或设备的目的。

在 6~10kV 系统中，户内广泛采用 RN1、RN2 型高压管式熔断器，如图 8-8 所示。

一般用到的户外式高压熔断器主要是指跌落式高压熔断器，保护输电线路和配电变压器。跌落式高压熔断器由固定的支架和活动的熔断管组成，熔断管（熔体管）由树脂层卷纸板制成，中间衬以石棉。熔丝两端各压接一段连接用的编织铜绞线，它穿过熔断管，用螺钉固定于上下两端的动触头上，可动的上触头被熔丝拉紧固定，并被上静触头上的"鸭嘴"中的凸撑卡住，熔断器处于"通路"位置。熔丝熔断时，熔管内产生电弧，熔管内壁在电弧作用下产生大量气体，气体高速向外喷出，产生强烈的去游离作用，在电流过零时将电弧熄灭。同时，熔丝熔断以后，熔断管上的上触头松脱，由于熔管的自重而从上静触头的"鸭嘴"中滑脱，迅速跌落。

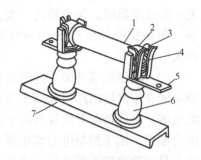

图 8-8　高压管式熔断器

1—瓷熔管　2—金属管帽
3—弹性触座　4—熔断指示器
5—接线端子　6—瓷绝缘子　7—底座

户外通常采用 RW4-10（G）型跌落式熔断器，如图 8-9 所示。

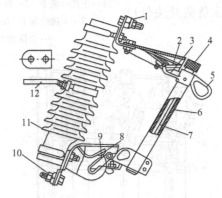

图 8-9　跌落式熔断器

1—上接线端子　2—上静触头　3—上动触头　4—管帽（带薄膜）　5—操作环　6—熔管　7—铜熔丝
8—下动触头　9—下静触头　10—下接线端子　11—绝缘瓷绝缘子　12—固定安装板

（5）高压开关柜　高压开关柜是一种柜式的成套配电设备。它按一定的接线方式将所需的一、二次设备，如开关设备、监测仪表、保护电器及一些操作辅助设备组装成一个总体，在变配电所中用于控制电力变压器和电力线路。

高压开关柜及间隔式的配电装置（间隔）有网门时，应满足"五防"功能的要求。

① 防止误分、合断路器，即只有操作指令与操作设备对应才能对被操作设备操作。

② 防止带负荷分、合隔离开关，即断路器、负荷开关、接触器合闸状态不能操作隔离开关。

③ 防止带电挂（合）接地线（接地开关），即只有在断路器分闸状态，才能挂接地线或合上接地开关。

④ 防止带地线送电，即防止带接地线（接地开关）合断路器（隔离开关）。

⑤ 防止误入带电间隔，即只有隔室不带电时，才能开门进入隔室。

2. 低压电气设备

低压电气设备是指 380V 及以下电压等级中使用的电器设备。低压电器是一种能根据外界的信号和要求，手动或自动地接通、断开电路，以实现对电路或非电对象的切换、控制、保护、检测、变换和调节的元件或设备。总的来说，低压电器可以分为配电电器和控制电器两大类，低压电气设备是做好的配电成品，如控制柜、补偿柜、进线柜、出线柜、变频控制柜、软起动柜等，是成套电气设备的基本组成元件。

常用的低压一次电气设备包括低压刀开关、低压负荷开关、低压断路器和低压熔断器等，通常组成低压配电盘，用于变压器低压侧的首级配电系统，作为动力、照明配电之用。主要一次电气设备图形符号见表 8-2。

表 8-2 主要一次电气设备图形符号

名　称	图形符号	名　称	图形符号
变压器		母线及母线引出线	
断路器		电流互感器（单次级）	
负荷开关		电流互感器（双次级）	
隔离开关		电压互感器（单相式）	
刀开关		电压互感器（三相式）	
熔断器		避雷器	
刀熔开关		电缆及其终端头	
跌落式熔断器		电容器	
自动空气断路器（低压空气开关）		双电源自动转换开关	

8.2.2 变配电所的主电路（主接线）图举例

变配电所的电气主接线直接影响变配电所的技术经济性能和运行质量。民用建筑设施的变配电所的主接线应满足下列基本要求：

1）可靠性：电气接线必须保证用户供电可靠性，应分别按各类负荷的重要性程度安排相应可靠程度的接线方式。

2）灵活性：电气系统接线应能适应各式各样运行方式的要求，并可以保证将符合质量要求的电能送给用户。

3）安全性：电气连接必须保证在任何运行情况下及检修方式下运行人员和设备的安全。

4）方便性：电气连接应具有发展与扩建的方便性，在设计接线时要考虑发展的远景，要求在设备容量、安装空间以及接线形式上，为 5～10 年的最终容量留有余地。

5）经济性：在保证其他特征的情况下达到最少的投资和最低的年运行费用。

供电电路通常采用单线来表示三相系统的一次电路图。

图 8-10 是一台变压器带低压母线的变电所一次电路的三种形式：

图 8-10a：对于变压器容量在 630kV·A 及以下的露天变电所；其电源进线一般经过跌落式熔断器接入变压器。

图 8-10b：对于室内变电所变压器容量在 320kV·A 及以下，且变压器不经常进行投切操作时，高压侧采用隔离开关和户内式的高压熔断器。

图 8-10c：如变压器需经常进行投切操作，或变压器容量在 320kV·A 以上时，高压侧采用负荷开关和户内式高压熔断器。

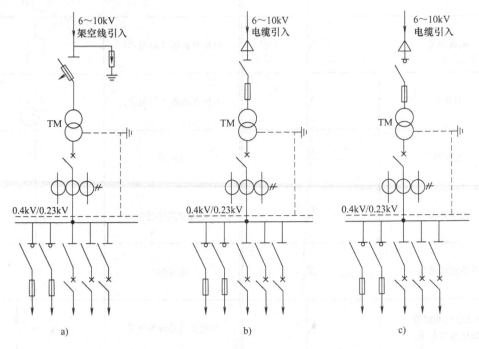

图 8-10　一台变压器带低压母线的变电所一次电路

上述一台变压器的主接线图接线简单、运行便利、投资少，但供电可靠性差。因为所有开关电器都只有一套，当高压侧和变压器低压侧引线上的任何一个一次元件发生故障或电源进线停电时，整个变电所都将停电。所以此种主接线只能用于三级负荷。

对于一、二级负荷，为了提高供电可靠性，可采用双回路和两台变压器的主接线，如图 8-11 所示。这种接线方式，当其中一路电源中断时，可通过低压母线联络开关将断电部分的负荷接到另一路进线上去，保证其中的重要设备继续工作。

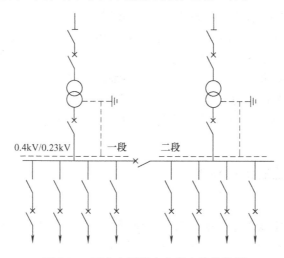

图 8-11　两台变压器变电所主接线举例

8.2.3　低压配电方式

低压配电系统由配电变电所（通常是将电网的输电电压降为配电电压）、高压配电线路、配电变压器、低压配电线路以及相应的控制保护设备组成。

低压配电接线方式有放射式、树干式和混合式等基本形式。低压配电接线方式如图 8-12 所示。

1. 放射式

由配电装置直接供给分配电盘或负载，如图 8-12a 所示。

优点是各个负荷独立受电，配电线路相互独立，因而具有较高的可靠性，故障范围一般仅限于本回路，线路发生故障需要检修时也只切断本回路而不影响其他回路，同时回路中电动机的起动引起的电压波动对其他回路的影响也较小。

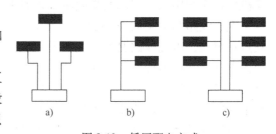

图 8-12　低压配电方式

a）放射式供电　b）树干式供电　c）混合式供电

缺点是所需开关和线路较多，因而建设费用较高，同时放射式配电方式不适合小功率负荷配电。

放射式配电多用于供电可靠性高的场所或容量较大的用电设备，如消防水泵、空调机组、大型动力设备等。

2. 树干式

树干式配电是由配电装置引出一条线路同时向若干用电设备配电，如图 8-12b 所示。

优点是系统有一定的灵活性，有色金属耗量少。

缺点是干线故障时影响范围大，维修干线停电范围较大。一般用于用电设备的布置比较均匀、容量不大、无特殊要求的场合，如用于一般照明的楼层分配电箱、多层住宅用电等。

3. 混合式

混合式配电方式兼顾了放射式和树干式两种配电方式的特点，是将两者进行组合的配电方式，即从低压电源引入的总配电装置（第一级配电点）开始，至末端支路配电箱为止。配电级数不宜超过三级，总配电线路长度一般不超过 200m，干线负荷计算电流不宜过大，如图 8-12c 所示。如高层建筑中，当每层照明负荷都较小时，可以从低压配电盘放射式引出多条干线，将楼层照明配电箱分组接入干线，局部为树干式。

环形接线也是一种低压配电方式，供电可靠性较高，但这种方式保护装置配合相当复杂，这里不再详述。

8.2.4 低压配电系统的结构和敷设

1. 室外配电线路

（1）架空线路 架空线路由导线、电杆、横担、绝缘子和线路金具等主要元件组成。为了加强电杆的稳定性，有的电杆还需安装拉线。架空线路是将带绝缘护套的导线架设在电杆的绝缘子上的线路，相对电缆线路而言，成本低，投资少，安装方便，易于发现和排除故障等，所以架空线路在过去应用相当广泛。但与电缆线相比，其缺点是受外界自然因素（风、雷、雨、雪）影响较大，故安全性、可靠性较差，并且不美观，有碍市容，所以其使用范围受到一定限制。

（2）电缆 电缆是一种特殊的导线，在它几根（或单根）绞绕的绝缘导电芯线外面，包有绝缘层和保护层。保护层又分内护层和外护层。内护层用以直接保护绝缘层，而外护层用以防止内护层免受机械损伤和腐蚀。三芯电缆截面图如图 8-13 所示。

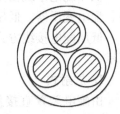

图 8-13 三芯电缆截面图

电缆线路与架空线路相比，具有成本高、投资大、维修费高等缺点；但是，电缆线路具有本身运行可靠、不易受外界影响、不需架设电杆、不占地面、不碍观瞻等优点，特别是在有腐蚀性气体和易燃、易爆场所，不宜架设架空线路时，敷设电缆线路最为适宜。在现代化城市、工厂的供配电网络系统中，电缆线路得到了越来越广泛的应用。

电缆的结构包括导电芯、绝缘层和保护层等几个部分。电缆的种类有很多，从导电芯来分，有铜芯电缆和铝芯电缆；按芯数分，有单芯、双芯、3 芯、4 芯等；按电压等级分，有 0.5kV、1 kV、6kV、10 kV、35 kV 等；由电缆的绝缘层和保护层的不同，又可分为油浸纸绝缘铅包（铝包）电力电缆、聚氯乙烯阻燃绝缘聚氯乙烯护套电力电缆（全塑电缆）、橡皮绝缘聚氯乙烯护套电力电缆、通用橡套软电缆等。

2. 室内线路

室内线路敷设方式可分为明敷和暗敷两种方式。

明敷：导线直接或者在管子、线槽等保护体内，敷设于墙壁、顶棚的表面及桥架、支架等处。

暗敷：导线在管子、线槽等保护体内，敷设于墙壁、顶棚、地坪及楼板等内部。

8.3 安全用电

电能对社会生产和物质文化生活起着非常重要的作用，但使用不当，就会造成用电设备的损坏，甚至会发生触电，造成人身伤亡事故。因此，在建筑设计和施工中，必须通过各种防护措施，提高用电的安全性，这就是掌握安全用电基本知识的必要性。

8.3.1　电流对人体的伤害

当人体接触到输电线或电气设备的带电部分时，电流就会流过人体，造成触电现象。触电对人的伤害分为电击和电伤。电击为内伤，电流通过人体主要是损伤心脏、呼吸器官和神经系统，严重时将使心脏停止跳动，导致死亡。电伤为外伤，电流通过人体外部发生的烧伤，危及生命的可能性较小。高压事故中两种伤害都有，低压事故中以电击所占比例最多。

实验表明，触电的危害性与通过人体的电流大小、频率和电击的时间有关。工频 50Hz 的电流对人体伤害最大，50mA 的工频电流流过人体就会有生命危险，100mA 的工频电流流过人体就可致人死亡。我国规定安全电流为 30mA（50Hz），动作时间不超过 0.4s。

流过人体的电流大小与触电的电压及人体的自身电阻有关。大量的测试数据说明，人体的平均电阻在 1kΩ 以上，在潮湿的环境中，人体的电阻则更低。根据这个平均数据，国际电工委员会规定了长期保持接触的电压最大值，在正常环境下，该电压为 50V。根据工作场所和环境的不同，我国规定安全电压的标准有 42V、36V、24V、12V 和 6V 等规格。一般用 36V，在潮湿的环境下，选用 24V。在特别危险的环境下，如人浸在水中工作等情况下，应选用更安全的电压，一般为 12V。

8.3.2　触电的形式

1. 单相触电

单相触电是指人体接触一根相线，电流经人体与地面或接地体形成闭合回路造成的触电事故，即由单相 220V 交流电引起的触电。大部分触电事故是单相触电事故。如果人穿着绝缘性能良好的鞋子或站在绝缘良好的地板上，则回路电阻增大，电流减小，危险性也就相应减小。触电情况如图 8-14 所示。

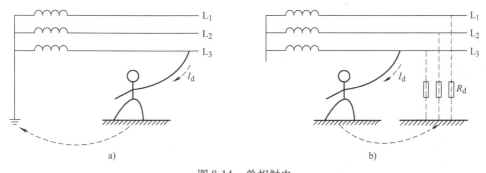

图 8-14　单相触电

a）中性点接地系统　b）中性点不接地系统

电机等电气设备的外壳或电子设备的外壳，在正常情况下是不带电的。但如果电机绕组的绝缘损坏，外壳也会带电。因此当人体触及带电的金属外壳时，相当于单相触电，这是常见的触电事故，所以电气设备的外壳应采用接地等保护措施。

2. 两相触电

虽然人体与地有良好的绝缘，但人体的两处同时触及两相带电体的触电事故，即为两相触电。这时人体承受的是 380V 的线电压，并且电流大部分通过心脏，故其后果十分严重。其危险性一般比单相触电大。人体一旦接触两相带电体时电流比较大，轻微的会引起触电烧伤或导致残疾，严重的可以导致触电死亡事故，而且两相触电使人触电身亡的时间只有 1 ～ 2s。人体的触电方式中，以两相触电最为危险。

这类事故多发生在电气安装及电气维修人员违章操作过程中，如图 8-15 所示。

3. 跨步电压触电

如果人或牲畜站在距离高压电线落地点 8 ～ 10m 以内行走时，由于两腿所在地面的电位不同，就可能发生触电事故，人体两腿之间便承受了电压，该电压称为跨步电压。跨步电压与跨步的大小成正比，跨步越大越危险，同时，越靠近带电体越危险。20m 以外的地方，跨

图 8-15 两相触电

步电压已接近零。跨步电压触电一般发生在高压电线落地时，但对低压电线落地也不可麻痹大意。当一个人发觉跨步电压威胁时，应赶快把双脚并在一起，然后马上用一条腿或两条腿跳离危险区。跨步电压触电如图 8-16 所示。

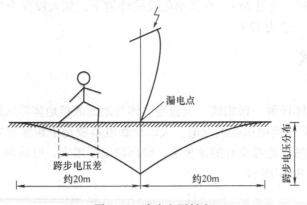

图 8-16 跨步电压触电

8.3.3 漏电保护

所谓漏电，就是线路的某一个地方因某种原因（风吹、雨打、日晒、受潮、碰压、划破、摩擦、腐蚀等）使电线的绝缘下降，导致线与线、线与地有部分电流通过。

漏泄的电流在流入大地途中，若遇电阻较大的部位（如钢筋连接部位），就会产生局部高温，致使附近的可燃物着火，引起火灾。

漏电保护确切说叫剩余电流动作保护，即流进开关的电流通过负载后再流回开关的电流的差，即剩余电流达到了动作值，则发出指令断开开关。

漏电保护器主要是用于保护人身安全或防止用电设备漏电的一种安全保护电器。在漏电保护器的结构中有一个重要的检测器件——零序电流互感器。被检测的线路及设备的电源穿入零序电流互感器。若被检测的线路流经互感器的电流相量和为零，即 $\dot{I}_1 + \dot{I}_2 = 0$，说明没有漏电。一旦被检测的线路或设备有电流泄漏，流经互感器的电流相量和就不为零，这时互

感器的二次绕组就有感应电动势出现。当漏电电流达到漏电动作电流时，二次侧的感应电动势将推动放大环节工作，放大后的信号带动执行机构切断电源，达到保护目的。漏电保护器的工作原理如图 8-17 所示。

漏电保护器一般采用低压干线的总保护和支线末端保护。漏电保护器可与断路器组装在一起，使漏电保护器具有漏电、短路、过载等保护功能。三相不平衡负载应选用 4 极剩余电流断路器，三相平衡负载可选用 3 极剩余电流断路器，单相电源选用 2 极剩余电流断路器。

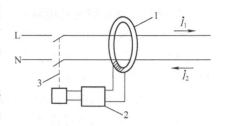

图 8-17　漏电保护器的工作原理
1—检测元件（零序电流互感器）
2—放大环节　3—执行机构

8.3.4　低压配电系统的接地

1. 接地的概念

接地指电力系统和电气装置的中性点、电气设备的外露导电部分和装置外导电部分经由导体与大地相连。

（1）工作接地　为了保证配电系统的正常运行，或为了实现电气装置的固有功能，提高系统工作可靠性而进行的接地，称为工作接地，其主要作用是系统电位的稳定性，即减轻低压系统由于一相接地、高低压短接等原因所产生过电压的危险性，并能防止绝缘击穿。如三相电力变压器的低压侧中性点的接地即属于工作接地。我国规定，低压配电系统的工作接地极接地电阻不大于 4Ω。

（2）保护接地　保护接地是指将电气装置正常情况下不带电的金属部分与接地装置连接起来，以防止在配电系统或用电设备在故障情况下突然带电而造成对人体的伤害。例如，用电设备在正常情况下其金属外壳不带电，由于内部绝缘损坏则可能带电，从而对人身安全构成威胁，因此，需将用电设备的金属外壳进行接地；为防止出现过电压而对用电设备和人身安全带来危险，需对用电设备和配电线路进行防雷接地；为消除生产过程中产生的静电对安全生产带来的危险，需进行防静电接地等。我国规定，低压用电设备的接地电阻不大于 4Ω。

保护接地的形式有两种：一种是将设备的外露可导电部分经各自的接地线（PE 线）直接接地，在 TT 和 IT 系统中采用；另一种是将设备的外露可导电部分经公共的接地线（在 TN-S 系统中的 PE 线或在 TN-C 系统中的 PEN 线）接地，这种接地形式在我国习惯上称保护接零。需要注意的是，在同一个低压系统中，不能有的采用保护接地，有的采用保护接零，否则就会在采用保护接地的设备发生单相短路时，那些采用保护接零措施的设备外壳部分带上危险的电压。

（3）重复接地　在三相电力变压器中性点直接接地的低压系统中，除在电源中性点进行工作接地外，还必须在 PE 线或 PEN 线的其他地方的一点或多点再次接地，称重复接地，即将中性线的不同处的几个点与大地做金属接地。其目的是当中性线一旦断线时，接地保护不致失效。它还可以降低中性线的对地电压，减轻事故。如果只有一处中性线接地，一旦中性线断线，就会失去保护接零的作用，机壳上的电压可高达相近于相电压，这是很危险的。

此外，还有防静电接地、防雷接地、弱电系统接地等。

2. 低压配电系统的接地型式

电源侧的接地称为系统接地，负载侧的接地称为保护接地。国际电工委员会（IEC）标准规定的低压配电系统接地有 IT 系统、TT 系统、TN 系统三种方式，其中 TN 系统又分为 TN-C 系统、TN-S 系统和 TN-C-S 系统。

表示低压系统接地形式符号的含义为：

第一个字母表示电源接地点对地的关系。其中 T 表示直接接地；I 表示不接地或通过阻抗接地。

第二个字母表示电气设备的外露可导电部分与地的关系。其中 T 表示与电源接地点无连接的单独直接接地；N 表示直接与电源系统接地点或与该点引出的导体连接。

第三、四个字母表示中性线与保护接地线是否合用。根据中性线与保护线是否合并的情况，TN 系统又分为 TN-C、TN-S 及 TN-C-S 系统。

TN-C 系统：保护线与中性线合并为 PEN 线。

TN-S 系统：保护线与中性线分开。

TN-C-S 系统：在靠近电源侧一段的保护线和中性线合并为 PEN 线，从某点以后分为保护线和中性线。

（1）IT 系统　IT 系统中，电源端带电部分对地绝缘或经高阻抗接地，电气设备的金属外壳直接接地，如图 8-18 所示。

IT 系统适用于环境条件不良、易发生一相接地或火灾爆炸的场所（如井下、化工厂、纺织厂等）和对不间断供电要求较高的电气设备的供电，也可用于农村地区。在该供电系统中，一切电气设备正常不带电的金属外壳均采用保护接地。

（2）TT 系统　该系统电源中性点直接接地，用电设备金属外壳用保护接地线接至与电源端接地点无关的接地极，简称保护接地，如图 8-19 所示。

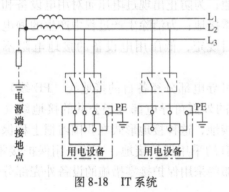

图 8-18　IT 系统

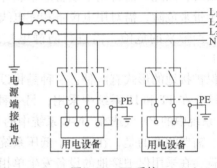

图 8-19　TT 系统

当配电系统中有较大量单相 220V 用电设备，而线路敷设环境易造成一相接地或中性线断裂，从而引起零电位升高时，电气设备外壳不宜接零而采用 TT 系统。

在 TT 系统中当电气设备的金属外壳带电（相线碰壳或漏电）时，接地可以减少触电危险，但低压断路器不一定跳闸，设备的外壳对地电压可能超过安全电压。当负荷端和线路首端均装有剩余电流断路器，且干线末端装有断零保护时，则可成为功能完善的系统。接地装置的接地电阻应尽量减小。通常采用建筑物钢筋混凝土基础内的主钢筋作为自然接地体，使接地电阻降低到 1Ω 以下。

与没有接地的系统相比，TT 系统的漏电设备对地电压有所降低，但仍超过安全电压，可能会发生电击事故。因此，一般情况下不采用 TT 系统。有时 TT 系统用于未装备配电变压器从外面引进低压电源的小用户。

（3）TN 系统　TN 系统的电源端中性点直接接地，用电设备金属外壳用保护零线与该中性点连接，这种方式简称保护接零。按照中性线（工作零线 N）与保护线（保护零线 PE）的组合情况，TN 系统又分以下三种形式：

1）TN-C 系统。中性线（N）与保护接地线（PE）共用一根导线，合并成 PEN 线，用电设备的外露可导电部分接到 PEN 线上，如图 8-20 所示。

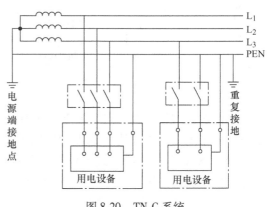

图 8-20　TN-C 系统

TN-C 系统中，由于中性线与保护接地线合为 PEN 线，因而具有简单、经济的优点。但 PEN 线上除了有正常的负荷电流通过外，有时还有谐波电流通过，正常运行情况下，PEN 线上也将呈现出一定的电压，其大小取决于 PEN 线上的不平衡电流和线路阻抗。因此，TN-C 系统主要适用于设有单相 220V，携带式、移动式用电设备，而单相 220V 固定式用电设备也较少，但不必接零的工业企业。但在一般住宅和其他民用建筑内，不应采用 TN-C 系统。

另外，当中性线发生断线时，所有采用保护接零设备的金属外壳均带有 220V 的电压。为了解决 TN-C 系统的这一缺陷，在系统中采取多处重复接地的措施。PEN 线严禁接入开关设备。

2）TN-S 系统。TN-S 系统是目前最提倡使用的三相五线制的供电系统。其变压器中性点直接接地，将中性线（N）与保护接地线（PE）分别敷设，克服了 TN-C 系统中金属外壳带电的缺陷，有效地保障了电力系统及人身的安全。TN-S 系统如图 8-21 所示。

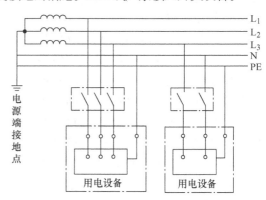

图 8-21　TN-S 系统

TN-S 系统中，将中性线和保护接地线严格分开设置，系统正常工作时，中性线 N 上有不平衡电流通过，而保护接地线 PE 上没有电流通过，因而，保护接地线和用电设备金属外壳对地没有电压。可较安全地用于工业企业、高层建筑及大型民用建筑。

在 TN-S 系统中，应注意：

① 保护接地线应连接可靠，不能断开，否则用电设备将失去保护。

② 保护接地线不得进入漏电保护装置，否则漏电保护装置将不起作用。

3）TN-C-S 系统。TN-C-S 系统，电源中性点直接接地，中性线与保护接地线部分合用、部分分开，系统中的一部分为 TN-C 系统，另一部分为 TN-S 系统，分开后不允许再合并。TN-C-S 系统如图 8-22 所示。

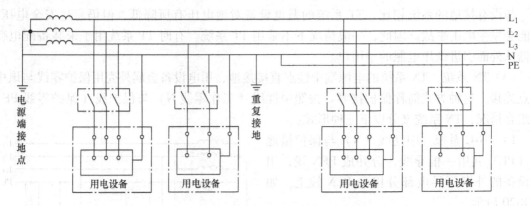

图 8-22　TN-C-S 系统

电源在建筑物的进户点处做重复接地，并分出中性线 N 和保护接地线 PE，或在室内总低压配电箱内分出中性线 N 和保护接地线 PE。

TN-C-S 系统中的 PEN 线上仍有一定的不平衡电流引起的压降。但在建筑物内部，经重复接地后，设有专用的保护接地线，因而该系统比 TN-C 系统安全。

在 TN-C-S 系统中，中性线 N 与专用保护接地线 PE 在系统中的作用是非常明确的，决不允许互换使用。施工中，为防止两者混淆接错，IEC 标准中规定，PE 线和 PEN 线应有黄、绿相间的色标；同时，保护接地线上严禁接入开关或熔断器，保护接地线不得进入漏电保护装置。图 8-23 是总配电箱内分出的 PE 线。

3. 等电位联结

为了提高接地故障保护的效果和供配电系统的安全性，将建筑物中各电气装置和其他装置外露的金属及可导电部分与人工或自然接地体同导体连接起来以达到减少电位差的目的，称为等电位联结。等电位联结有总等电位联结、局部等电位联结和辅助等电位联结。等电位联结示意图如图 8-24 所示。

总等电位联结（MEB）：总等电位联结作用于整个建筑物，它在一定程度上可降低建筑物内间接接触电击的接触电压和不同金属部件间的电位差，并消除自建筑物外经电气线路和各种金属管道引入的危险故障电压的危害。它应通过进线配电箱近旁的接地母排（总等电位联结端子板）将下

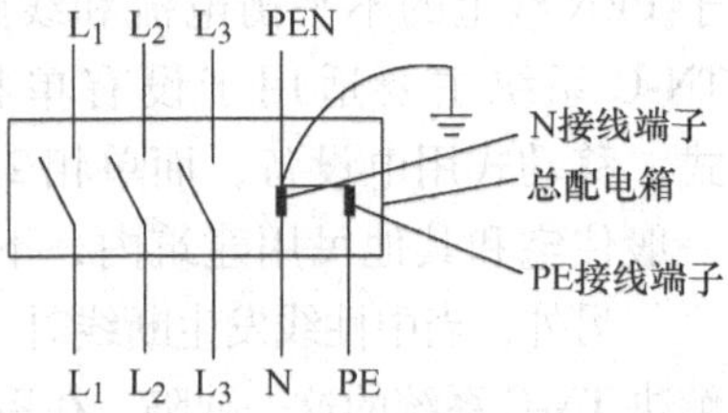

图 8-23　总配电箱内分出的 PE 线

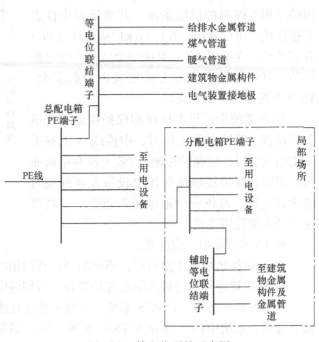

图 8-24　等电位联结示意图

列可导电部分互相连通：

1）PE（PEN）干线。

2）电气装置中的接地母线。

3）建筑物内的水管、燃气管、采暖和空调管道等金属管道。

4）可以利用的建筑物金属构件。

做总等电位联结后，可防止 TN 系统电源线路中的 PE 和 PEN 线传导引入故障电压导致电击事故，同时可减少电位差、电弧、电火花发生的概率，避免接地故障引起的电气火灾事故和人身电击事故；同时也是防雷安全所必需的。因此，在建筑物的每一电源进线处，一般设有总等电位联结端子板，由总等电位联结端子板与进入建筑物的金属管道和金属结构构件进行连接。

当电气设备或设备的某一部分接地故障保护的条件不能满足要求时，应在局部范围内做辅助等电位联结。

辅助等电位联结（SEB）：在导电部分间用导线直接连通，使其电位相等或相近，称作辅助等电位联结。辅助等电位联结中应包括局部范围内所有人体能同时触及的用电设备的外露可导电部分，条件许可时，还应包括钢筋混凝土结构柱、梁或板内的主钢筋。

局部等电位联结（LEB）：在一局部场所范围内将各可导电部分连通，称作局部等电位联结。它可通过局部等电位联结端子板将下列部分互相连通：

1）PE 母线或 PE 干线。

2）公用设施的金属管道。

3）建筑物金属结构。

等电位联结是接地故障保护的一项重要安全措施，实施等电位联结可以大大降低在接地故障情况下电气设备金属外壳上预期的接触电压，有保证人身安全和防止电气火灾方面的重要意义。

4. 接地装置

接地装置也称接地一体化装置：把电气设备或其他物件和地之间构成电气连接的设备。接地装置由接地极（板）、接地母线（户内、户外）、接地引线（接地跨接线）、构架接地组成接地装置。它被用以实现电气系统与大地相连接的目的。

（1）接地极（板）　接地极（板）是与大地直接接触实现电气连接的金属物体。它可以是人工接地极，也可以是自然接地极。对此接地极可赋以某种电气功能。例如用以作系统接地、保护接地或信号接地。

自然接地极是利用建筑物钢筋混凝土基础内的主筋作为接地极，一般情况下，自然接地极能满足接地电阻的要求。当自然接地极不能满足接地电阻要求时，应在室外另设人工接地极。

人工接地极通常采用热镀锌钢管、热镀锌角钢或圆钢制成，接地极根数不少于两根，采用水平接地体进行连接。接地极的形式很多，一般应根据接地电阻的要求及室外地形加以确定。

接地端子一般设置在电源进线处或总配电箱内，用于连接接地线、保护接地线、等电位联结干线等。

（2）接地母线　接地母线是建筑物电气装置的参考电位点，通过它将电气装置内需接地的部分与接地极相连接。同时通过它将电气装置内诸等电位联结线互相连通，从而实现一建筑物内大件导电部分间的总等电位联结。接地母线通常采用扁钢或圆钢，接点应采用焊接。

（3）接地引线　接地极与接地母线之间的连接线称为接地引线。

按接地的目的，电气设备的接地可分为工作接地、防雷接地、保护接地、仪控接地。

工作接地：为了保证电力系统正常运行所需要的接地。例如中性点直接接地系统中的变压器中性点接地，其作用是稳定电网对地电位，从而可使对地绝缘降低。

防雷接地：针对防雷保护的需要而设置的接地。例如接闪杆（带）、避雷器的接地，目的是使雷电流顺利导入大地，以利于降低雷过电压，故又称过电压保护接地。

保护接地：也称安全接地，是为了人身安全而设置的接地，即电气设备外壳（包括电缆皮）必须接地，以防外壳带电危及人身安全。

仪控接地：发电厂的热力控制系统、数据采集系统、计算机监控系统、晶体管或微机型继电保护系统和远动通信系统等，为了稳定电位、防止干扰而设置的接地。也称为电子系统接地。

现在实际工程中主要采用联合接地，即在一个整体的建筑物（或某个固定区域）内将所有的包括防雷接地、电子设备的工作接地、保护接地、逻辑接地、屏蔽体接地、防静电接地等共用一组接地系统，各接地系统单独与接地网相连，通过接地线连接形成一个统一的共用接地网。联合接地的接地电阻值要满足各个系统最小值。

接地电阻（对于高压或超高压系统称为接地阻抗）就是用来衡量接地状态是否良好的一个重要参数，是电流由接地装置流入大地再经大地流向另一接地体或向远处扩散所遇到的电阻，它包括接地线和接地体本身的电阻、接地体与大地的电阻之间的接触电阻，以及两接地体之间大地的电阻或接地体到无限远处的大地电阻。接地电阻的大小直接体现了电气装置与"地"接触的良好程度，也反映了接地网的规模。

8.4　建筑防雷

8.4.1　雷电及危害

雷电是在积雨云强烈发展阶段产生的，积雨云在形成过程中，它的一部分会积聚正电荷，另一部分则积聚负电荷。随着电荷的不断增加，不同极性云块之间的电场强度不断加大，当某处的电场强度超过空气可能承受的击穿强度时，就产生放电现象。这种放电现象有些是在云层之间进行的，有些是在云层与大地之间进行的。后一种放电现象即通常所说的雷击。雷电具有 10^8 V 的高电压和 20000 ～ 30000℃ 的温度及冲击波，放电形成的电流称为雷电流。雷电流持续时间一般只有几十微秒，但电流强度可达几万安培，甚至十几万安培，破坏力极大，经常造成大面积的停电或使广播、电视、通信中断以及居民房屋、家用电器等财产损失，所以必须做好雷电的预防工作。

雷击有极大的破坏力，其破坏作用是综合的，包括电性质、热性质和机械性质的破坏。根据雷电产生和危害特点的不同，雷电可分为以下四种：

（1）直击雷　直击雷是云层与建（构）筑物或地面凸出物之间放电形成的。即闪击直接击于建（构）筑物、其他物体、大地或外部防雷装置上，产生电效应、热效应和机械力者。闪击是指雷云与大地（含地上的突出物）之间的一次或多次放电。直击雷可在瞬间击伤击毙人畜。巨大的雷电流流入地下，令在雷击点及其连接的金属部分产生极高的对地电压，可能直接导致接触电压或跨步电压的触电事故。对于高层建筑，雷电还有可能通过其侧面放电，称为侧击。不同屋顶坡度建筑物的雷击部位如图8-25所示。

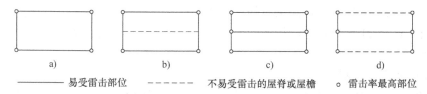

——— 易受雷击部位　　------ 不易受雷击的屋脊或屋檐　　。雷击率最高部位

图8-25　不同屋顶坡度建筑物的雷击部位
a）坡度为0　b）坡度≤1/10　c）1/10≤坡度≤1/2　d）坡度≥1/2

（2）球形雷　球形雷是一种球形、发红光或极亮白光的火球。球形雷能从门、窗、烟囱等通道侵入室内，极其危险。

（3）雷电感应　雷电感应分为静电感应和电磁感应两种。静电感应是由于雷云接近地面，在地面凸出物顶部感应出大量异性电荷所致。在雷云与其他部位放电后，凸出物顶部的电荷失去束缚，以雷电波形式沿突出物极快地传播。电磁感应是由于雷击后，巨大雷电流在周围空间产生迅速变化的强大磁场所致。这种磁场能在附近的金属导体上感应出很高的电压，造成对人体的二次放电，从而损坏电气设备。

（4）雷电侵入波　雷电冲击波是由于雷击而在架空线路上或空中金属管道上产生的冲击电压沿线或管道迅速传播的雷电波。雷电侵入波可毁坏电气设备的绝缘，使高压窜入低压，造成严重的触电事故。

8.4.2　防雷类别

在《爆炸危险环境电力装置设计规范》（GB 50058—2014）中，对爆炸性危险场所的划分中规定：

爆炸性气体环境根据爆炸性气体混合物出现的频繁程度和持续时间，划分为0区、1区、2区三个级别：

0区：连续出现或长期出现爆炸性气体混合物的环境。

1区：在正常运行时可能出现爆炸性气体混合物的环境。

2区：在正常运行时不可能出现爆炸性气体混合物的环境，或即使出现也仅是短时存在的爆炸性气体混合物的环境。

爆炸危险区域根据爆炸性粉尘环境出现的频繁程度和持续时间分为20区、21区、22区。

20区：空气中的可燃性粉尘云持续或长期地出现于爆炸性环境中的区域。

21区：正常运行时，空气中的可燃性粉尘云很可能偶尔出现于爆炸性环境中的区域。

22区：正常运行时，空气中的可燃性粉尘云一般不可能出现于爆炸性环境中的区域，即使出现，持续时间也是短暂的。

按照建筑物的重要性、使用性质、发生雷击的可能性及其产生的后果，《建筑物防雷设计规范》（GB 50057—2010），将建筑物的防雷分为三类。

1. 第一类防雷建筑物

在可能发生对地闪击的地区，遇下列情况之一时，划为第一类防雷建筑物：

1）凡制造、使用或贮存火炸药及其制品的危险建筑物，因电火花而引起爆炸、爆轰，会造成巨大破坏和人身伤亡者。

2）具有 0 区或 20 区爆炸危险场所的建筑物。

3）具有 1 区或 21 区爆炸危险场所的建筑物，因电火花而引起爆炸，会造成巨大破坏和人身伤亡者。

2. 第二类防雷建筑物

在可能发生对地闪击的地区，遇下列情况之一时，应划为第二类防雷建筑物：

1）国家级重点文物保护的建筑物。

2）国家级的会堂、办公建筑物、大型展览和博览建筑物、大型火车站和飞机场、国宾馆、国家级档案馆、大型城市的重要给水泵房等特别重要的建筑物。

注：飞机场不含停放飞机的露天场所和跑道。

3）国家级计算中心、国际通信枢纽等对国民经济有重要意义的建筑物。

4）国家特级和甲级大型体育馆。

5）制造、使用或贮存火炸药及其制品的危险建筑物，且电火花不易引起爆炸或不致造成巨大破坏和人身伤亡者。

6）具有 1 区或 21 区爆炸危险场所的建筑物，且电火花不易引起爆炸或不致造成巨大破坏和人身伤亡者。

7）具有 2 区或 22 区爆炸危险场所的建筑物。

8）有爆炸危险的露天钢质封闭气罐。

9）预计雷击次数大于 0.05 次/a 的部、省级办公建筑物和其他重要或人员密集的公共建筑物以及火灾危险场所。

10）预计雷击次数大于 0.25 次/a 的住宅、办公楼等一般性民用建筑物或一般性工业建筑物。

3. 第三类防雷建筑物

在可能发生对地闪击的地区，遇下列情况之一时，应划为第三类防雷建筑物：

1）省级重点文物保护的建筑物及省级档案馆。

2）预计雷击次数大于或等于 0.01 次/a，且小于或等于 0.05 次/a 的部、省级办公建筑物和其他重要或人员密集的公共建筑物，以及火灾危险场所。

3）预计雷击次数大于或等于 0.05 次/a，且小于或等于 0.25 次/a 的住宅、办公楼等一般性民用建筑物或一般性工业建筑物。

4）在平均雷暴日大于 15d/a 的地区，高度在 15m 及以上的烟囱、水塔等孤立的高耸建筑物；在平均雷暴日小于或等于 15 d/a 的地区，高度在 20 m 及以上的烟囱、水塔等孤立的高耸建筑物。

8.4.3 防雷措施

不同防雷类别的建（构）筑物所采取的具体防雷措施虽然有所不同，但防雷原理是相同的。

1. 防直击雷

防直击雷的主要措施是在建筑物上安装接闪杆、接闪带、均压网等。在高压输电线路上方安装避雷线。一套完整的防雷装置包括接闪器、引下线和接地装置。接闪器是利用其高出被保护物的突出地位，把雷电引向自身，然后通过引下线和接地装置把雷电流泄入大地，以此保护被保护物免遭雷击。防雷接地装置与一般接地装置的要求大体相同，在用建筑防直击雷的接地装置电阻不得大于 $10 \sim 30\Omega$。

2. 防雷电感应

为防止雷电感应产生火花，建筑物内部的设备、管道、构架、钢窗等金属物均应通过接地装置与大地做可靠的连接，以便将雷云放电后在建筑上残留的电荷迅速引入大地，避免雷害。对平行敷设的金属管道、构架和电缆外皮等，当距离较近时，应按规范要求，每隔一段距离用金属线跨接起来。

3. 防雷电侵入波

防雷电波侵入的主要措施是安装电涌保护器（SPD），电涌保护器又叫作过电压保护器，俗称避雷器。

4. 对球形雷的防护措施

球形雷大都伴随直击雷出现，并随气流移动，经常从窗户、门缝、烟囱等钻入室内。所以，预防球形雷，雷雨天不要敞开门窗；门、窗户、烟囱等气流流动的地方用 $20cm \times 20cm$ 左右的金属网格封住，并将其接地。如果遇到球形雷，最好屏息不动，以免破坏周围的气流平衡，导致球形雷追逐，更不要随意拍打或泼水。

8.4.4　防雷装置

建筑物的防雷装置包括接闪装置、引下线和接地装置三个部分。其防雷的原理是通过金属制成的接闪装置将雷电吸引到自身，并安全导入大地，从而使附近的建筑物免受雷击。

1. 接闪装置

接闪装置装在建筑物的最高处，必须露在建筑物外面，可以是接闪杆、避雷线、接闪带或避雷网，也有将几种形式结合起来使用的。作用是引来雷电流通过引下线和接地极将雷电流导入地下，从而使接闪器下一定范围内的建筑物免遭直接雷击。

（1）接闪杆　接闪杆通常由圆钢或焊接钢管制成，其保护范围由滚球法确定，滚球半径按照建筑物防雷等级的不同取不同数值，如图 8-26 所示。

单支接闪杆的保护范围示意图如图 8-26 所示。单支接闪杆的保护范围

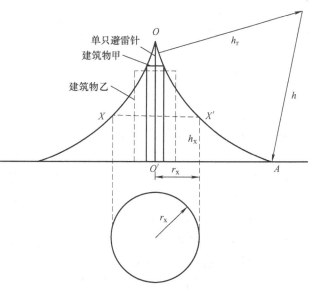

图 8-26　单支接闪杆的保护范围示意图

为圆弧 OA 关于 OO' 轴的旋转面以下的区域，即假想存在一个半径为 h 的球体，贴着地面滚向接闪杆，当球体只触及接闪器和地面，而不触及需要保护的部位时，则该部分就处于接闪杆的保护范围之内（见图 8-26 中建筑物甲）。反之，若球体被建筑物的某个部位阻挡而无法触及接闪器，则该部分不受接闪器保护（见图 8-26 中建筑物乙）。

当接闪杆高度小于或等于滚球半径 h 时，根据几何关系，可求得高度为 h 的平面 XX' 的保护半径为

$$r_x = \sqrt{h(2h_r - h)} - \sqrt{h(2h_r - h_x)} \tag{8-2}$$

式中，h_x 是被保护物的高度（m）；h_r 是滚球半径（m），由表 8-3 查得；r_x 是高度为 h_x 所处的平面上的保护半径（m）。

多支接闪杆所确定的保护范围，可根据各支接闪杆的高度及相对位置，通过几何关系求得。

（2）接闪带和接闪均压网格　接闪带通常采用直径不小于 8mm 的热镀锌圆钢或截面积不小于 45mm^2 的热镀锌扁钢或厚度不小于 4mm 的热镀锌扁钢制成。接闪带应沿屋面挑檐、屋脊、女儿墙等易受雷击的部位设置，当屋面面积较大时，应设置接闪网，其网格尺寸见表 8-3。

表 8-3　滚球半径与避雷网尺寸

建筑物防雷等级	滚球半径/m	接闪网网格尺寸/m
第一类防雷建筑物	30	$\leq 5 \times 5$ 或 $\leq 6 \times 4$
第二类防雷建筑物	45	$\leq 10 \times 10$ 或 $\leq 12 \times 8$
第三类防雷建筑物	60	$\leq 20 \times 20$ 或 $\leq 24 \times 16$

避雷网格其实是一种在接闪带基础上衍生出来的辅助接闪形式，一般明敷在建筑女儿墙内侧，当建筑物屋顶空间比较大，屋顶金属设备数量较多的时候，就需要增设避雷网格来增大接闪面积和进行天面等电位联结的辅助作用。屋顶避雷网格不仅仅是充当接闪器的作用，而且也起到与屋顶女儿墙内部金属物进行等电位联结的作用。

2. 引下线

引下线的作用是将接闪器和防雷接地极连成一体，为雷电流顺利地导入地下提供可靠的电气通路。引下线可采用热镀锌的圆钢或扁钢制成。当前的常用做法是利用建筑物钢筋混凝土柱内两根直径不小于 16mm 的主钢筋或不少于四根直径小于 16mm 的主筋作为引下线，这样既可节约钢材，又可使建筑外观不受影响。

防雷引下线的数量应根据建筑物的防雷等级而确定，一般情况下，引下线之间的间距沿其周长计算，对第一类防雷建筑不应大于 12m，对第二类防雷建筑物不应大于 18m，对第三类防雷建筑物不应大于 25m。引下线应沿建筑四周和庭院四周均匀对称布置，当建筑跨度较大，无法在跨距中间设引下线时，应在跨距两端设引下线并减小其他引下线间距，专设引下线间距应满足相应防雷类别所要求的间距。建筑物的防雷引下线一般至少设置两处，高层建筑用于防侧击的接闪环应与引下线连成一体。当利用结构柱内主钢筋作防雷引下线时，为安全可靠起见，应采用两根主钢筋同时作为引下线。

为了便于测量接地电阻和检查防雷系统的连接状况，应在相应引下线距地面高度 1.8m

处设断接卡（或测试卡），常规预留于建筑四角处。

3. 防雷系统接地装置

防雷系统接地装置是接地体与接地线的统称，包括接地装置和装置周围的土壤或混凝土，作用是把雷击电流有效地泄入大地。现在常用的接地装置有水平接地极、垂直接地极、延长接地极和基础接地极。接地体的形式可分为人工接地体和自然接地体两种，一般应尽量采用自然接地体，特别是高层建筑中，利用其桩基础、箱形基础等作为接地装置，可以增加散流面积，减小接地电阻，同时还能节约金属材料。自然接地装置由建筑物桩基、基础底板轴线上的上下两层主筋中的两根通长焊接成的基础接地网组织。构件中有箍筋连接的钢筋或成网的钢筋，其箍筋与钢筋、钢筋与钢筋应采用土建施工的绑扎法、螺钉、对焊或搭焊连接。单根钢筋、圆钢或外引预埋连接板、线与构件内钢筋应焊接或采用螺栓紧固的卡夹器连接。构件之间必须连接成电气通路。钢柱与其基础内钢筋必须连接成电气通路。接地电阻应满足相应系统要求。

习　题

8.1　什么叫电力系统和电网？它们的作用是什么？

8.2　电网的额定电压等级有哪些？什么叫高压？什么叫低压？

8.3　电力负荷如何根据用电性质进行分级？不同等级的负荷对供电的要求有何不同？

8.4　用电设备、发电机和变压器的额定电压如何规定？

8.5　什么叫一次电路？什么叫二次电路？

8.6　低压配电方式有哪几种？各有何优缺点？

8.7　什么叫工作接地？什么叫保护接地？

8.8　简述漏电保护器的工作原理。

8.9　低压配电系统的接地形式有哪几种？各有何特点？

8.10　建筑物防雷分哪几类？如何划分？

8.11　防雷措施有哪些？

8.12　主要的防雷装置有哪些？

第 9 章

建筑电气施工图

建筑电气工程是研究电能和电信号在建筑物中输送、分配和应用的科学，能为人们提供舒适、便利和安全的建筑环境。本章主要介绍"强电"（电气照明）与"弱电"（电话、有线电视、信息网络及安全防范）系统的电气工程概略图（电气工程系统图）和电气平面布置图，充分理解工程施工图的重要作用和意义；熟悉并掌握常见图形符号和文字符号；熟悉并掌握施工图常见表达内容与表达方法；初步掌握阅读施工图的方法与步骤。

9.1 建筑电气施工图概述

建筑电气工程的门类繁多，涵盖了很多具体工程内容，其按照电能特性主要分为强电系统、弱电系统、防雷和接地系统。强电系统即把电能引入建筑物，经过用电设备转换成机械能、热能、光能等，处理对象包括电能的传输、转换和使用，其特点是电压高、电流大、功率大、频率低，能减小损耗、提高效率、确保安全。民用建筑强电系统主要包括：变电系统、低压配电系统、动力系统、照明系统。弱电系统是完成建筑物内部以及内部与外部之间信息传递与交换的系统，处理对象是信息的传送与控制，其特点是电压低、电流小、功率小、频率高，主要解决信息传送的效果问题，诸如信息传送的保真度、速度、广度和可靠性等。民用建筑弱电系统主要包括：火灾自动报警系统、安全技术防范系统、有线电视和卫星电视接收系统、广播、扩音与会议系统、呼应信号与信息显示、建筑设备监控系统、计算机网络系统、通信网络系统、综合布线系统等。防雷系统和接地系统常规与强电系统并存，随着现代信息化发展，弱电系统的防雷与接地问题越来越受到专家及学者的关注。防雷系统主要包括防直击雷、侧击雷、感应雷和电磁脉冲的干扰，接地系统主要是低压配电接地型式、特设场所接地、弱电设备接地等。

9.1.1 电气施工图的特点

1）建筑电气工程图大多是采用统一的图形符号并加注文字符号绘制而成的。

2）电气线路都必须构成闭合回路。

3）线路中的各种设备、元件都是通过导线连接成为一个整体的。

4）在进行建筑电气工程图识读时，应阅读相应的土建工程图及其他安装工程图，以了解相互间的配合关系。

9.1.2 电气施工图的主要组成部分

1. 图样目录

图样目录包括图样名称、数量、图样顺序、图幅。

2. 设计说明

主要包括：工程概况（包括建筑类别、性质、结构类型、面积、层数、高度等）、设计依据（包括相关专业提供给本专业的工程设计资料、建设方提供的有关职能部门、设计所执行的主要法规和所采用的主要标准、初步设计文件的批复意见）、设计范围（根据设计任务书和有关设计资料，说明本专业的设计工作内容，以及与相关专业的设计分工与分工界面、拟设置的建筑电气各系统）以及图中未能表达清楚的各有关事项。如负荷等级、电源的来源及数量、供电方式、电压等级、线路敷设方式、各种弱电系统描述、防雷接地、设备安装高度及安装方式、工程主要技术数据、施工注意事项等。可以说设计说明书是电气设计图样的灵魂，是对自身设计产品的注释，是指导施工、应对各类审查、设计人免责的文本文件。

3. 主要设备材料表（图例表）

包括工程中所使用的各种主要设备和材料的名称、型号、规格、单位、数量、安装方式等，它是编制购置设备、材料计划的重要依据之一。

4. 系统图

系统图是用来表明供电线路与各设备工作原理及其作用，相互间关系的一种表达方式。它是建筑安装工程中电气施工图的组成部分。如变配电工程的供配电系统图、竖向干线系统图（垂直干线图）、照明系统图、设备配电系统图以及各种弱电系统图（接线拓扑图）等。系统图反映了系统的基本组成、主要电气设备、元件之间的连接情况以及它们的规格、型号、参数及所用导线型号、规格、根数、管径大小等。

5. 平面布置图

平面布置图是电气施工图中的重要图样之一，主要体现设备布置、线路走向等信息。如变、配电所电气设备安装平面图、照明平面图、弱电平面图、防雷接地平面图等。平面图用来表示电气设备的编号、名称、型号及安装位置、线路的起始点、敷设部位等。通过阅读系统图，了解系统基本组成之后，就可以依据平面图编制工程预算和施工方案，然后组织施工。

6. 控制原理图

包括系统中各所用电气设备的电气控制原理，用以指导电气设备的安装和控制系统的调试运行工作。

7. 安装接线图

包括电气设备的布置与接线，应与控制原理图对照阅读，进行系统的配线和调校。

8. 安装详图

安装详图是详细表示电气设备安装方法的图样，对安装部件的各部位注有具体图形和详细尺寸，是进行安装施工和编制工程材料计划时的重要参考。

本章主要根据实际工程介绍"强电"（低压配电系统、电气照明、电器设备配电）与"弱电"（通信网络系统、有线电视系统、信息网络及安全技术防范）的电气工程系统图和电气平面布置图，充分理解工程施工图的重要作用和意义；熟悉并掌握常见图形符号和文字符号；熟悉并掌握施工图常见表达内容与表达方法；初步掌握阅读施工图的方法与步骤。

9.2 强电施工图

9.2.1 电气系统图

建筑电气系统图，具有技术信息量大、参数繁多的特点，可以说，强电系统图是直接关系到一栋建筑的电器能够正常运行的关键所在，是电气施工图的核心部分，同时也是建筑初期控制成本的主要因素。建筑电气强电系统图包括高压供电系统图、低压配电系统图、竖向干线系统图（垂直干线图）、末端设备配电系统图、控制原理图等。电气系统图的主要任务是描述整个建筑物电气设备的供配电情况、主要元器件的特征参数等。电气系统图采用单线绘制成强电系统各元件间的组成关系，是一种表达电能输送关系的简图。

不同的系统图所表达偏重点不同，下面介绍各个图样的特点及作用。

1. 竖向干线系统图（垂直干线图）

它提供给阅图人如下信息：

1）该建筑低压配电出线回路数及名称。

2）配电柜出线形式。

3）各回路所接配电箱连接拓扑图。

4）主干电缆、线规格及敷设方式。

5）双电/双回路配置情况。

可以说垂直干线图是整个建筑供电的核心，也是建筑电气设计的入手点，是各种建筑电气方案确定的根本。

2. 低压配电系统图

即配电柜系统图。低压配电系统是建筑电气配电的中心，它提供给阅图人如下信息：

1）各配电柜布局循序及接线柜型。

2）各回路名称、受电元件、额定功率（装机容量）、计算系数、计算电流等技术参数。

3）回路编号和出线电缆（线）及敷设方式，垂直干线图参数应与这些参数相同。

4）断路器选择，包括型号、分段能力、整定电流、极数等。

5）配件选择，包括互感器、仪表选择。

6）母排参数选择。

3. 照明系统图

各个单独的配电箱系统图。它主要提供给阅图人如下信息：

1）配电箱出线回路数量。

2）各回路所配断路器类型、规格。

3）导线材质、根数、截面积，保护管材质、管径和敷设方式。

4）各回路相序及编号。

5）负荷名称。

6）主断路器的参数。

7）该配电箱的技术参数，包括额定功率、计算系数、计算负荷、功率因数、计算电流。

8）箱体尺寸。

4. 设备配电系统图

其配置及表达方式与照明系统基本相同，区别是所选断路器脱扣曲线不同，一般情况下，动力设备所配断路器脱扣曲线为 D 曲线。

在建筑电气系统图所标技术参数，均应通过计算得出，同时配电系统图回路数、负荷名称、编号、管线等必须与垂直干线相对应，这样才能使整套图样是一个整体。

9.2.2　电气平面图

建筑电气平面图是电气施工中直接指导现场实际安装的图样，在工程施工现场，安装施工技术人员要依它来进行电气设备的具体安装与调试等施工工作。而电气设备的使用人员和维修人员，也是依靠它进行日后的维护及更换设备的工作。电气平面布置图主要描述了建筑物内部所有的照明器、照明控制设备、插座等设备的平面布置情况、线路的走向与敷设位置等内容。

建筑电气平面图是在土建平面图基础上绘制完成的，所不同之处在于，建筑物的墙体、门窗、柱子等结构元素此时应当用细实线表示；而电气线路、设备等用粗实线和相应符号来表示。每段导线的根数用短的斜线表示，其余有几根线用几道短画线或一根斜线配以相应数字表示。

在建筑电气平面布置图上主要应标注出以下几项内容：电源进线及配电装置的位置，（若无系统图配备时，还应标出配电装置的型号、规格及相应导线参数）；各种电气设备的具体安装位置；供电线路的走向及相应的导线敷设安装方式。至于个别复杂的建筑电气工程还应该有局部的平面详图、配电示意图、接线图等图样与电气平面布置图相配合来表达，在平面布置图中也可列出主要设备材料表或简短的照明工程施工的有关说明。常规符号、各种设备型号、名称、数量及安装方式、高度等参数，应结合材料表读图，见表9-5。导线参数，包括材质、根数、截面积、保护管材质、规格及敷设方式，应与系统图配合读图。各个配电箱出线回路数及编号应与平面图相对应。

9.2.3　电气施工图规定符号

由于构成电气工程的元器件及设备种类繁多、电气连线很复杂、不可能也没有必要按照投影原理来绘制所要表达的图样内容，一般是在电气工程施工图上采用国家统一规定的图形符号和文字符号以及必要的文字标注，来表达电气工程的施工图内容。即采用国家标准，表达施工内容即可。

但要注意：有的图形符号适用于电气系统图和电路图，有的图形符号适用于电气平面布置图。

在电气施工图上采用规定的图形符号来表示一个设备或一种概念。这些图形符号的种类很多，是构成建筑电气照明工程施工图这种"工程语言"的具体"词组"，只有正确、熟练、认真地理解和识别它们，才能顺利地掌握准确的识读电气工程及其他电气工程施工图的基本功。

参照国际电工委员会的通用做法，我国陆续颁布了新的电气制图国家标准。

9.2.4　电气施工图常用标注方法

电气工程施工图上的标注方法，国家标准和行业标准都是有规范的，如电气设备的名称、型号、规格、安装方式、安装标高、安装位置等。必须熟练掌握标注方法才能顺利地识读电气照明工程施工图样。

1. 常用导线与电缆的表示方法

导线与电缆的品种很多，在电力线路上应用比较广泛的只有三种类型：裸导线、绝缘导线和电力电缆。具体到建筑照明电力线路上，一般在照明配电箱后只采用绝缘导线，而在照明配电箱前或移动照明和移动式小型单相电动工具上，则可适当地采用电力电缆。

表示绝缘导线材质的符号有：铝（L）、铜（T，但一般T不表示出来）两种线芯；表示绝缘材料的符号有：聚氯乙烯塑料（V）、聚氯乙烯绝缘塑料护套（VV）、橡胶（X）、氯丁橡胶（F）、纸（Z）、交联聚乙烯（YJ）；表示线路线型的符号有：绝缘导线也称绝缘布线（B）、绞线（J）、双绞（S）、硬母线（Y）、软导线（R）、轻型线（Q）、灯用线（D）等符号。

绝缘导线的一般型号表示为：B［1］［2］。

其中各符号的含义如下：

B—绝缘布线；

［1］—线芯材料：L为铝芯，铜芯不表示；

［2］—绝缘材料：塑料V、橡胶X、氯丁橡胶F、塑料护套VV。

对于一般高低压架空配电线路经常采用裸绞线如：铜绞线（TJ）、铝绞线（LJ）、钢芯铝绞线（LGJ），由于成本的原因，目前工程上主要采用LGJ。配电室也常采用横截面为矩形的裸母线，如矩形硬铜母线（TMY）、矩形硬铝母线（LMY）等。

对于一般的低压配电线路则常采用低压绝缘导线，如：塑料铝芯绝缘导线（BLV）（也有的称之为铝芯塑料绝缘导线）、塑料铜芯绝缘导线（BV）、橡胶铜芯导线（BX）、橡胶铝芯绝缘导线（BLX）、铝芯聚氯乙烯塑料护套线（BLVV）、铜芯氯丁橡胶导线（BXF）等。建筑电气照明工程就属于低压配电线路，所以它采用的导线与上述绝缘导线是相同的。

电缆的型号一般是由排列字母和数字组合来表示的。电缆型号字母及含义见表9-1。

表9-1 电缆型号字母及含义

电缆类别	电缆线芯材料	电缆绝缘种类	电缆特征
（电力电缆不表示） K 控制电缆 P 信号电缆 Y 移动电缆 H 市内缆电话线	T 铜（不表示） L 铝	Z 纸绝缘 X 橡胶绝缘 V 聚氯乙烯绝缘 Y 聚乙烯绝缘 YJ 交联聚乙烯绝缘	D 不滴油 P 屏蔽 F 分相护套 Q 轻型 Z 中型 C 重型

电缆内护层	电缆外护层			
Q 铅包	第一个数字		第二个数字	
L 铝包	代号	铠装层类型	代号	外皮层类型
H 橡套	2	双钢带	1	纤维
V 聚氯乙烯套	3	细圆钢丝	2	聚氯乙烯护套
Y 聚乙烯套	4	粗圆钢丝	3	聚乙烯护套

2. 线路的一般标注方法

在建筑电气照明工程施工图中应当标出：电气照明线路的功能、型号、规格、导线敷设方式及导线的敷设部位等工程信息，以利于建筑电气工程的施工。导线敷设方式与导线的敷设部位，均为通过规范的文字标注符号表示出来。常见建筑电气线路的敷设方式与敷设部位文字符号，见表9-2。

表 9-2　常见线路的敷设方式、部位及灯具安装文字符号

序号	线路敷设方法标注 名　　称	代号	序号	导线敷设部位的标注 名　　称	代号	序号	灯具安装方法的标注 名　　称	代号
1	穿低压流体输送用焊接钢管（钢导管）敷设	SC	1	沿或跨梁（屋架）敷设	AB	1	线吊式、自在器线吊式	SW
2	穿普通碳素钢电线管敷设	MT	2	暗敷设在梁内	BC	2	链吊式	CS
3	穿硬塑料导管敷设	PC	3	沿或跨柱敷设	AC	3	管吊式	DS
4	穿阻燃半硬塑料导管敷设	FPC	4	暗敷设在柱内	CLC	4	壁装式	W
5	电缆托盘敷设	CT	5	沿墙面敷设	WS	5	吸顶式	C
6	电缆梯架敷设	CL	6	暗敷设在墙内	WC	6	嵌入式	R
7	金属槽盒敷设	MR	7	沿吊顶或顶板面敷设	CE（CS）	7	吊顶内安装	CR
8	塑料槽盒敷设	PR	8	暗敷设在屋面或顶板内	CC	8	墙壁内安装	WR
9	钢索敷设	M	9	吊顶内敷设	SCE	9	支架上安装	SW
10	穿塑料波纹电线管敷设	KPC	10	暗敷设在地板或地面下	FC	10	柱上安装	CL
11	穿可挠金属电线保护套管敷设	CP	11	沿屋面敷设	RS	11	座装	HM
12	直埋敷设	DB	12	地面明敷设	FS			
13	电缆沟敷设	TC						
14	电缆排管敷设	CE						
15	穿水煤气管敷设	RC						

线缆的一般标注方法为：$ab-c(d \times e+f \times g)i-jh$

其中符号含义解释如下：

a—参照代码及线路编号或功能等；

b—导线型号（也有时在 b 后加注额定电压 kV，常规为下角标形式）；

c—电缆根数；

d—相导体根数；

e—相导体截面积（mm^2）；

f—PE、N 导体根数；

g—PE、N 导体截面积（mm^2）；

i—敷设方式和管径（mm）；

j—敷设部位；

h—安装高度（m）；

上述字母无内容则省略该部分

如标注为"WP1 $YJV_{0.6/1kV} - 2(3 \times 150 + 2 \times 70)$SC100-WS 3.5"的导线，其符号含义为：电缆参考代码为WP1；电缆型号YJV，即铜芯交联聚乙烯绝缘聚氯乙烯护套电力电缆；额定电压为0.6kV/1kV；共2根电缆并联连接；每根相导体为3根、每根相线截面积各为150mm²；每根中性线截面积为70mm²；每根保护接地线截面积为70mm²；穿直径$\varphi = 100$mm的焊接钢管；沿墙明敷设；安装高度距地面3.5m。

3. 用电设备的一般标注方法

在建筑电气工程施工图上还应当标出电气设备的编号、型号、规格等内容，表示方法也是规范化的。设备和线路的一般标注方法见表9-3。

表9-3 设备和线路的一般标注方法

1	用电设备	$\dfrac{a}{b}$	a—设备编号 b—额定功率（kW）
2	电力和照明设备	(1) $a\dfrac{b}{c}$或$a-b-c$ (2) $a\dfrac{b-c}{d\,(e \times f)-g}$	(1) 一般标注方法 (2) 当需要标注引入线的规格时 a—设备编号 b—设备型号 c—设备功率（kW） d—导线型号 e—导线根数 f—导线截面积（mm²） g—导线敷设方式及部位
3	开关及熔断器	(1) $a\dfrac{b}{c/h}$或$a-b-c/i$ (2) $a\dfrac{b-c/i}{d\,(e \times f)-g}$	(1) 一般标注方法 (2) 当需要标注引入线的规格时 a—设备编号 b—设备型号 c—额定电流（A） i—整定电流（A） d—导线型号 e—导线根数 f—导线截面积（mm²） g—导线敷设方式
4	照明变压器	$a/b-c$	a—一次电压（V） b—二次电压（V） c—额定容量（V·A）
5	照明灯具	(1) $a-b\dfrac{c \times d \times l}{e}f$ (2) $a-b\dfrac{c \times d \times L}{-}$	(1) 一般标注方法 (2) 灯具吸顶安装 a—数量 b—型号 c—每盏照明灯具的光源数量 d—光源安装容量（W） e—灯泡安装高度（m），"－"表示吸顶安装 f—安装方式 L—光源种类

（续）

6	电缆与其他设施交叉点	$\dfrac{a-b-c-d}{e-f}$	a—保护管根数 b—保护管直径（mm） c—管长（m） d—地面标高（m） e—保护管埋设深度（m） f—交叉点坐标
7	安装和敷设标高（m）	(1) ∇ ±0.000 (2) $\blacktriangledown$ ±0.000	(1) 用于室内平面、剖面图上 (2) 用于总平面图上的室外地面
8	导线根数	(1) ⧸⧸⧸ (2) ⧸3 (3) ⧸n	当用单线表示一组导线时，若需要示出导线数，可用加小短斜线或画一条短斜线加数字表示。 例：(1) 表示 3 根 (2) 表示 3 根 (3) 表示 n 根
9	导线型号规格或敷设方式改变	(1) $\dfrac{3\times16}{}\times\dfrac{3\times10}{}$ (2) $\times\dfrac{d20}{}$	(1) $3\times16\,mm^2$ 导线改为 $3\times10\,mm^2$ (2) 无穿管敷设改为导线穿管（$d20$）敷设
10	直流电	$-220V$	
11	交流电 ~	$m\sim f,\ U$ $3N\sim50Hz,\ 380V$	m—相数 f—频率（Hz） U—电压（V） 例：示出交流，三相带中性线，50Hz，380V

例如标注为"14YR/30"的电气设备，其符号含义为：第 14 号电动机、电动机型号为YR、电动机的额定功率为 30kW。

照明开关与熔断器也有规范的标注方法，一般标注形式为：$a-b-c/i$

其中各符号含义解释如下：

a - 设备编号；

b - 设备型号；

c - 额定电流（A）；

i - 整定电流（A）。

如标注为"2-DZ10-100/60"的电气设备，其符号描述的是第 2 号照明开关，为设计序号 10 的装置式低压断路器，开关的额定电流值为 100A，开关脱扣器的整定电流值为 60A。

若需要标注出照明开关引入导线的规格，其表示方法应当按照表 9-3 的规定进行，如标注为"$4\dfrac{DZ5\text{-}50/15}{BVV\,(3\times4)\,\text{-WE}}$"的电气设备，其符号描述的是：第 4 号照明开关，开关是型号为 DZ5 的空气断路器，开关的额定电流为 50A，开关的整定电流为 15A，开关的引入导线为型号 BVV 的铜芯塑料绝缘塑料护套导线，导线的根数为 3 根，导线的截面积为 $4\,mm^2$，开关的安装方式为沿墙明敷设。

4. 照明器具的一般标注方法

在电气照明施工图上应当标出照明器，这是照明施工图的基本任务。采用图形与文字符号相结合的方法标注，照明器的基本标注方法见表9-3序号5所示的一般标注方法"$a-b\frac{c\times d\times L}{e}f$"。表9-4收录了部分常用符号。

表9-4 照明器具的一般标注符号

项 目	名 称	符号	名 称	符号	名 称	符号
常用电光源种类的代表符号	氖灯	Ne	氙灯	Xe	弧光灯	ARC
	钠灯	Na	汞灯	Hg	红外线灯	IR
	碘灯	I	白炽灯	IN	发光二极管	LED
	荧光灯	FL	电发光灯	EL	紫外线灯	UV
	石英灯	HI	金属卤化物灯	ZJD		
常用各类灯具种类的代表符号	普通吊灯	EN	投光灯	PGS	聚光灯	SL
	吸顶灯	C	筒灯	R	备用照明灯	ST
	圆球灯	G	局部照明灯	LL	公共场所灯具	Z
	密闭灯	EN	安全照明灯	SA	建筑类灯具	M
	防爆灯	EX	壁灯	W	泛光灯	FL
	防爆灯具	B	花灯	L	水下灯	SS
	医疗灯具	Y	航空灯具	H	水面水下灯具	S

如标注为"$5-BYS80\frac{2\times28\times FL}{3.5}CS$"的照明设备，其符号所描述的是：有5盏BYS-80型灯具，每盏灯内有2根28W的荧光灯管，安装高度3.5m，采用链吊式方法进行安装。

5. 电缆的一般标注方法

照明电缆的标注方法基本上与电气照明配电线路的标注方法相同，也是采用表9-3绝缘导线的一般标注方式，即"$a-b(e\times f)-g-h$"来表示。如标注为"$15-YJV(3\times150)CT-WE$"的照明电缆，其符号的含义表示为：编号为第15号照明回路，采用交联聚氯乙烯绝缘铜芯聚氯乙烯塑料护套电力电缆、3根相线，每根相线的截面积为$150mm^2$，采用的是电缆桥架敷设，照明电缆敷设部位与方式为沿墙明敷。

若照明电缆与其他设施有交叉，则应采用表9-3序号6所示的标注方式进行标注。如标注为"$\frac{4-50-10-0.8}{1.0-（与煤气管）}$"的电力电缆，其符号的含义表示为：4根保护管、保护管的直径为50mm、保护管的管子长度为10m、保护管在标高为0.8m处安装，保护管的埋设深度为1.0m，该保护管与煤气管有交叉。

9.2.5 电气强电施工图识读的一般要求和方法

1. 电气强电施工图识读的一般要求

目前建筑物，特别是一般民宅或小容量电力系统，常常是将动力与照明合为一个配电箱供电的，因而一般动力与建筑照明往往是同时出现的，很难将它们截然分开，如：建筑物内各种电气设备的功能；电气设备和电气元器件的型号、规格及它们的安装位置；建筑物内供电线路的走向、线路敷设方式与敷设位置、线路导线型号与规格等。

同时，电气工程施工图一经审核批准后就立即生效，它既是工程技术文件又具有一定的法律效力，任何违背工程施工图的蛮干而导致的经济损失，工程施工技术人员都负有无法推卸的法律责任。因此，无论从什么角度看，认真而又细致地阅读工程施工图，是工程开工前最重要的一步准备工作。

2. 电气照明施工图识读的一般方法

一般来讲识读施工图有共同遵守的读图步骤，这是经过工程实践证明的正确的识读程序。从工程说明→内外电总平面图→电气系统图→电气平面图→电路图→接线图→详图顺序进行。若是单一照明或是小型电力工程，也可不画出内外电总平面图。

（1）识读目录和说明　通过目录和说明了解工程特点、设计依据、工程要求、主要设备等，特别注意掌握工程说明中的几项重点内容：

① 工程总体要求、采用的标准规范、供电电源要求及进户线。

② 整个系统的供电方式、保护方式、安全用电及对漏电采取的措施；若为大型照明系统还需了解电源切换程序及要求。

③ 文字标注、符号意义及其他说明。

（2）识读电气总平面图　在大型照明工程中识读电气总平面图应注意以下几项重点内容：

① 建筑物名称、用途、建筑面积、标高；用电设备容量及大型用电设备情况等。

② 电气装置位置、型号、电压；进户位置及方式、低压供电线路的走向；选用导线或电缆型号、规格、低压供电线路的负荷大小；弱电系统的入户等情况。

③ 建筑物周围的环境、道路的基本状态、周围的地形与地物等情况。

④ 其他有关说明。

识读电气总平面图一般是按照：电源来源→变电设施→母线（总配电箱）→干线→分配电箱的次序进行的。

（3）识读电气系统图

① 建筑物照明线路的回路编号、进线方式及线制、线路导线与电缆的型号与规格。

② 配电箱（盘、柜）的型号、规格；箱上总开关、熔断器的型号与规格；各回路的开关、熔断器的型号与规格；各回路的编号及相序的分配、容量；导线型号与敷设方式；保护级别与范围等。

③ 应急或备用照明情况。

识读电气照明系统图一般是按照：电源→进户→母线（总配电箱）→馈线→终端次序进行的。

（4）识读电气照明平面布置图　这是识读照明施工图中最重要的、也是工作量最大、不能马虎的一项工作，在识读过程中应注意以下几项内容：

① 电源入户位置、方式，导线型号规格及导线敷设方式。

② 照明器和其他照明设备的型号、规格、数量、位置；从照明配电盘到照明设备的导线型号、规格及敷设方式。

③ 核对照明平面图与照明概略图的回路编号、容量、控制方式。

④ 与照明工程相对应的建筑物进行土建资料的核对。

⑤ 建筑物内照度、照明要求及建筑物周围环境。

识读电气照明平面布置图一般是按照：电源进线→照明配电箱（照明盘）→照明干线→照明设备的次序进行的。

9.2.6 电气照明施工图识读示例

本节中从有关资料中选取了一些照明系统图和平面图供参考。

工程概况：该项目为某小区住宅楼，属于居住建筑，地下共二层，其中地下二层为水泵房、换热站；地下一层为车库、变电室、配电室、电信间、消防控制室、风机房；地上三十三层，首层为沿街商业，二～三十三层为住宅，一梯六户，屋顶为设备层；建筑面积 18904.7m²，结构形式为剪力墙结构，耐火极限为一级，外檐高度为 99.3m。本章节仅涉及住宅部分，其他部分不做陈述。

1. 照明系统图

（1）住宅部分照明系统图示例 图 9-1 和图 9-2 为该项目住宅部分配电系统图，该项目配电柜母排为铜排，规格为 TMY-4×(50×5)+1×(30×4)，即相线、中性线采用截面 50mm×5mm 的铜质硬母线，PE 线采用 30mm×4mm 的铜质硬母线；采用 GGD1 型配电柜，柜型尺寸为 800mm(宽)×600mm(厚)×2200mm(高)，属于固定式开关柜；以 N1 回路为例，该回路负荷名称为二～十层住宅用电回路，受电箱为 AL2～10-0，额定功率 144kW，计算系数 0.75，计算电流为 182.3A；回路断路器为 SDAM1$_L$-225HR200A/4P/0.3，其中 SDA 为断路器厂家代号（森达奥电气），M 为塑料外壳式断路器，1 为设计序号，下角标 L 为漏电型，225 为壳架等级额定电流，H 表示额定极限短路分段能力为高分断级，不小于 50kA，R 为热磁脱扣器，200 表示整定动作电流为 200A，4P 表示该断路器为四极，额定电压为 380V，0.3 表示对地防火漏电保护控制在 300mA；该回路电流互感器为 200/5，配一个仪表采用多功能数字仪表 SY 186E-2S4/*；入户管线及敷设方式为 2×RC150FC，即进线预埋两根截面积为 150mm² 的水煤气管，地面下敷设；N1 回路主干电缆为 STABILOY-AC90-4×150+1×70-WS，即采用 STABILOY-AC90 型合金导体合金铝带联锁铠装 0.6/1kV 电力电缆，相线、中性线导体截面积为 150mm²，PE 线导体截面积为 70mm²，沿墙明敷；负载侧设 RT18/125/4P 熔断器以及 SDALY68-i25/4P 的防浪涌抑制器。

图 9-3 为三十三层一梯三户住宅垂直干线图。该项目低压配电柜出线回路共 8 路，均为住宅用电；其中左侧二～十层为一根干线（N1 回路），十～十九层为一根干线（N2 回路），二十～二十八层为一根干线（N3 回路），二十九～三十三层为一根干线（N4 回路），N1、N2、N3 回路主干电缆为 STABILOY-AC90-4×150+1×70-WS，N4 回路主干电缆为 STA-BILOY-AC90-4×95+1×50-WS；各层有一总箱 AL*-0，各层设一个三表箱 EM3-*，各层每户设置一个配电箱 AL*-1、AL*-2、AL*-3。右侧二～十层为一根干线（N5 回路），十～十九层为一根干线（N6 回路），二十～二十八层为一根干线（N7 回路），二十九～三十三层为一根干线（N8 回路），电缆规格安装方式可参考 N1～N4 回路。

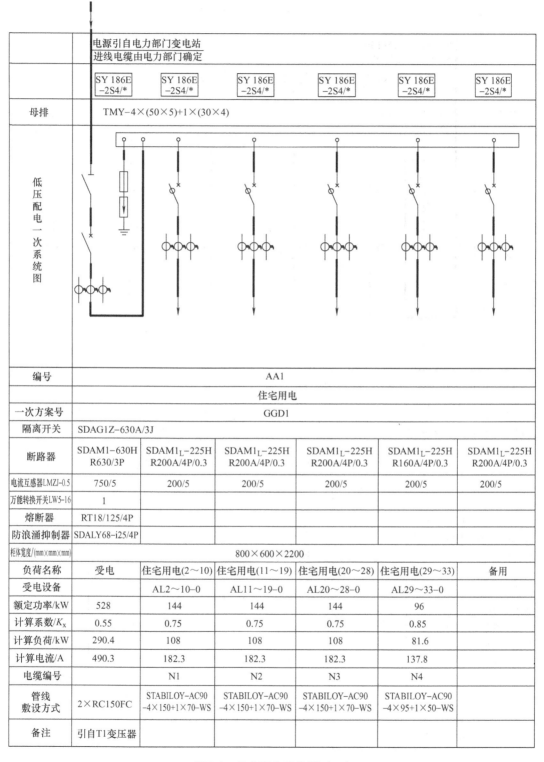

	电源引自电力部门变电站 进线电缆由电力部门确定					
	SY 186E -2S4/*	SY 186E -2S4/*	SY 186E -2S4/*	SY 186E -2S4/*	SY 186E -2S4/*	SY 186E -2S4/*
母排	TMY-4×(50×5)+1×(30×4)					
低压配电一次系统图						
编号	AA1					
	住宅用电					
一次方案号	GGD1					
隔离开关	SDAG1Z-630A/3J					
断路器	SDAM1-630H R630/3P	SDAM1L-225H R200A/4P/0.3	SDAM1L-225H R200A/4P/0.3	SDAM1L-225H R200A/4P/0.3	SDAM1L-225H R160A/4P/0.3	SDAM1L-225H R200A/4P/0.3
电流互感器LMZJ-0.5	750/5	200/5	200/5	200/5	200/5	200/5
万能转换开关LW5-16	1					
熔断器	RT18/125/4P					
防浪涌抑制器	SDALY68-i25/4P					
柜体宽度/(mm×mm×mm)	800×600×2200					
负荷名称	受电	住宅用电(2~10)	住宅用电(11~19)	住宅用电(20~28)	住宅用电(29~33)	备用
受电设备		AL2~10-0	AL11~19-0	AL20~28-0	AL29~33-0	
额定功率/kW	528	144	144	144	96	
计算系数/K_x	0.55	0.75	0.75	0.75	0.85	
计算负荷/kW	290.4	108	108	108	81.6	
计算电流/A	490.3	182.3	182.3	182.3	137.8	
电缆编号		N1	N2	N3	N4	
管线敷设方式	2×RC150FC	STABILOY-AC90 -4×150+1×70-WS	STABILOY-AC90 -4×150+1×70-WS	STABILOY-AC90 -4×150+1×70-WS	STABILOY-AC90 -4×95+1×50-WS	
备注	引自T1变压器					

图 9-1　住宅配电系统图（一）

	电源引自电力部门变电站 进线电缆由电力部门确定					
	SY 186E –2S4/*	SY 186E –2S4/*	SY 186E –2S4/*	SY 186E –2S4/*	SY 186E –2S4/*	SY 186E –2S4/*
母排	TMY–4×(50×5)+1×(30×4)					
低压配电一次系统图	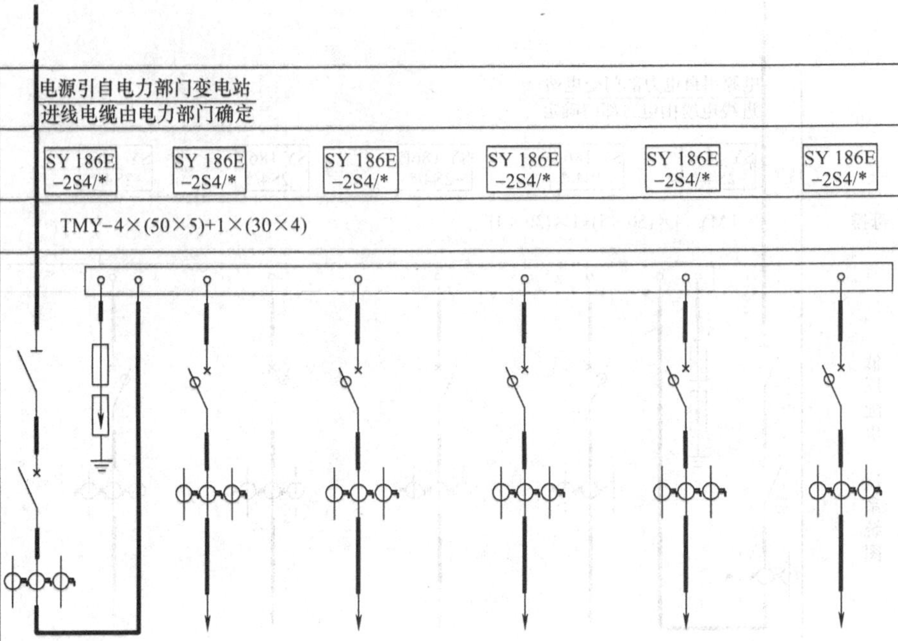					
编号	AA2					
	住宅用电					
一次方案号	GGD1					
隔离开关	SDAG1Z–630A/3J					
断路器	SDAM1–630H R630/3P	SDAM1ₗ–400H R250A/4P/0.3	SDAM1ₗ–400H R250A/4P/0.3	SDAM1ₗ–400H R200A/4P/0.3	SDAM1ₗ–225H R200A/4P/0.3	SDAM1ₗ–400H R250A/4P/0.3
电流互感器LMZJ–0.5	750/5	300/5	300/5	300/5	200/5	300/5
万能转换开关LW5–16	1					
熔断器	RT18/125/4P					
防浪涌抑制器	SDALY68–i25/4P					
柜体宽度(mm×mm×mm)	800×600×2200					
负荷名称	受电	住宅用电(2~10)	住宅用电(11~19)	住宅用电(20~28)	住宅用电(29~33)	备用
受电设备		AL2~10–0′	AL11~19–0′	AL20~28–0′	AL29~33–0′	
额定功率/kW	594	162	162	162	108	
计算系数/K_x	0.55	0.75	0.75	0.75	0.85	
计算负荷/kW	326.7	122	122	122	91.8	
计算电流/A	551.5	205.1	205.1	205.1	155	
电缆编号		N5	N6	N7	N8	
管线敷设方式	2×RC150FC	STABILOY–AC90 –4×185+1×95	STABILOY–AC90 –4×185+1×95	STABILOY–AC90 –4×185+1×95	STABILOY–AC90 –4×150+1×70	
备注	引自T1变压器					

图 9-2　住宅配电系统图（二）

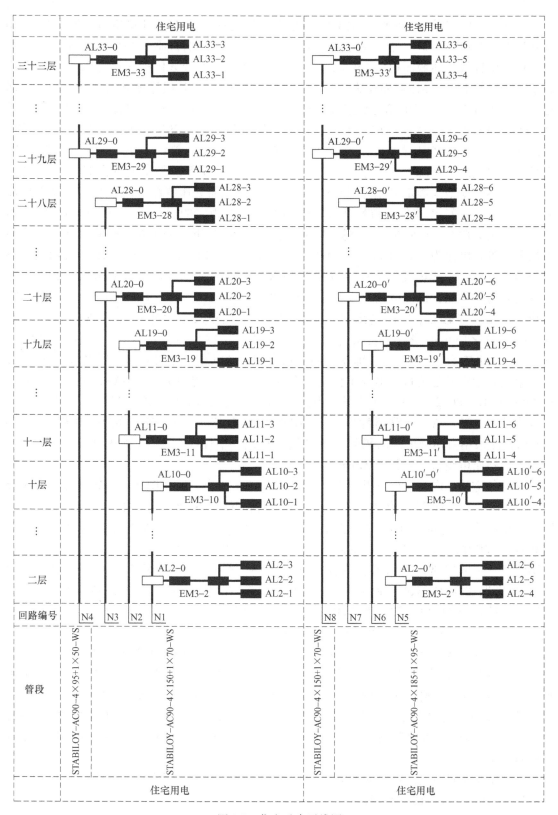

图 9-3 住宅垂直干线图

图 9-4 为住宅干线系统图。主干电缆经线缆分流器 2（XLF-1-150/35）、XLF-1-70/16 分到层箱，其中"XLF"为线缆分流器型号，"1"表示纯铜材质，"150"表示主干电缆相导体、中性线导体截面积为 $150\,mm^2$，支线相导体、中性线导体截面积为 $35\,mm^2$，"70"表示主干导线 PE 线导体截面积为 $70\,mm^2$，"16"表示支线 PE 线导体截面积为 $16\,mm^2$，即有主干电缆分至各层配电箱导线为 ZR-BV-2 × 35 + 1 × 16-KBG50。层配电箱内设断路器 SDAB68-100C80/2P + MX + OF，其中"SDA"为产品型号，"B"表示小型断路器，"68"为设计序号，参考产品样本可以看出，SDAB68 为森达奥小型断路器，分段能力为 6kA，满足民用建筑配电系统末端使用；"100"表示断路器壳架等级额定电流为 100A，也就是说该断路器承受最大额定电流为 100A，"C"表示断路器动作特性曲线为 C 型，动作特性曲线一般是指时间-电流保护特性曲线，是指断路器在规定的运行条件下，弧前时间为预期电流的函数曲线，C 曲线表示断路器在规定的运行条件下，表示弧前时间为预期电流的函数曲线脱扣电流为 $(5 \sim 10)\,I_n$，"80"表示断路器动作电流为 80A，"2P"表示该断路器为两极宽度，本图体现的是火零双断，"MX + OF"表示该断路器配有分励脱扣器，即具有消防切非功能，该配电箱尺寸为 200mm（宽）× 300mm（高）× 160mm（厚）。该配电箱出线引至本层 T 接箱，T 接箱出线引至电表箱，T 接箱及电表箱尺寸为 800mm（宽）× 540mm（高）× 130mm（厚），表箱内设置三块电表，根据户内容量 AL∗-1、AL∗-2 每户 6kW，所配电表为 5（30）A，即反映测量精度和启动电流指标的标定工作电流 I_b（5A），另一个是表示在满足测量标准要求情况下允许通过的最大电流 I_{max}（30A），断路器配置为 SDAB68-63G/2PC32，其中"G"表示该断路器具有过电压保护功能；AL∗-3 户 4kW，所配电表为 5（20）A，断路器配置为 SDAB68-63G/2PC20。电表箱出线为 ZR-BV-3 × 10-PVC32，即采用阻燃型聚氯乙烯绝缘铜芯线，相线、中性线、PE 线规格均为 $10\,mm^2$，穿聚氯乙烯硬质电线管，管径为 32mm。

（2）住宅楼户内配电箱照明系统图示例 以 AL∗-3 户为例（图 9-5），该住宅配电箱容量选取 4kW，以单相 220V 供电，电源引自本户电表下口断路器。入户采用 3 根 $10\,mm^2$ 的绝缘电线穿管径为 32mm 的 PVC 管引至配电箱，户内箱设置火零双断隔离电器，此处采用 SD-AB68G-32/2P 型隔离开关。该箱支路分六个回路，分别是照明回路、户内所有插座回路、空调回路。照明回路设断路器作为控制和保护用，型号为 SDAB68-32/C10，整定电流为 10A，该断路器为火零双断断路器。插座回路主断路器设双极剩余电流断路器作为控制和保护用，型号为 SDAB68L－32/C20/0.03，整定电流为 20A。插座回路支路分为三条支路，分别供普通插座，及厨房、卫生间使用，由于各插座支路上一级采用了剩余电流断路器进行保护，则在各自支路选配普通复式脱扣断路器即可，型号为 SDAB68-63/1P/C16，整定电流为 16A。空调回路断路器配置与插座回路配置类似。从配电箱引至各回路、支路的导线均采用塑料绝缘铜线穿阻燃塑料管（PVC），$2.5\,mm^2$ 导线支路保护管径为 20mm，$4\,mm^2$ 导线支路保护管径为 25mm。箱体规格，根据断路器的极数，六个单极断路器，一个剩余电流断路器，占两极，共两个，主断路器两级，共十二极位置，故箱体尺寸为 480mm（宽）× 250mm（高）× 90mm（厚）。

这里需要说明一点，照明回路采用三根线（L、N、PE），因为现在所需采用灯具基本为"I"类灯具，故应接有 PE 线。

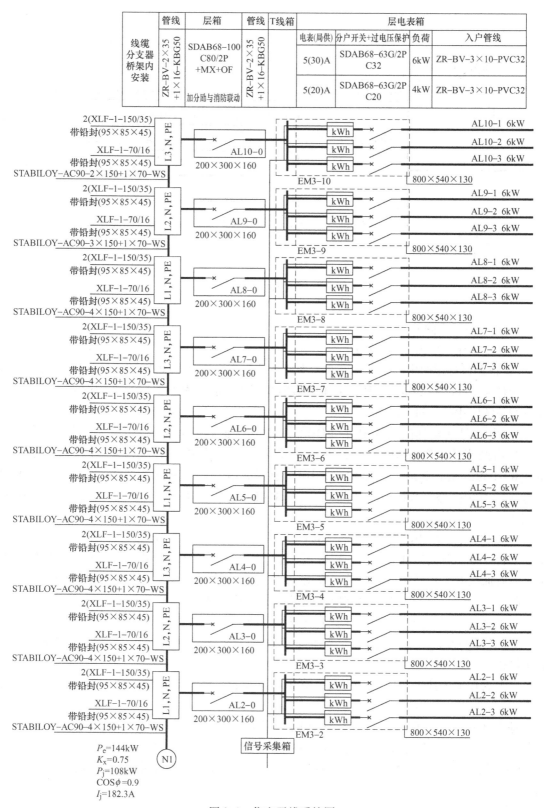

线缆分支器桥架内安装	管线	层箱	管线	T线箱	层电表箱				
					电表(局供)	分户开关+过电压保护	负荷	入户管线	
ZR-BV-2×35 +1×16-KBG50		SDAB68-100 C80/2P +MX+OF 加分励与消防联动	ZR-BV-2×35 +1×16-KBG50		5(30)A	SDAB68-63G/2P C32	6kW	ZR-BV-3×10-PVC32	
					5(20)A	SDAB68-63G/2P C20	4kW	ZR-BV-3×10-PVC32	

图 9-4　住宅干线系统图

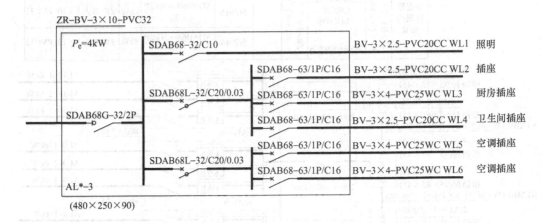

图 9-5　住宅户内照明系统图（4kW）

2. 标准层平面图的识读

图 9-6 为住宅户内照明平面图。

1）根据设计说明中的要求，图 9-6 中所有管线均采用 PVC 阻燃塑料管沿墙或楼板内敷设，管径为 20mm 和 25mm 两种，采用塑料绝缘铜线，截面积为 2.5mm² 和 4mm²，管内导线根数按系统图中标注进行配置。

2）电源是从楼梯间的强电井（QD）中引入楼梯间电表箱（EM3-*），电表箱出线引至户内照明配电箱（AL*-3），共分六个回路，与系统图对应，WL1 为照明灯具回路，WL2 为卧室、起居室插座回路，WL3 为厨房插座，WL4 为卫生间的插座，WL5 为卧室空调专用插座，WL6 为起居室空调专用插座。插座的具体规格及安装高度可详见图例表。

3）照明回路从配电箱引出后第一接线点是门口吸顶灯，然后从这里分支至餐厅、起居室和阳台，另一分支接到卫生间、厨房和卧室，灯具图样原则上是由灯位至灯位，以便于施工，所有面板开关均采用单极开关，采用一灯一控。图样中所有灯具均为平装灯口，厨房及卫生间灯具的选择应选瓷质防水灯口，便于业主后期装修。

强电竖井和弱电竖井分别配有墙上灯座和灯开关。

4）各插座参数见表 9-5 图例，普通插座为两位二、三孔插座，功能插座采用属性文字以示区别。

以上为住宅内部平面图和系统图，对于公建项目，系统比较复杂，但所表达内容大同小异。

综上所述，可以明确看出，标注在同一张图样上的管线，凡是照明及其开关的管线均是由照明配电箱引出后上翻至该层顶板上敷设安装，并由顶板再引下至开关上；而插座的管线均是由照明配电箱引出后下翻至该层地板上敷设安装，并由地板上翻引至插座上。

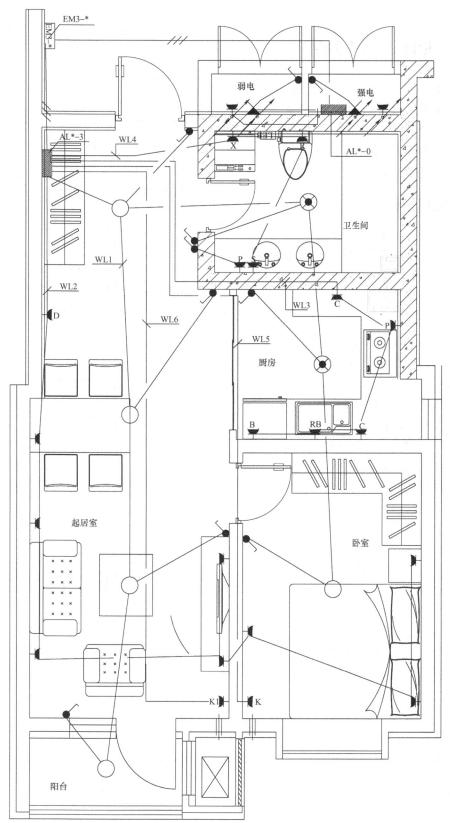

图9-6　住宅户内照明平面图

9.3 建筑弱电实例分析

建筑弱电的设计基本上包括：通信系统（光纤入户）、有线电视系统及安全防范系统，本节中节选住宅标准层弱电平面图及其系统图对上述系统分别进行说明。

9.3.1 通信系统

根据《住宅区和住宅建筑内光纤到户通信设施工程设计规范》GB 50846—2012 规定，住宅内部设置通信设施，并采用光纤到户形式完成户内通信系统。

公共通信网络光缆由室外埋地引至各单元弱电竖井，通信设施采用光纤到户方式，电信间设于地下一层，由地下电信间穿桥架进入各区竖井。竖井内沿金属线槽敷设，通信支线分别穿管引至户内弱电综合箱，由弱电综合箱分别穿管暗敷至终端，具体见弱电系统图。户内末端敷设管线，1～2 根穿 PVC20 管，3～4 根穿 PVC25 管。户内终端距地高度见材料表，与强电插座间距大于 0.3m。导管曲率半径不小于该管外径的 10 倍，引入线导管弯曲半径不小于该管外径的 6 倍。

光纤到户通信设施，必须满足多家电信业务经营者平等接入，用户可自行选择电信业务经营者要求，小区和建筑物的室外通道、配线管网、电信间等设施，必须与住宅区及住宅建筑同步建设，并满足至少三家电信业务经营者通信业务接入的需求。

根据图 9-7 所示，用户接入点至楼层配线箱之间的用户光缆采用

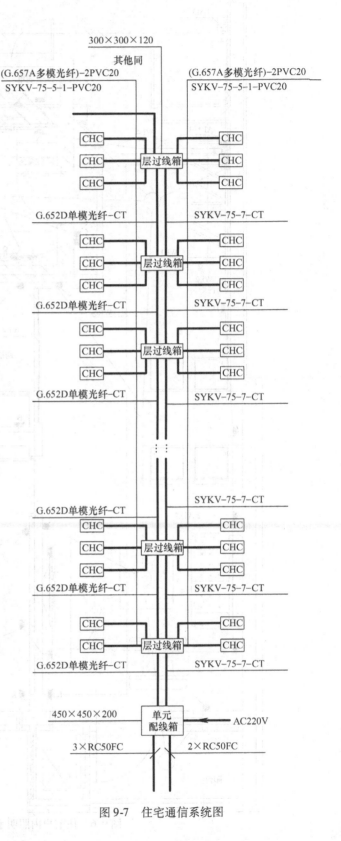

图 9-7 住宅通信系统图

G. 652D 单模光纤，楼层配线箱至家居配线箱的用户光缆采用 G. 657A 多模光纤。

图 9-8 为住宅户内通信系统图，户内家居配线箱（CHC）尺寸为 300mm×350mm×150mm，并与强电配合，附近预留电源插座。进线管不少于两根，导线采用 G. 657A 多模光纤，家居配线箱出线采用六类四对非屏蔽双绞线（4UTP）穿 PVC 管引至各个终端，各终端（TD）为两位语音、数据终端。

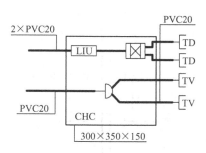

图 9-8　住宅户内通信系统图

9.3.2　有线电视系统

住宅有线电视引入方式均以电缆埋地引入。每个门洞设一组有线电视引入管。在每个门洞首层预埋两根管，采用水煤气管时用 RC50，采用硬质聚乙烯管时用 PVC50，两管接至首层放大器和分配器公用箱或引至弱电竖井。

电视系统的放大器和分支分配器公用箱一般设在首层或电信间（该建筑电信间位于地下一层），其尺寸为 400mm×500mm×150mm（宽×高×深），交流 220V 电源及接地线应送至箱内。各层分支分配箱尺寸为 220mm×225mm×120mm（宽×高×深），竖井内明装。

住宅各层分支分配器之间的预埋管宜为 PVC25，或同轴电缆沿弱电竖井敷设。每层楼分支分配器箱至各住宅单元的埋管为 KBG20 或 PVC20，暗设于楼板或墙体内。线路穿管布线的管路较长或有弯时，宜适当加装线盒，并应符合以下要求：直线管路不超过 30m，有一个弯时不超过 20m，有两个弯时不超过 15m，有三个弯时不超过 8m。

图 9-7 为电视系统图，根据现行规范，电视系统可与光纤通信系统共线槽敷设，电视系统进线预留两根水煤气管 RC50 埋地敷设至首层单元配线箱内，箱体尺寸为 500mm×500mm×150mm，住宅各层分支分配箱安于竖井内，并与通信系统合用，箱体尺寸为 300mm×300mm×120mm。各层分支分配器之间的预埋管为薄壁钢管 KBG25 或沿桥架敷设，且每层楼分支分配器箱至各住宅单元的埋管为 PVC20。对于电视系统，主干采用 SYKV-75-7 射频同轴电缆，支线采用 SYKV-75-5-1 射频同轴电缆，入户后引至户内家居配线箱（CHC），如图 9-8 所示。

9.3.3　安全防范系统

一般来说，家庭内的安防系统主要由紧急求助报警装置、访客对讲系统、煤气泄漏报警系统以及入侵报警系统四个方面组成，对讲及安防系统图分别如图 9-9 和图 9-10 所示。

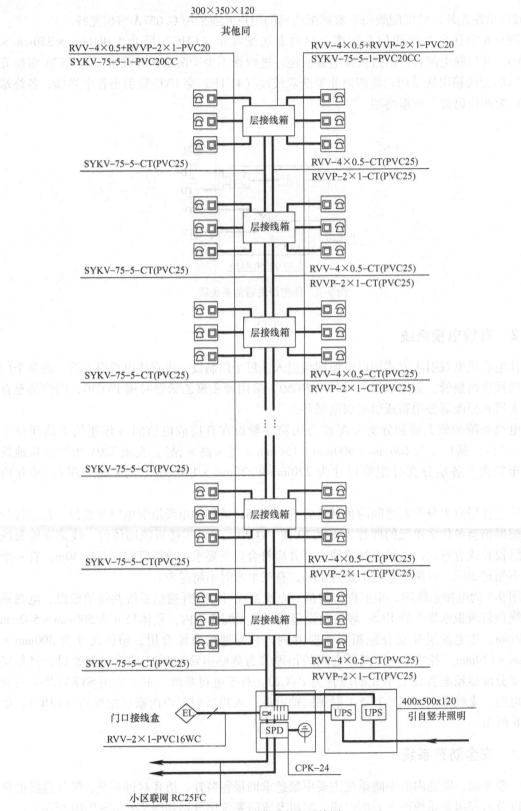

图 9-9　对讲及安防系统图

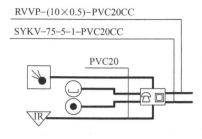

图 9-10 户内安防系统图

1. 访客对讲系统

在住宅楼入口处或防护门上设置访客语音对讲装置，访客对讲系统主机安装在单元入口处防护门上或墙体主机预埋盒内。主机配置不间断电源装置，安装高度距地 1.8m，具有访客与住户对讲、住户控制开启单元入口处防护门的基本功能。

访客对讲系统采用联网型，安防监控中心内的管理主机具有与各住宅楼道入口处主机及住户室内分机相互联络、通信的功能。

2. 紧急求助报警装置

户内卫生间、厨房、卧室和起居室均设置一个紧急求助按钮，终端距地 1.3m。紧急求助报警装置应操作简单、可靠。紧急求助报警装置与安防监控中心计算机联网。安防监控中心能实时处理和记录报警事件。

3. 煤气泄漏报警系统

煤气泄漏报警装置安装于厨房内，并根据使用可燃气体的性质决定终端安装高度，本项目采用天然气，密度比空气小，故采用吸顶安装，并与安防对讲系统联网传输报警信号。

4. 入侵报警系统

1）提高型住宅可在住户室内、户门、阳台及外窗等处选择性地安装入侵报警探测装置。本项目所有外窗均采用红外幕布被动对射报警装置，入户门采用门磁开关。

2）探测器的保护范围、稳定性、隐蔽性应满足设计要求。

3）安防监控中心应能实时处理和记录报警事件。

如图 9-9 所示，本系统中，主干进线穿两根 RC25 水煤气管引至可视对讲控制主机，控制主机同时接入不间断电源（UPS），主干进线引至首层层接线箱。管线采用 SYKV 及 RVV、RVVP，该系统中，各层层接线箱（尺寸：350mm × 400mm × 120mm）之间用 RVV 进行连接，每层管线穿 PVC20 入户后，引至各终端。

具体元器件符号及安装高度详见表 9-5。户内弱电系统平面图如图 9-11 所示。

表 9-5 图例

序号	图例	名称	规格	单位	数量	备注
1	LEB	局部等电位端子板	预留86盒	台	1	距地 0.3m
2	EM3-*	三表箱	见系统图	台	1	距地 1.6m（电力部门确定）
3	■	照明配电箱	见系统图	台	1	距地 1.6m
4	◤	墙上座灯	1×9W	盏	2	竖井内明装，距地 2.2m

（续）

序号	图 例	名 称	规 格	单位	数量	备 注
5		平装瓷灯口		盏	2	吸顶安装
6		普通灯口		盏	5	吸顶安装
7	X	洗衣机插座	250V－10A	个	1	带开关，防溅型，距地 1.5m
8	D	弱电箱电源	250V－10A	个	1	距地 0.3m
9		两位二、三孔插座	250V－10A	个	10	距地 0.3m（标注者除外）
10	P	抽油烟机插座	250V－10A	个	1	带开关，防溅型，距地 1.8m，水平距煤气管道 0.8m
11	C	厨房插座	250V－10A	个	2	带开关，防溅型，距地 1.5m
12	RB	热宝插座	250V－10A	个	1	带开关，防溅型，距地 0.5m
13	B	冰箱插座	250V－10A	个	1	带开关，防溅型，距地 1.5m
14	K	壁挂空调插座	250V－16A	个	1	带开关，距地 1.8m，水平距墙 0.2m
15	K1	柜式空调插座	250V－16A	个	1	带开关，距地 0.3m，水平距墙 0.3m
16	R	热水器插座	250V－16A	个	1	带开关，防溅型，距地 2.4m
17	S	梳妆插座	250V－10A	个	1	带开关，防溅型，距地 1.5m
18	P	排风扇插座	250V－10A	个	1	防溅型，距地 2.4m
19		开关	250V－10A	个	10	距地 1.3m
20	TV	电视终端	预留 86 盒	个	2	距地 0.3m（标注者除外）
21	TD	两位语音、数据终端	预留 86 盒	个	2	距地 0.3m（标注者除外）
22		紧急求助按钮	预留 86 盒	个	4	距地 1.3m
23		可视对讲户内终端	预留 86 盒	个	1	距地 1.3m
24	IR	红外探测器	预留 86 盒	个	3	吸顶安装（距顶 0.2m）
25		门磁开关	预留 86 盒	个	1	距门上口下返 0.1m
26	CHC	智能家居布线箱	400×300×120	个	1	距地 0.5m
27		可燃气体探测器	预留 86 盒	个	1	吸顶安装

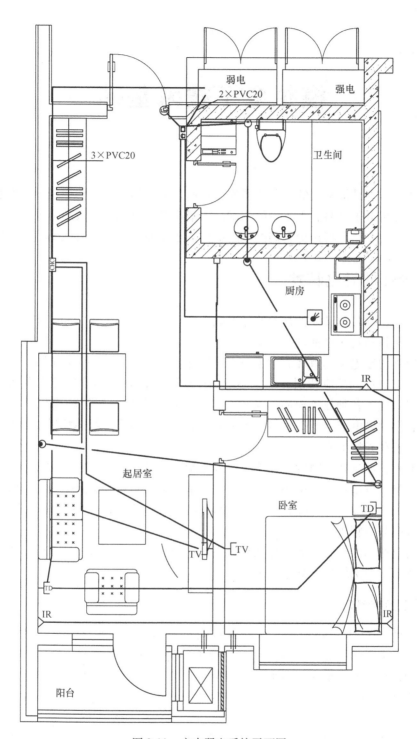

图 9-11　户内弱电系统平面图

第 ⑩ 章

模拟电子技术基础

二极管和晶体管是最常用的半导体器件，它们的基本结构、工作原理、特性和参数是学习电子技术和分析电子电路必不可少的基础。本章主要介绍二极管及整流电路和由晶体管组成的常用基本放大电路，将讨论它们的电路结构、工作原理、分析方法及特点和应用。

10.1 半导体的导电特性

所谓半导体，顾名思义，就是它的导电能力介乎导体和绝缘体之间。如硅、锗、硒以及大多数金属氧化物和硫化物都是半导体。

很多半导体的导电能力在不同条件下有很大的差别。例如有些半导体（如钴、锰、镍等的氧化物）对温度的反应特别灵敏，环境温度增高时，它们的导电能力要增强很多。利用这种特性就做成了各种热敏电阻。又如有些半导体（如镉、铅等的硫化物与硒化物）受到光照时，它们的导电能力变得很强；当无光照时，又变得像绝缘体那样不导电。利用这种特性就做成了各种光敏电阻。

更重要的是，如果在纯净的半导体中掺入微量的某种杂质后，它的导电能力就增加几十万乃至几百万倍。例如在纯硅中掺入百万分之一的硼后，硅的电阻率就从大约 $2 \times 10^3 \Omega \cdot m$ 减小到 $4 \times 10^{-3} \Omega \cdot m$ 左右。利用这种特性就做成了各种不同用途的半导体器件，如二极管、晶体管、场效应晶体管等。

半导体何以有如此悬殊的导电特性呢？根本原因在于事物内部的特殊性。下面简单介绍一下半导体物质的内部结构和导电机理。

10.1.1 本征半导体

用得最多的半导体是硅和锗，它们各有四个价电子，都是四价元素。将硅或锗材料提纯（去掉无用的杂质）并形成单晶体，其平面示意图如图 10-1 所示。

本征半导体就是完全纯净的、具有晶体结构的半导体。

在本征半导体的晶体结构中，每一个原子与相邻的四个原子结合。每个原子的一个价电子与另一原子的一个价电子组成一个电子对。这对价电子是每两个相邻原子共有的，它们把相邻的原子结合在一起，构成所谓**共**

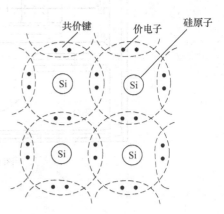

图 10-1　硅晶体平面示意图

价键的结构。

在共价键结构中，原子最外层虽然具有八个电子而处于较为稳定的状态，但是共价键中的电子还不像在绝缘体中的价电子被束缚得那样紧，在获得一定能量（温度增高或受光照）后，即可挣脱原子核的束缚（电子受到**激发**），成为**自由电子**。温度越高，晶体中的产生的自由电子便越多。

在电子挣脱共价键的束缚而成为自由电子后，共价键中就留下一个空位，称为**空穴**。在一般情况下，原子是中性的。当电子挣脱共价键的束缚成为自由电子后，原子的中性便被破坏，而显出带正电。

在外电场的作用下，有空穴的原子可以吸引相邻原子中的价电子，填补这个空穴。同时在失去一个价电子的相邻原子的共价键中出现了另一个空穴，它也可以由相邻原子中的价电子来递补，而在该原子中又出现一个空穴，如图 10-2 所示。如此继续下去，就好像空穴在运动。而空穴运动的方向与价电子运动的方向相反，因此空穴运动相当于正电荷的运动。

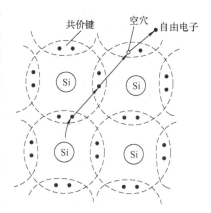

图 10-2　空穴和自由电子

因此，当半导体两端加上外电压时，半导体中将出现两部分电流：一是自由电子做定向运动所形成的**电子电流**；二是仍被原子核束缚的价电子（注意，不是自由电子）递补空穴所形成的**空穴电流**。在半导体中，同时存在着电子导电和空穴导电，这是半导体导电方式的最大特点，也是半导体和金属在导电原理上的本质差别。

自由电子和空穴都称为**载流子**。

本征半导体中的自由电子和空穴总是成对出现，同时又不断**复合**。在一定温度下，载流子的产生和复合达到动态平衡，于是半导体中的载流子（自由电子和空穴）便维持一定数目。温度越高，载流子数目越多，导电性能也就越好。所以，温度对半导体器件性能的影响很大。

10.1.2　N 型半导体和 P 型半导体

本征半导体虽然有自由电子和空穴两种载流子，但由于数量极少，导电能力仍然很低。如果在其中掺入微量的杂质（某种元素），这将使掺杂后的半导体（杂质半导体）的导电性能大大增强。

由于掺入的杂质不同，杂质半导体可分为两大类。

一类是在硅或锗的晶体中掺入磷（或其他五价元素）。磷原子的最外层有五个价电子。由于掺入硅晶体的磷原子数比硅原子数少得多，因此整个晶体结构基本上不变，只是某些位置上的硅原子被磷原子取代。磷原子参加共价键结构只需要四个价电子，多余的第五个价电子很容易挣脱磷原子核的束缚而成为自由电子（图 10-3）。于是半导体中的自由电子数目大量增加，自由电子导电成为这种半导体的主要导电方式，故称它为 **N 型半导体**。故在 N 型半导体中，自由电子是多数载流子，而空穴则是少数载流子。

另一类是在硅或锗的晶体中掺入硼（或其他三价元素）。每个硼原子只有三个价电子，故在构成共价键结构时，将因缺少一个电子而产生一个空位。当相邻原子的价电子受到热或其他的激发获得能量时，就有可能填补这个空位，而在该相邻原子中便出现一个空穴（图 10-4）。每个硼原子都能提供一个空穴，于是空穴大量增加。这种以空穴导电作为主要导电方式的半导体称为 **P 型半导体**，其中空穴是多数载流子，自由电子是少数载流子。

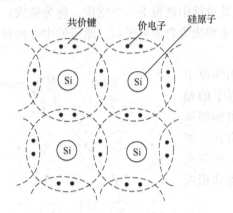

图 10-3　硅晶体中掺入磷出现自由电子

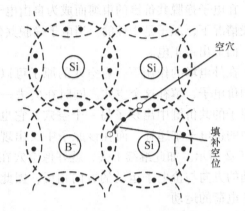

图 10-4　硅晶体中掺入硼出现空穴

应注意，不论是 N 型半导体还是 P 型半导体，虽然它们都有一种载流子占多数，但是整个晶体仍然是不带电的。

10.2　PN 结及其单向导电性

10.2.1　PN 结的形成

如图 10-5 所示，将一块半导体的两边分别做成 P 型和 N 型。由于 P 型区内空穴的浓度大，N 型区内自由电子的浓度大，它们将越过交界面向对方区域扩散。这种多数载流子因浓度上的差异而形成的运动称为**扩散运动**。多数载流子扩散到对方区域后被复合而消失，但在交界面的两侧分别留下了不能移动的正负离子，呈现出一个空间电荷区。这个空间电荷区就称为 **PN 结**。由于 PN 结内的载流子因扩散和复合而消耗殆尽，故又称**耗尽层**。同时正负离子将产生一个方向由 N 型区指向 P 型区的电场，称为**内电场**。内电场反过来对多数载流子的扩散运动又起着阻碍作用，同时，那些做杂乱无章运动的少数载流子在进入 PN 结内时，在内电场作用下，必然会越过交界面向对方区域运动。这种少数载流子在内电场作用下的运动称为**漂移运动**。在无外加电压的情况下，最终扩散运动和漂移运动达到了平衡，PN 结的宽度保持一定而处于稳定状态。

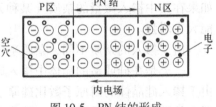

图 10-5　PN 结的形成

PN 结两边既然带有正、负电荷，这与极板带电时的电容器的情况相似。PN 结的这种电容称为结电容。结电容的数值不大，只有几个皮法。工作频率不高时，容抗很大，可视为开路。

10.2.2　PN 结的特性

PN 结的特性主要是**单向导电性**。如果在 PN 结两端加上不同极性的电压，PN 结便会呈现出不同的导电性能。PN 结上外加电压的方式通常称为偏置方式，所加电压称为偏置电压。

当在 PN 结上加正向电压（或称正向偏置），即电源正极接 P 区，负极接 N 区时，如图 10-6a 所示。这时，由于外加电压在 PN 结上所形成的外电场与内电场方向相反，破坏了原来的平衡，使扩散运动强于漂移运动，外电场驱使 P 型区的空穴和 N 型区的自由电子分别由两侧进入空间电荷区，从而抵消了部分空间电荷的作用。

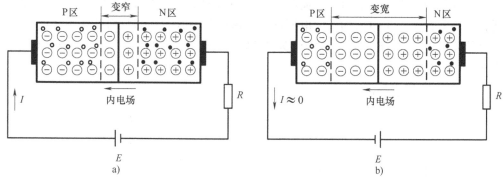

图 10-6　PN 结及其单向导电性

a）加正向电压　b）加反向电压

P 区的多数载流子空穴和 N 区的多数载流子自由电子在电场作用下通过 PN 结进入对方，两者形成较大的正向电流。此时 PN 结呈现低电阻，处于导通状态。使空间电荷区变窄，内电场被削弱，有利于扩散运动不断地进行。这样，多数载流子的扩散运动大为增强，从而形成较大的扩散电流。由于外部电源不断地向半导体提供电荷，使该电流得以维持。这时 PN 结所处的状态称为正向导通，简称**导通**。正向导通时，通过 PN 结的电流（正向电流）大，而 PN 结呈现的电阻（正向电阻）小。

当在 PN 结上加反向电压时（或称反向偏置），如图 10-6b 所示，外部电源的正极接 N 端，负极接 P 端。P 区和 N 区的多数载流子受阻难以通过 PN 结。这时，由于外电场与内电场方向相同，同样也破坏了原来的平衡，使得 PN 结变厚，扩散运动几乎难以进行，漂移运动却被加强，从而形成反向的漂移电流。由于少数载流子的浓度很小，故反向电流很微弱。PN 结这时所处的状态称为反向截止，简称**截止**。反向截止时，通过 PN 结的电流（反向电流）小，而 PN 结呈现的电阻（反向电阻）大。

但 P 区的少数载流子自由电子和 N 区的少数载流子空穴在电场作用下却能通过 PN 结进入对方，形成反向电流。由于少数载流子数量很少，因此反向电流极小。此时 PN 结呈现高电阻，处于**截止状态**。

此即为 PN 结的单向导电性，PN 结是各种半导体器件的共同基础。

10.3　二极管

将 PN 结加上相应的电极引线和管壳，就成为二极管。二极管的图形符号如图 10-7

所示。

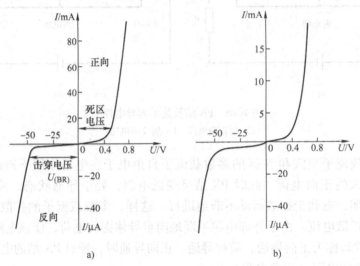

图 10-7 二极管的图形符号

10.3.1 伏安特性

二极管既然是一个 PN 结，它当然具有单向导电性，其伏安特性曲线如图 10-8 所示。由图可见，当外加正向电压很低时，正向电流很小，几乎为零。当正向电压超过一定数值后，电流增长很快。这个一定数值的正向电压称为**死区电压**，其大小与材料及环境温度有关。通常，硅管的死区电压约为 0.5V，锗管约为 0.1V。导通时的正向压降，硅管为 0.6 ~ 0.8V，锗管为 0.2 ~ 0.3V。

图 10-8 二极管的伏安特性曲线

a) 2CZ52A 硅二极管　b) 2AP2 锗二极管

在二极管上加反向电压时，形成很小的反向电流。反向电流有两个特点：一是它随温度的上升增长很快；二是在反向电压不超过某一范围时，反向电流的大小基本恒定，而与反向电压的高低无关，故通常称为反向饱和电流。而当外加反向电压过高时，反向电流将突然增大，二极管失去单向导电性，这种现象称为**击穿**。二极管被击穿后，一般不能恢复原来的性能，便失效了。产生击穿时加在二极管上的反向电压称为**反向击穿电压 $U_{(BR)}$**。

10.3.2 主要参数

二极管的特性除用伏安特性曲线表示外，还可用一些数据来说明，这些数据就是二极管的参数。二极管的主要参数有下面几个。

1. 最大整流电流 I_{OM}

最大整流电流是指二极管长时间使用时，允许流过二极管的最大正向平均电流。点接触型二极管的最大整流电流在几十毫安以下。面接触型二极管的最大整流电流较大，如

2CZ52A 型硅二极管的最大整流电流为 100 mA。当电流超过允许值时，将由于 PN 结过热而使管子损坏。

2. 反向工作峰值电压 U_{RWM}

它是保证二极管不被击穿而给出的反向峰值电压，一般是反向击穿电压的一半或三分之二。如 2CZ52A 硅二极管的反向工作峰值电压为 25V，而反向击穿电压约为 50V（图 10-8）。点接触型二极管的反向工作峰值电压一般是数十伏，面接触型二极管可达数百伏。

3. 反向峰值电流 I_{RM}

它是指在二极管上加反向工作峰值电压时的反向电流值。反向电流大，说明二极管的单向导电性能差，并且受温度的影响大。硅管的反向电流较小，在几个微安以下。锗管的反向电流较大，为硅管的几十到几百倍。

二极管的应用范围很广，主要都是利用它的单向导电性。它可用于整流、检波、限幅、元器件保护以及在数字电路中作为开关器件等。

【例 10-1】　在图 10-9 中，输入端 A 的电位 $V_A = +3V$，B 的电位 $V_B = 0V$，求输出端 Y 的电位 V_Y。电阻 R 接负电源 $-12V$。

【解】　因为 A 端电位高于 B 端，所以 VD_A 优先导通。如果二极管的正向压降是 0.3V，则 $V_Y = +2.7V$。当 VD_A 导通后，VD_B 上加的是反向电压，因而截止。

在这里，VD_A 起**钳位**作用，把 Y 端的电位钳住在 $+2.7V$；VD_B 起**隔离**作用，把输入端 B 和输出端 Y 隔离开来。

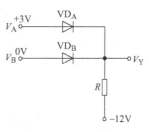

图 10-9　例 10-1 图

10.4　整流电路

10.4.1　单相半波整流电路

图 10-10 是单相半波整流电路。它是最简单的整流电路，由整流变压器 T_r、整流器件 VD（二极管）及负载电阻 R_L 组成。设整流变压器二次侧的电压为

$$u = \sqrt{2}U\sin\omega t$$

其波形如图 10-11a 所示。

由于二极管 VD 具有单向导电性，只当它的阳极电位高于阴极电位时才能导通。在变压器二次电压 u 的正半周时，其极性为上正下负，如图 10-10 所示，即 a 点的电位高于 b 点，二极管因承受正向电压而导通。这时负载电阻 R_L 上的

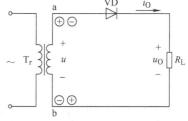

图 10-10　单相半波整流电路

电压为 u_O，通过的电流为 i_O。在电压 u 的负半周时，a 点的电位低于 b 点，二极管因承受反向电压而截止，负载电阻 R_L 上没有电压。因此，在负载电阻 R_L 上得到的是半波整流电压 u_O。在导通时，二极管的正向压降很小，可以忽略不计。因此，可以认为 u_O 的这半个波和 u 的正半周是相同的，如图 10-11 所示。

负载上得到的整流电压虽然是单方向的（极性一定），但其大小是变化的。这种所谓**单向脉动电压**，其大小常用一个周期的平均值来说明。单相半波整流电压的平均值为

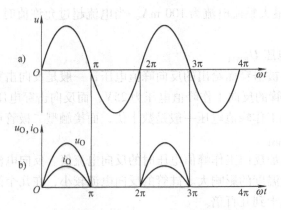

图 10-11　单相半波整流电路的电压与电流的波形

$$U_0 = \frac{1}{2\pi}\int_0^\pi \sqrt{2}U\sin\omega t\,d(\omega t) = \frac{\sqrt{2}}{\pi}U = 0.45U \qquad (10\text{-}1)$$

式（10-1）表示单相半波整流电压平均值与交流电压有效值之间的关系。由此得出整流电流的平均值为

$$I_0 = \frac{U_0}{R_L} = 0.45\frac{U}{R_L} \qquad (10\text{-}2)$$

除根据负载所需要的直流电压（即整流电压 U_0）和直流电流（即 I_0）选择整流器件外，还要考虑整流器件截止时所承受的最高反向电压 U_{RM}。显然，在单相半波整流电路中，二极管不导通时承受的最高反向电压就是变压器二次侧交流电压 u 的最大值 U_m，即

$$U_{RM} = U_m = \sqrt{2}U \qquad (10\text{-}3)$$

这样，根据 U_0、I_0 和 U_{RM} 就可以选择合适的整流器件。

【例 10-2】　有一单相半波整流电路，如图 10-10 所示。已知负载电阻 $R_L = 750\Omega$，变压器二次电压 $U = 20V$，试求 U_0、I_0 及 U_{RM}。

【解】

$$U_0 = 0.45U = 0.45 \times 20V = 9V$$

$$I_0 = \frac{U_0}{R_L} = \frac{9}{750}A = 0.012A = 12mA$$

$$U_{RM} = \sqrt{2}U = \sqrt{2} \times 20V = 28.2V$$

10.4.2　单相桥式整流电路

单相半波整流的缺点是只利用了电源的半个周期，同时整流电压的脉动较大。为了克服这些缺点，常采用全波整流电路，其中最常用的是单相桥式整流电路。它是由四个二极管接成电桥的形式构成的，如图 10-12a 所示。图 10-12b 是其简化画法。这里先来分析它的工作情况。

在变压器二次电压 u 的正半周时，其极性为上正下负（图 10-13），即 a 点的电位高于 b 点，二极管 VD_1 和 VD_3 导通，VD_2 和 VD_4 截止，电流 i_1 的通路是 a→VD_1→R_L→VD_3→b。这时，负载电阻 R_L 上得到一个半波电压，如图 10-13b 中的 0～π 段所示。

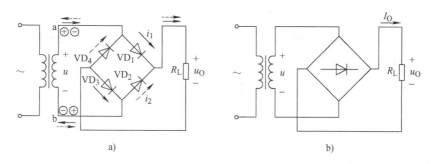

图 10-12　单相桥式整流电路

在电压 u 的负半周时，变压器二次侧的极性为上负下正，即 b 点的电位高于 a 点。因此，VD_1 和 VD_3 截止，VD_2 和 VD_4 导通，电流 i_2 的通路是 b→VD_2→R_L→VD_4→a。同样，在负载电阻上得到一个半波电压，如图 10-13b 中的 $\pi \sim 2\pi$ 段所示。

显然，全波整流电路的整流电压的平均值 U_O 比半波整流时增加了一倍，即

$$U_O = 2 \times 0.45U = 0.9U \qquad (10\text{-}4)$$

负载电阻中的直流电流当然也增加了一倍，即

$$I_O = \frac{U_O}{R_L} = 0.9\frac{U}{R_L} \qquad (10\text{-}5)$$

每两个二极管串联导电半周，因此，每个二极管中流过的平均电流只有负载电流的一半，即

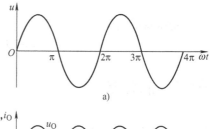

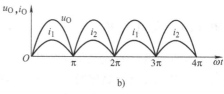

图 10-13　单相桥式整流电路
的电压与电流的波形

$$I_D = \frac{1}{2}I_O = 0.45\frac{U}{R_L} \qquad (10\text{-}6)$$

至于二极管截止时所承受的最高反向电压，从图 10-12 可以看出，当 VD_1 和 VD_3 导电时，如果忽略二极管的正向压降，截止管 VD_2 和 VD_4 的阴极电位就等于 a 点的电位，阳极电位就等于 b 点的电位。所以截止管所承受的最高反向电压就是电源电压的最大值，即

$$U_{RM} = \sqrt{2}U \qquad (10\text{-}7)$$

这一点与半波整流电路相同。

【例 10-3】　已知负载电阻 $R_L = 80\Omega$，负载电压 $U_O = 110V$。今采用单相桥式整流电路，交流电源电压为 380V。求：（1）I_D 及 U_{RM}；（2）整流变压器的电压比和容量。

【解】　（1）负载电流

$$I_O = \frac{U_O}{R_L} = \frac{110}{80}A = 1.4A$$

每个二极管通过的平均电流

$$I_D = \frac{1}{2}I_O = 0.7A$$

变压器二次电压的有效值

$$U = \frac{U_0}{0.9} = \frac{110\text{V}}{0.9} = 122\text{V}$$

考虑到变压器二次绕组及管子上的压降，变压器的二次电压大约要高出 10%，即 $122\text{V} \times 1.1 = 134\text{V}$。于是

$$U_{\text{RM}} = \sqrt{2} \times 134\text{V} = 189\text{V}$$

（2）变压器的电压比

$$K = \frac{380}{134} = 2.8$$

变压器二次电流的有效值

$$I = \frac{I_0}{0.9} = \frac{1.4}{0.9}\text{A} = 1.55\text{A}$$

变压器的容量为

$$S = UI = 134 \times 1.55\text{V} \cdot \text{A} = 208\text{V} \cdot \text{A}$$

10.5 晶体管

10.5.1 基本结构

由两种极性的载流子（自由电子和空穴）在其内部做扩散、复合和漂移运动的半导体晶体管称为**双极型晶体管**，简称**晶体管**。它的放大作用和开关作用促使电子技术飞跃发展。

晶体管是在一块半导体上制成两个 PN 结，再引出三个电极而构成的。按 PN 结组合方式的不同，晶体管可分为 NPN 型和 PNP 型两类，其结构示意图和表示符号如图 10-14 所示。

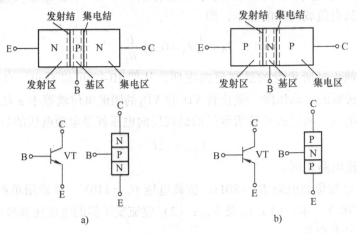

图 10-14　晶体管的结构示意图和表示符号

a）NPN 型晶体管　b）PNP 型晶体管

每一类都分成**基区**、**发射区**和**集电区**，分别引出**基极** B、**发射极** E 和**集电极** C。每一类都有两个 PN 结。基区和发射区之间的结称为**发射结**，基区和集电区之间的结称为**集电结**。

NPN 型和 PNP 型晶体管的工作原理类似，仅在使用时电源极性连接不同而已。下面以 NPN 型晶体管为例来分析讨论。

10.5.2　电流分配和放大原理

为了了解晶体管的放大原理和其中电流的分配，可以通过实验来说明，实验电路如图 10-15 所示。把晶体管接成两个电路：基极电路和集电极电路。发射极是公共端，因此这种接法称为晶体管的**共发射极接法**。如果用的是 NPN 型硅管，电源 E_B 和 E_C 的极性必须照图中那样的接法，使发射结上加正向电压（正向偏置），同时使 E_C 大于 E_B，集电结加的是反向电压（反向偏置），晶体管才能起到放大作用。

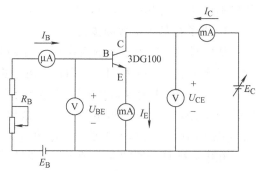

图 10-15　晶体管的实验电路

设 $E_C = 6V$，改变可变电阻 R_B，则基极电流 I_B、集电极电流 I_C 和发射极电流 I_E 都发生变化。电流方向如图 10-15 所示。测量结果列于表 10-1 中。

表 10-1　晶体管电流测量数据

I_B/mA	0	0.02	0.04	0.06	0.08	0.10
I_C/mA	<0.001	0.70	1.50	2.30	3.10	3.95
I_E/mA	<0.001	0.72	1.54	2.36	3.18	4.05

由此实验及测量结果可得出如下结论：

1）观察实验数据中的每一列，可得

$$I_E = I_B + I_C$$

此结果符合基尔霍夫电流定律。

2）I_C 和 I_E 比 I_B 大很多。从第三列和第四列的数据可知，I_C 与 I_B 的比值分别为

$$\bar{\beta} = \frac{I_C}{I_B} = \frac{1.50}{0.04} = 37.5, \quad \bar{\beta} = \frac{I_C}{I_B} = \frac{2.30}{0.06} \approx 38.3$$

这就是晶体管的电流放大作用。$\bar{\beta}$ 称为共发射极静态电流（直流）放大系数。电流放大作用还体现在基极电流的少量变化 ΔI_B 可以引起集电极电流较大的变化 ΔI_C。还是比较第三列和第四列的数据，可得出

$$\beta = \frac{\Delta I_C}{\Delta I_B} = \frac{2.30 - 1.50}{0.06 - 0.04} = \frac{0.80}{0.02} = 40$$

式中，β 称为动态电流（交流）放大系数。

3）当 $I_B = 0$（将基极开路）时，$I_C = I_{CEO}$，表中 $I_{CEO} < 0.001\text{mA} = 1\mu\text{A}$。

4）要使晶体管起放大作用，发射结必须正向偏置，发射区才可向基区发射电子；而集电结必须反向偏置，集电区才可收集从发射区发射过来的电子。

下面用载流子在晶体管内部的运动规律来解释上述结论。

1. 发射区向基区扩散电子

对 NPN 型管而言，因为发射区自由电子（多数载流子）的浓度大，而基区自由电子（少数载流子）的浓度小，所以自由电子要从浓度大的发射区（N 型）向浓度小的基区（P

型）扩散。由于发射结处于正向偏置，发射区自由电子的扩散运动加强，不断扩散到基区，并不断从电源补充进电子，形成发射极电流 I_E。基区的多数载流子（空穴）也要向发射区扩散，但由于基区的空穴浓度比发射区的自由电子的浓度小得多，因此空穴电流很小，可以忽略不计（在图 10-16 中未画出）。

2. 电子在基区扩散和复合

从发射区扩散到基区的自由电子起初都聚集在发射结附近，靠近集电结的自由电子很少，形成了浓度上的差别，因而自由电子将向集电结方向继续扩散。在扩散过程中，自由电子不断与空穴（P 型基区中的多数载流子）相遇而复合。由于基区接电源 E_B 的正极，基区中受激发的价电子不断被电源拉走，这相当于不断补充基区中被复合掉的空穴，形成电流 I_{BE}（图 10-16），它基本等于基极电流 I_B。

在中途被复合掉的电子越多，扩散到集电结的电子就越少，这不利于晶体管的放大作用。为此，基区就要做得很薄，基区掺杂浓度要很小（这是放大的内部条件），这样才可以大大减少电子与基区空穴复合的机会，使绝大部分自由电子都能扩散到集电结边缘。

3. 集电区收集从发射区扩散过来的电子

由于集电结反向偏置，它阻挡集电区（N 型）的自由电子向基区扩散，但可将从发射区扩散到基区并到达集电区边缘的自由电子拉入集电区，从而形成电流 I_{CE}，它基本上等于集电极电流 I_C。

除此以外，由于集电结反向偏置，集电区的少数载流子（空穴）和基区的少数载流子（电子）将向对方运动，形成 I_{CBO}。这电流数值很小，它构成集电极电流 I_C 和基极电流 I_B 的一小部分，但受温度影响很大，并与外加电压的大小关系不大。

上述的晶体管中的载流子运动和电流分配描述如图 10-16 中所示。

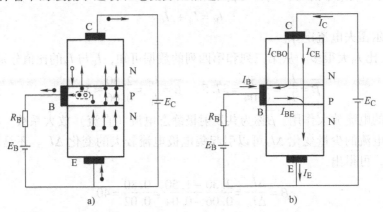

图 10-16　晶体管的电流

a）载流子运动　b）电流分配

如上所述，从发射区扩散到基区的电子只有很小一部分在基区复合，绝大部分到达集电区。也就是构成发射极电流 I_E 的两部分中，I_{BE} 部分是很小的，而 I_{CE} 部分所占的百分比是很大的。这个比值用 $\bar{\beta}$ 表示，即

$$\bar{\beta} = \frac{I_{CE}}{I_{BE}} = \frac{I_C - I_{CBO}}{I_B + I_{CBO}} \approx \frac{I_C}{I_B}$$

(10-8)

从前面的电流放大试验还知道，在晶体管中，不仅 I_C 比 I_B 大得多，而且当调节可变电阻 R_B 使 I_B 有一个微小的变化时，将会引起 I_C 大得多的变化。

此外，从晶体管内部载流子的运动规律，也就理解了要使晶体管起电流放大作用，为什么发射结必须正向偏置，集电结必须反向偏置（这是放大的外部条件）。图 10-17 所示的是起放大作用时 NPN 型晶体管和 PNP 型晶体管中电流实际方向和发射结与集电结的实际极性（图 10-15 中如换用 PNP 型管，则电源 E_C 和 E_B 要反接）。发射结上加的是正向电压，要使晶体管起放大作用时，$|U_{CE}| > |U_{BE}|$，集电结上加的就是反向电压。此外还可看到：对 NPN 型管而言，U_{CE} 和 U_{BE} 都是正值；而对 PNP 型管而言，它们都是负值。

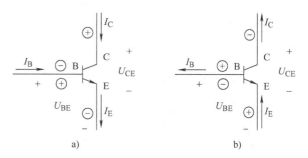

图 10-17　电流方向和发射结与集电结的极性
a）NPN 型晶体管　b）PNP 型晶体管

10.5.3　特性曲线

晶体管的特性曲线是用来表示该晶体管各极电压和电流之间相互关系的，它反映出晶体管的性能，是分析放大电路的重要依据。最常用的是共发射极接法时的输入特性曲线和输出特性曲线。这些特性曲线可用晶体管特性图示仪直观地显示出来，也可以通过如图 10-15 的实验电路进行测绘。

1. 输入特性曲线

输入特性曲线是指当集-射极电压 U_{CE} 为常数时，输入电路（基极电路）中基极电流 I_B 与基-射极电压 U_{BE} 之间的关系曲线 $I_B = f(U_{BE})$，如图 10-18 所示。

对硅管而言，当 $U_{CE} \geq 1V$ 时，集电结已反向偏置，并且内电场已足够大，而基区又很薄，可以把从发射区扩散到基区的电子中的绝大部分拉入集电区。此后 U_{CE} 对 I_B 就不再有明显的影响。就是说 $U_{CE} > 1V$ 后的输入特性曲线基本上是重合的。所以，通常只画出 $U_{CE} \geq 1V$ 的一条输入特性曲线。

由图 10-18 可见，和二极管的伏安特性一样，晶体管输入特性也有一段死区。只有在发射结外加电压大于死区电压时，晶体管才会出现 I_B。硅管的死区电压约为 0.5V，锗管的死区电压约为 0.1V。在正常工作情况下，NPN 型硅管的发射结电压 $U_{BE} = 0.6 \sim 0.7V$，PNP 型锗管的 $U_{BE} = -0.3 \sim -0.2V$。

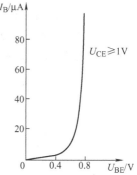

图 10-18　3DG100 晶体管的输入特性曲线

2. 输出特性曲线

输出特性曲线是指当基极电流 I_B 为常数时，输出电路（集电极电路）中集电极电流 I_C 与集-射极电压 U_{CE} 之间的关系曲线 $I_C = f(U_{CE})$。在不同的 I_B 下，可得出不同的曲线，所以晶体管的输出特性曲线是一组曲线，如图 10-19 所示。

通常把晶体管的输出特性曲线组分为三个工作区（图 10-19），就是晶体管有三种工作状态。今结合图 10-20 的电路来分析（集电极电路中接有电阻 R_C）。

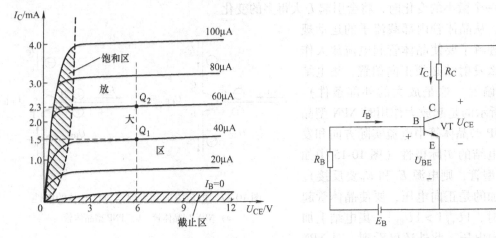

图 10-19　3DG100 晶体管的输出特性曲线　　　　图 10-20　共发射极电路

（1）放大区　输出特性曲线的近于水平部分是**放大区**。在放大区，$I_C = \bar{\beta} I_B$。放大区也称为**线性区**，因为 I_C 和 I_B 成正比的关系。如前所述，晶体管工作于放大状态时，发射结处于正向偏置，集电结处于反向偏置。即对 NPN 型管而言，应使 $U_{BE} > 0$，$U_{BC} < 0$。此时 $U_{CE} > U_{BE}$。

（2）截止区　$I_B = 0$ 的曲线以下的区域称为截止区。$I_B = 0$ 时，$I_C = I_{CEO}$（在表 10-1 中，$I_{CEO} < 0.001\,\mathrm{mA}$）。对 NPN 型硅管而言，当 $U_{BE} < 0.5\mathrm{V}$ 时即已开始截止，但是为了截止可靠，常使 $U_{BE} \leqslant 0$。截止时集电结也处于反向偏置（$U_{BC} < 0$）。此时 $I_C \approx 0$，$U_{CE} \approx U_{CC}$。

（3）饱和区　当 $U_{CE} < U_{BE}$ 时，集电结处于正向偏置（$U_{BC} > 0$），晶体管工作于饱和状态。在**饱和区**，I_B 的变化对 I_C 的影响较小，两者不成正比，放大区的 $\bar{\beta}$ 不能适用于饱和区。饱和时，发射结也处于正向偏置。此时，$U_{CE} \approx 0\mathrm{V}$，$I_C \approx \dfrac{U_{CC}}{R_C}$。

由上可知，当晶体管饱和时，$U_{CE} \approx 0$，发射极与集电极之间如同一个开关的接通，其间电阻很小；当晶体管截止时，$I_C \approx 0$，发射极与集电极之间如同一个开关的断开，其间电阻很大。可见，晶体管除了有**放大**作用外，还有**开关**作用。

图 10-21 所示的就是晶体管的三种工作状态的电压和电流。

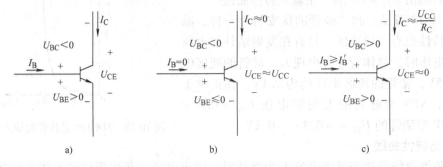

图 10-21　晶体管的三种工作状态的电压和电流
a）放大　b）截止　c）饱和

表 10-2 是晶体管结电压三种工作状态的典型值。

表 10-2　晶体管结电压的典型数据

管　型	工作状态				
	饱　和		放　大	截　止	
	U_{BE}/V	U_{CE}/V	U_{BE}/V	U_{BE}/V	
				开始截止	可靠截止
硅管（NPN）	0.7	0.3	0.6 ~ 0.7	0.5	≤0
锗管（PNP）	-0.3	-0.1	-0.3 ~ -0.2	-0.1	0.1

【例 10-4】　在图 10-22 的电路中，$U_{CC} = 6V$，$R_C = 3k\Omega$，$R_B = 10k\Omega$，$\overline{\beta} = 25$，当输入电压 U_I 分别为 3V、1V 和 -1V 时，试问晶体管处于何种工作状态？

【解】　由图 10-21c 可知，晶体管饱和时集电极电流近似为

$$I_C = \frac{U_{CC}}{R_C} = \frac{6}{3 \times 10^3}A = 2 \times 10^{-3}A = 2mA$$

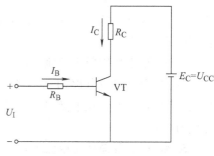

图 10-22　例 10-4 的图

晶体管刚饱和时的基极电流为

$$I'_B = \frac{I_C}{\beta} = \frac{2}{25}mA = 0.08mA = 80\mu A$$

（1）当 $U_I = 3V$ 时

$$I_B \approx \frac{U_I - U_{BE}}{R_B} = \frac{3 - 0.7}{10 \times 10^3}A = 230 \times 10^{-6}A = 230\mu A > I'_B$$

晶体管已处于深度饱和状态。

（2）当 $U_I = 1V$ 时

$$I_B \approx \frac{U_I - U_{BE}}{R_B} = \frac{1 - 0.7}{10 \times 10^3}A = 30 \times 10^{-6}A = 30\mu A < I'_B$$

晶体管处于放大状态。

（3）当 $U_I = -1V$ 时，晶体管可靠截止。

10.5.4　主要参数

晶体管的特性除用特性曲线表示外，还可用一些数据来说明，这些数据就是晶体管的参数。晶体管的参数也是设计电路、选用晶体管的依据。主要参数有下面几个。

1. 电流放大系数 $\overline{\beta}$、β

如上所述，当晶体管接成共发射极电路时，在静态（无输入信号）时集电极电流 I_C 与基极电流 I_B 的比值称为共发射极静态电流（直流）放大系数，即

$$\overline{\beta} = \frac{I_C}{I_B}$$

当晶体管工作在动态（有输入信号）时，基极电流的变化量为 ΔI_B，它引起集电极电流的变化量为 ΔI_C。ΔI_C 与 ΔI_B 的比值称为动态电流（交流）放大系数，即

$$\beta = \frac{\Delta I_C}{\Delta I_B}$$

【例 10-5】 从图 10-19 所给出的 3DG100 晶体管的输出特性曲线上，（1）计算 Q_1 点处的 $\bar{\beta}$，（2）由 Q_1 和 Q_2 两点，计算 β。

【解】 （1）在 Q_1 点处，$U_{CE} = 6V$，$I_B = 40\mu A = 0.04 mA$，$I_C = 1.5 mA$，故

$$\bar{\beta} = \frac{I_C}{I_B} = \frac{1.5}{0.04} = 37.5$$

（2）由 Q_1 和 Q_2 两点（$U_{CE} = 6\ V$）得

$$\beta = \frac{\Delta I_C}{\Delta I_B} = \frac{2.3 - 1.5}{0.06 - 0.04} = \frac{0.8}{0.02} = 40$$

由上述可见，$\bar{\beta}$ 和 β 的含义是不同的，但在输出特性曲线近于平行等距并且 I_{CEO} 较小的情况下，两者数值较为接近。今后在估算时，常用 $\bar{\beta} \approx \beta$ 这个近似关系。常用晶体管的 β 值在 20～200 之间。

2. 集-基极反向截止电流 I_{CBO}

I_{CBO} 是当发射极开路时流经集电结的反向电流，其值很小。在室温下，小功率锗管的 I_{CBO}，约为几微安到几十微安，小功率硅管在 $1\mu A$ 以下。I_{CBO} 越小越好。硅管在温度稳定性方面胜于锗管。

3. 集-射极反向截止电流 I_{CEO}

I_{CEO} 是当基极开路（$I_B = 0$）时的集电极电流，也称为穿透电流。硅管的 I_{CEO} 约为几微安，锗管的约为几十微安，其值越小越好。

4. 集电极最大允许电流 I_{CM}

集电极电流 I_C 超过一定值时，晶体管的 β 值要下降。当 β 值下降到正常数值的三分之二时的集电极电流，称为集电极最大允许电流 I_{CM}。因此，在使用晶体管时，I_C 超过 I_{CM} 并不一定会使晶体管损坏，但以降低 β 值为代价。

5. 集-射极反向击穿电压 $U_{(BR)CEO}$

基极开路时，加在集电极和发射极之间的最大允许电压，称为集-射极**反向击穿电压** $U_{(BR)CEO}$。当晶体管的集-射极 U_{CE} 大于 $U_{(BR)CEO}$ 时，I_{CEO} 突然大幅度上升，说明晶体管已被击穿。

6. 集电极最大允许耗散功率 P_{CM}

由于集电极电流在流经集电结时将产生热量，使结温升高，从而会引起晶体管参数变化。当晶体管因受热而引起的参数变化不超过允许值时，集电极所消耗的最大功率，称为**集电极最大允许耗散功率 P_{CM}**。

由 I_{CM}、$U_{(BR)CEO}$、P_{CM} 三者共同确定晶体管的安全工作区，如图 10-23 所示。

以上所讨论的几个参数，其中 β 和 I_{CBO}（I_{CEO}）是表明晶体管优劣的主要指标；I_{CM}、$U_{(BR)CEO}$、P_{CM} 都是极限参数，用来说明晶体管的使用限制。

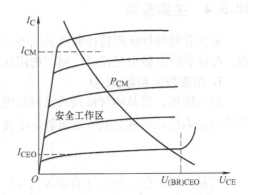

图 10-23　晶体管的安全工作区

10.6　共发射极放大电路的组成

图 10-24 是共发射极接法的基本交流放大电路。输入端接交流信号源（通常可用一个电动势 e_S 与电阻 R_S 组成的电压源等效表示），输入电压为 u_i；输出端接负载电阻 R_L，输出电压为 u_o。电路中各个元器件的作用如下。

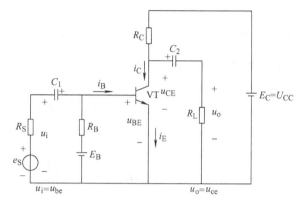

图 10-24　共发射极基本交流放大电路

1. 晶体管 VT

晶体管是放大电路中的放大器件，利用它的电流放大作用，在集电极电路获得放大了的电流，该电流受输入信号的控制。如果从能量观点来看，输入信号的能量是较小的，而输出的能量是较大的，但这不是说放大电路把输入的能量放大了。能量是守恒的，不能放大，输出的较大能量是来自直流电源 E_C。也就是能量较小的输入信号通过晶体管的控制作用，去控制电源 E_C 所供给的能量，以在输出端获得一个能量较大的信号。这就是放大作用的实质，而晶体管也可以说是一个控制器件。

2. 集电极电源 E_C

电源 E_C 除为输出信号提供能量外，它还保证集电结处于反向偏置，以使晶体管起到放大作用。E_C 一般为几伏到几十伏。

3. 集电极负载电阻 R_C

集电极负载电阻简称集电极电阻，它主要是将集电极电流的变化变换为电压的变化，以实现电压放大。R_C 的阻值一般为几千欧到几十千欧。

4. 基极电源 E_B 和基极电阻 R_B

它们的作用是使发射结处于正向偏置，并提供大小适当的基极电流 I_B，以使放大电路获得合适的工作点，并使发射结处于正向偏置。R_B 的阻值一般为几十千欧到几百千欧。

5. 耦合电容 C_1 和 C_2

它们一方面起到隔直作用，C_1 用来隔断放大电路与信号源之间的直流通路，而 C_2 则用来隔断放大电路与负载之间的直流通路，使三者之间无直流联系，互不影响。另一方面又起到交流耦合作用，保证交流信号畅通无阻地经过放大电路，沟通信号源、放大电路和负载三者之间的交流通路。通常要求耦合电容上的交流压降小到可以忽略不计，即对交流信号可视作短路；因此电容值要取得较大，对交流信号频率其容抗近似为零。C_1 和 C_2 的电容值一般为几微法到几十微法，用的是极性电容器，连接时要注意其极性。

在图 10-24 的放大电路中，用了两个直流电源 E_C 和 E_B，使用不便。实际上可将 R_B 的一端改接到 E_C 正极上，这样 E_B 可以省去，只由 E_C 供电，由它来兼管 E_B 的任务。此外，在放大电路中通常把公共端接"地"，设其电位为零，作为电路中其他各点电位的参考点。同时为了简化电路的画法，习惯上常不画电源 E_C 的符号，而只在连接其正极的一端标出它对"地"的电压值 U_{CC} 和极性（"＋"或"－"）。如忽略电源 E_C 的内阻，则 $U_{CC} = E_C$。因此通常的画法如图 10-25 所示。

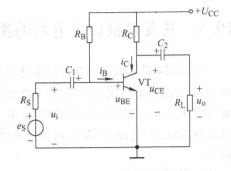

图 10-25　共发射极基本交流放大电路

图 10-26 是扩音器示意图。传声器是信号源，它将语音转换为电信号，可用一电压源（$\dot{E}_S$，R_S）表示。扬声器是负载，它将电信号还原为语音，用等效电阻 R_L 表示。图 10-27 所示是放大电路示意图。

图 10-26　扩音器示意图

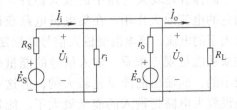

图 10-27　放大电路示意图

放大电路的输入端用一个等效电阻 r_i 表示，它称为放大电路的输入电阻，是信号源的负载，即

$$r_i = \frac{\dot{U}_i}{\dot{I}_i}$$

放大电路的输出端也可用一电压源（$\dot{E}_o$，r_o）表示，它是负载电阻 R_L 的电源，其内阻 r_o 称为放大电路的输出电阻。

放大电路输出电压 $\dot{U}_o$ 和输入电压 $\dot{U}_i$ 之比，即

$$A_u = \frac{\dot{U}_o}{\dot{U}_i}$$

称为放大电路的电压放大倍数。

电压放大倍数、输入电阻和输出电阻是放大电路的三个主要性能指标，它们将在 10.8 节中进行分析计算。

10.7　放大电路的静态分析

对放大电路可分**静态**和**动态**两种情况来分析。静态是当放大电路没有输入信号时的工作状态；动态则是有输入信号时的工作状态。静态分析是要确定放大电路的静态值（直流值）I_B、I_C、U_{BE} 和 U_{CE}，放大电路的质量与其静态值的关系甚大。动态分析是要确定放大电路的电压放大倍数 A_u、输入电阻 r_i 和输出电阻 r_o 等。本节先讨论放大电路静态分析的基本方法。

由于放大电路中电压和电流的名称较多，符号不同，今列成表 10-3，以便区别。

表 10-3　放大电路中电压和电流的符号

名　　称	静　态　值	交　流　分　量		总电压或总电流		直　流　电　源	
		瞬时值	有效值	瞬时值	平均值	电动势	电压
基极电流	I_B	i_b	I_b	i_B	$I_{B(AV)}$		
集电极电流	I_C	i_c	I_c	i_C	$I_{C(AV)}$		
发射极电流	I_E	i_e	I_e	i_E	$I_{E(AV)}$		
集-射极电压	U_{CE}	u_{ce}	U_{ce}	u_{CE}	$U_{CE(AV)}$		
基-射极电压	U_{BE}	u_{be}	U_{be}	u_{BE}	$U_{BE(AV)}$		
集电极电源						E_C	U_{CC}
基极电源						E_B	U_{BB}
发射极电源						E_E	U_{EE}

10.7.1　用放大电路的直流通路确定静态值

静态值既然是直流，故可用交流放大电路的直流通路来分析计算。图 10-28 是图 10-25 所示放大电路的直流通路。画直流通路时，电容 C_1 和 C_2 可视作开路。

由图 10-28 的直流通路，可得出静态时的基极电流为

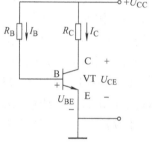

图 10-28　图 10-25 所示放大
电路的直流通路

$$I_B = \frac{U_{CC} - U_{BE}}{R_B} \approx \frac{U_{CC}}{R_B} \qquad (10\text{-}9)$$

由于 U_{BE}（硅管约为 0.6V）比 U_{CC} 小得多，故可忽略不计。

由 I_B 可得出静态时的集电极电流为

$$I_C \approx \bar{\beta} I_B + I_{CEO} \approx \bar{\beta} I_B \approx \beta I_B \qquad (10\text{-}10)$$

静态时的集-射极电压则为

$$U_{CE} = U_{CC} - R_C I_C \qquad (10\text{-}11)$$

【例 10-6】　在图 10-25 中，已知 $U_{CC} = 12V$，$R_C = 4k\Omega$，$R_B = 300k\Omega$，$\bar{\beta} = 37.5$，试求放大电路的静态值。

【解】　根据图 10-6 的直流通路可得出

$$I_B \approx \frac{U_{CC}}{R_B} = \frac{12}{300 \times 10^3} A = 0.04 \times 10^{-3} A = 0.04 mA = 4 \mu A$$

$$I_C \approx \bar{\beta} I_B = 37.5 \times 0.04 mA = 1.5 mA$$

$$U_{CE} = U_{CC} - R_C I_C = [12 - (4 \times 10^3) \times (1.5 \times 10^{-3})] V = 6V$$

10.7.2　用图解法确定静态值

静态值也可以用图解法来确定，并能直观地分析和了解静态值的变化对放大电路工作的影响。

晶体管是一种非线性器件，即其集电极电流 I_C 与集-射极电压 U_{CE} 之间不是直线关系，它的伏安特性曲线即为输出特性曲线（图 10-19）。在图 10-28 的直流通路中，晶体管与集电极负载电阻 R_C 串联后接于电源 U_{CC}，可列出

$$U_{CE} = U_{CC} - R_C I_C$$

或

$$I_C = -\frac{1}{R_C}U_{CE} + \frac{U_{CC}}{R_C} \qquad (10\text{-}12)$$

这是一个直线方程，其斜率为 $-\dfrac{1}{R_C}$，在横轴上

的截距为 U_{CC}，在纵轴上的截距为 $\dfrac{U_{CC}}{R_C}$，这一直

线很容易在图 10-29 上做出。因为它是由直流通路得出的，且与集电极负载电阻 R_C 有关，故称为**直流负载线**。负载线与晶体管的某条（由 I_B 确定）输出特性曲线的交点 Q，称为放大电路的**静态工作点**，由它确定放大电路的电压和电流的静态值。

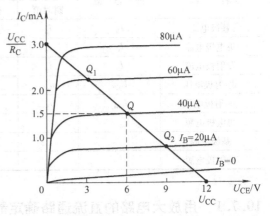

图 10-29　用图解法确定放大电路的静态工作点

由图 10-29 可见，基极电流 I_B 的大小不同，静态工作点在负载线上的位置也就不同。根据对晶体管工作状态的要求不同，要有一个相应不同的合适的工作点，这可通过改变 I_B 的大小来获得。因此，I_B 很重要，它确定晶体管的工作状态，通常称它为偏置电流，简称偏流。产生偏流的电路，称为偏置电路，在图 10-28 中，其路径为 $U_{CC} \rightarrow R_B \rightarrow$ 发射结 $\rightarrow$ "地"。R_B 称为偏置电阻。通常是改变偏置电阻 R_B 的阻值来调整偏流 I_B 的大小。

【例 10-7】　在图 10-25 所示的放大电路中，已知 $U_{CC} = 12V$，$R_C = 4k\Omega$，$R_B = 300k\Omega$。晶体管的输出特性曲线组已给出（图 10-29）。（1）做直流负载线；（2）求静态值。

【解】　（1）根据图 10-28 的直流通路，有

$$U_{CE} = U_{CC} - R_C I_C$$

可得出

由 $I_C = 0$ 时，$U_{CE} = U_{CC} = 12V$

$U_{CE} = 0$ 时，$I_C = \dfrac{U_{CC}}{R_C} = \dfrac{12}{4 \times 10^3}A = 3 \times 10^{-3}A = 3mA$

就可在图 10-29 的晶体管输出特性曲线组上做出直流负载线。

（2）根据式（10-9）可算出

$$I_B \approx \frac{U_{CC}}{R_B} = \frac{12}{300 \times 10^3}A = 0.04 \times 10^{-3}A = 0.04mA = 40\mu A$$

由此得出静态工作点 Q（图 10-29），静态值为

$$I_B = 40\mu A, \quad I_C = 1.5mA, \quad U_{CE} = 6V$$

所得结果与例 10-6 一致。

用图解法求静态值的一般步骤如下：给出晶体管的输出特性曲线组→做出直流负载线→由直流通路求出偏流 I_B→得出合适的静态工作点→找出静态值。

10.8　放大电路的动态分析

当放大电路有输入信号时，晶体管的各个电流和电压都含有直流分量和交流分量。直流

分量一般即为静态值，由上节所述的静态分析来确定。动态分析是在静态值确定后分析信号的传输情况，考虑的只是电流和电压的交流分量（信号分量）。图解法和微变等效电路法是动态分析的两种基本方法。

10.8.1 图解法

对放大电路的动态分析可以应用图解法，就是利用晶体管的特性曲线在静态分析的基础上，用做图的方法来分析各个电压和电流交流分量之间的传输情况和相互关系。

1. 交流负载线

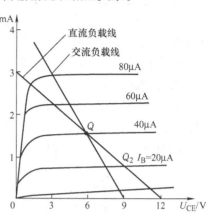

直流负载线反映静态时电流 I_C 和电压 U_{CE} 的变化关系。由于耦合电容 C_2 的隔直作用，负载电阻 R_L 不加考虑，故斜率为 $-\dfrac{1}{R_C}$。交流负载线反映动态时电流 i_C 和电压 u_{CE} 的变化关系，由于对交流信号 C_2 可视为短路，R_L 与 R_C 并联，故其斜率为 $-\dfrac{1}{R'_L}$。因为 $R'_L <$ R_L，所以交流负载线比直流负载线要陡些。当输入信号为零时，放大电路仍应工作在静态工作点 Q。可见交流负载线也要通过 Q 点。根据上述两点，可做出放大电路的交流负载线，如图 10-30 所示。

图 10-30 直流负载线和交流负载线

2. 图解分析

由图 10-31 所示的图解分析可得出下列几点。

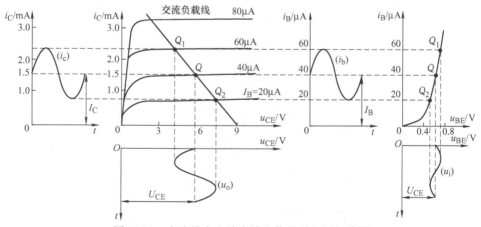

图 10-31 交流放大电路有输入信号时的图解分析

1）交流信号的传输情况：

$$u_i（即\ u_{be}）\rightarrow i_b \rightarrow i_c \rightarrow u_o（即\ u_{ce}）$$

2）电压和电流都含有直流分量和交流分量，即

$$u_{BE} = U_{BE} + u_{be} \quad i_B = I_B + i_b$$

$$i_C = I_C + i_c \quad u_{CE} = U_{CE} + u_{ce}$$

由于电容 C_2 的隔直作用，u_{CE} 的直流分量 U_{CE} 不能到达输出端，只有交流分量 u_{ce} 能通过

C_2 构成输出电压 u_o。

3）输入信号电压 u_i 和输出电压 u_o 相位相反。若设公共端发射极的电位为零，那么，基极的电位升高为正数值时，集电极的电位降低为负数值；基极的电位降低为负数值时，集电极的电位升高为正数值。一高一低，一正一负，两者变化相反。

4）从图上也可以计算电压放大倍数（虽然是不精确的），它等于输出正弦电压的幅值与输入正弦电压的幅值之比。R_L 的阻值越小，交流负载越陡，电压放大倍数下降得也越多。

3. 非线性失真

对放大电路有一基本要求，就是输出信号尽可能不失真。所谓失真，是指输出信号的波形不像输入信号的波形。引起失真的原因有多种，其中最基本的一种就是由于静态工作点不合适或者信号太大，使放大电路的工作范围超出了晶体管特性曲线上的线性范围。这种失真通常称为**非线性失真**。

在图 10-32a 中，静态工作点 Q_1 的位置太低，即使输入的是正弦电压，但在它的负半周，晶体管进入截止区工作，i_B、u_{CE} 和 i_C（i_C 图中未画出）都严重失真了，i_B 的负半周和 u_{CE} 的正半周被削平。这是由于晶体管的截止而引起的，故称为**截止失真**。

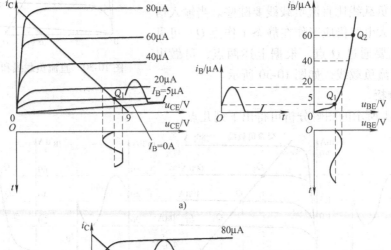

a)

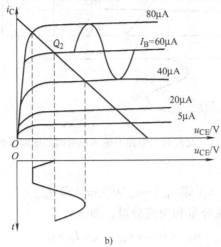

b)

图 10-32　工作点不合适引起输出电压波形失真

a）截止失真　b）饱和失真

在图 10-32b 中，静态工作点 Q_2 太高，在输入电压的正半周，晶体管进入饱和区工作，这时 i_B 可以不失真，但是 u_{CE} 和 i_C 都严重失真了。这是由于晶体管的饱和而引起的，故称**饱和失真**。

因此，要放大电路不产生非线性失真，必须要有一个合适的静态工作点，工作点 Q 应大致选在交流负载线的中点。此外，输入信号 u_i 的幅值不能太大，以避免放大电路的工作范围超过特性曲线的线性范围。在小信号放大电路中，此条件一般都能满足。

图解法的主要优点是直观、形象，便于对放大电路工作原理的理解，但不适用于较为复杂的电路（如多级放大电路），并且做图过程麻烦，容易产生误差。

10.8.2 微变等效电路法

所谓放大电路的微变等效电路，就是把非线性器件晶体管所组成的放大电路等效为一个线性电路，也就是把晶体管线性化，等效为一个线性器件。这样，就可像处理线性电路那样来处理晶体管放大电路。线性化的条件，就是晶体管在小信号（微变量）情况下工作。这才能在静态工作点附近的小范围内用直线段近似地代替晶体管的特性曲线。

1. 晶体管的微变等效电路

如何把晶体管线性化，用一个等效电路来代替，这是首先要讨论的。下面从共发射极接法晶体管的输入特性和输出特性两方面来分析讨论。

图 10-33a 所示是晶体管的输入特性曲线，是非线性的。但当输入信号很小时，在静态工作点 Q 附近的工作段可认为是直线。当 U_{CE} 为常数时，ΔU_{BE} 与 ΔI_B 之比

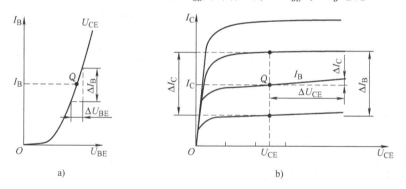

图 10-33 从晶体管的特性曲线求 r_{be}、β 和 r_{ce}

$$r_{be} = \frac{\Delta U_{BE}}{\Delta I_B}\bigg|_{U_{CE}} = \frac{u_{be}}{i_b}\bigg|_{U_{CE}} \qquad (10\text{-}13)$$

称为晶体管的输入电阻，它表示晶体管的输入特性。在小信号的情况下，r_{be} 是一常数，由它确定 u_{be} 和 i_b 之间的关系。因此，晶体管的输入电阻可用 r_{be} 等效代替（见图 10-34）。

低频小功率晶体管的输入电阻常用下式估算，即

$$r_{be} \approx 200\Omega + (1 + \beta)\frac{26\text{mV}}{I_E} \qquad (10\text{-}14)$$

式中，I_E 是发射极电流的静态值，单位为 mA 右边第一项常取 $100\sim300\Omega$。r_{be} 一般为几百欧到几千欧。它是对交流而言的一个动态电阻，在手册中常用 h_{ie} 代表。

图 10-33b 是晶体管的输出特性曲线组，在放大工作区是一组近似与横轴平行的直线。

当 U_{CE} 为常数时，ΔI_C 与 ΔI_B 之比

$$\beta = \frac{\Delta I_C}{\Delta I_B}\bigg|_{U_{CE}} = \frac{i_c}{i_b}\bigg|_{U_{CE}} \tag{10-15}$$

即为晶体管的电流放大系数。在小信号的条件下，β 是一常数，由它确定 i_c 受 i_b 控制的关系。因此，晶体管的输出电路可用一受控电流源 $i_c = \beta i_b$ 代替，以表示晶体管的电流控制作用。当 $i_b = 0$ 时，βi_b 不复存在，所以它不是一个独立电源，而是受输入电流 i_b 控制的受控电流源。

此外，在图 10-33b 中还可见到，晶体管的输出特性曲线不完全与横轴平行，当 I_B 为常数时，ΔU_{CE} 与 ΔI_C 之比

$$r_{ce} = \frac{\Delta U_{CE}}{\Delta I_C}\bigg|_{I_B} = \frac{u_{ce}}{i_c}\bigg|_{I_B} \tag{10-16}$$

称为晶体管的输出电阻。在小信号的条件下，r_{ce} 也是一个常数。如果把晶体管的输出电路看作电流源，r_{ce} 也就是电源的内阻，故在等效电路中与受控电流源 βi_b 并联。由于 r_{ce} 的阻值很高，约为几十千欧到几百千欧，所以在后面的微变等效电路中都将它忽略不计。

图 10-34b 就是得出的晶体管微变等效电路。

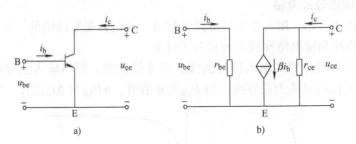

图 10-34　晶体管及微变等效电路
a）晶体管　b）微变等效电路

2. 放大电路的微变等效电路

由晶体管的微变等效电路和放大电路的交流通路可得出放大电路的微变等效电路。如上所述，静态值可由直流通路确定，而交流分量则由相应的交流通路来分析计算。图 10-35 是图 10-25 所示的交流放大电路的交流通路。对交流分量来讲，电容 C_1 和 C_2 可视作短路；同时，一般直流电源的内阻很小，可以忽略不计，对交流来讲，直流电源也可以认为是短路的。据此就可画出交流通路。再把交流通路中的晶体管用它的微变等效电路代替，即为放大电路的微变等效电路，如图 10-36 所示。电路中的电压和电流都是交流分量，标出的是参考方向。

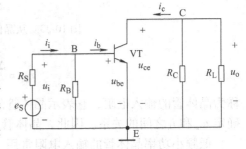

图 10-35　交流放大电路的交流通路

3. 电压放大倍数的计算

下面以图 10-25 所示的交流放大电路为例，用它的微变等效电路（图 10-36）来计算电压放大倍数。设输入的是正弦信号，图 10-36 中的电压和电流都可用相量表示（图 10-37）。

根据图 10-37 可列出

$$\dot U_{\text{i}} = r_{\text{be}} \dot I_{\text{b}}$$

$$\dot U_{\text{o}} = - R'_{\text{L}} \dot I_{\text{c}} = - \beta R'_{\text{L}} \dot I_{\text{b}}$$

式中

$$R'_{\text{L}} = R_{\text{C}} /\!/ R_{\text{L}}$$

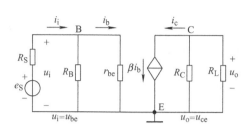

图 10-36　交流放大电路的微变等效电路

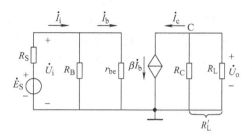

图 10-37　相量形式的微变等效电路

故放大电路的电压放大倍数

$$A_u = \frac{\dot U_{\text{o}}}{\dot U_{\text{i}}} = - \beta \frac{R'_{\text{L}}}{r_{\text{be}}} \tag{10-17}$$

式（10-17）中的负号表示输出电压 $\dot U_{\text{o}}$ 与输入电压 $\dot U_{\text{i}}$ 的相位相反。

当放大电路输出端开路（未接 R_{L}）时

$$A_u = - \beta \frac{R_{\text{C}}}{r_{\text{be}}} \tag{10-18}$$

比接 R_{L} 时高。可见 R_{L} 越小，则电压放大倍数越低。

A_u 除与 R'_{L} 有关外，还与 β 和 r_{be} 有关。在保持静态值 I_{E} 一定的条件下，由式（10-14）可见，β 大的管子其 r_{be} 也大，但两者不是成正比地增大，而是随着 β 的增大 $\frac{\beta}{r_{\text{be}}}$ 值也在增大，但是增大得越来越小。也就是随着 β 的增大，电压放大倍数增大得越来越小。当 β 足够大时，电压放大倍数几乎与 β 无关。此外，在 β 一定时，只要稍把 I_{E} 增大一些，却能使电压放大倍数在一定范围内有明显的提高，而往往选用 β 较高的管子反而达不到这个效果。但是 I_{E} 的增大是有限制的。

【例 10-8】　在图 10-25 中，$U_{\text{CC}} = 12\text{V}$，$R_{\text{C}} = 4\ \text{k}\Omega$，$R_{\text{B}} = 300\text{k}\Omega$，$\beta = 37.5$，$R_{\text{L}} = 4\text{k}\Omega$，试求电压放大倍数 A_u。

【解】　在例 10-6 中已求出

$$I_{\text{C}} = 1.5\text{mA} \approx I_{\text{E}}$$

由式（10-14）得

$$r_{\text{be}} \approx 20\Omega + (37.5 + 1)\frac{26\text{mV}}{1.5} = 0.867\text{k}\Omega$$

故

$$A_u = - \beta \frac{R'_{\text{L}}}{r_{\text{be}}} = - 37.5 \times \frac{2}{0.867} = - 86.5$$

式中

$$R'_L = R_C /\!/ R_L = 2\text{k}\Omega$$

4. 放大电路输入电阻的计算

一个放大电路的输入端总是与信号源（或前级放大电路）相连的，其输出端总是与负载（或后级放大电路）相连的。因此放大电路与信号源和负载之间（或前级放大电路和后级放大电路之间），都是互相联系、互相影响的。

放大电路对信号源（或对前级放大电路）来说，是一个负载，可用一个电阻来等效代替。这个电阻是信号源的负载电阻，也就是放大电路的输入电阻 r_i，即

$$r_i = \frac{\dot{U}_i}{\dot{I}_i} \tag{10-19}$$

它是对交流信号而言的一个动态电阻。

如果放大电路的输入电阻较小，第一，将从信号源取用较大的电流，从而增加信号源的负担；第二，经过信号源内阻 R_S 和 r_i 的分压，使实际加到放大电路的输入电压 U_i 减小，从而减小输出电压；第三，后级放大电路的输入电阻，就是前级放大电路的负载电阻，从而将会降低前级放大电路的电压放大倍数。因此，通常希望放大电路的输入电阻能高一些。

以图 10-25 的放大电路为例，其输入电阻可从它的微变等效电路（图 10-37）计算，即

$$r_i = R_B /\!/ r_{be} \approx r_{be} \tag{10-20}$$

实际上 R_B 的阻值比 r_{be} 大得多，因此，这一类放大电路的输入电阻基本上等于晶体管的输入电阻，是不高的。注意 r_i 和 r_{be} 意义不同，不能混淆。在电压放大倍数 A_u 的式子中是 r_{be}，不是 r_i。

5. 放大电路输出电阻的计算

放大电路对负载（或对后级放大电路）来说，是一个信号源，其内阻即为放大电路的输出电阻 r_o，它也是一个动态电阻。

如果放大电路的输出电阻较大（相当于信号源的内阻较大），当负载变化时，输出电压的变化较大，也就是放大电路带负载的能力较差。因此，通常希望放大电路输出级的输出电阻低一些。

放大电路的输出电阻可在信号源短路（$\dot{U}_i = 0$）和输出端开路的条件下求得。现以图 10-25 的放大电路为例，从它的微变等效电路（图 10-37）看，当 $\dot{U}_i = 0$，$\dot{I}_b = 0$ 时，$\beta \dot{I}_b$ 和 $\dot{I}_c$ 也为零。共发射极放大电路的输出电阻是从放大电路的输出端看进去的一个电阻。因为晶体管的输出电阻 r_{ce}（也和受控电流源 $\beta \dot{I}_b$ 并联）很高，在图中已略去，故

$$r_o \approx R_C \tag{10-21}$$

R_C 一般为几千欧，因此共发射极放大电路的输出电阻较高。

通常计算 r_o 时可将信号源短路（$\dot{U}_i = 0$，但要保留信号源内阻），将 R_L 取去，在输出端加一交流电压 $\dot{U}_o$，以产生一个电流 $\dot{I}_o$，则放大电路的输出电阻为

$$r_o = \frac{\dot{U}_o}{\dot{I}_o} \tag{10-22}$$

利用微变等效电路对放大电路进行动态分析和计算，非常简便，对较为复杂的电路也能适用，但它不能确定静态工作点。

10.9　静态工作点的稳定

如前所述，放大电路应有合适的静态工作点，以保证有较好的放大效果，并且不引起非线性失真。但由于某些原因，例如温度的变化，将使集电极电流的静态值 I_C 发生变化，从而影响静态工作点的稳定性，如果当温度升高后偏置电流 I_B 能自动减小以限制 I_C 的增大，静态工作点就能基本稳定。

上面所讲的放大电路（图 10-25）中，偏置电流

$$I_B = \frac{U_{CC} - U_{BE}}{R_B} \approx \frac{U_{CC}}{R_B}$$

当 R_B 一经选定后，I_B 也就固定不变。这种称为**固定偏置放大电路**，它不能稳定静态工作点。

为此，常采用图 10-38a 所示的**分压式偏置放大电路**，其中 R_{B1} 和 R_{B2} 构成偏置电路。由图 10-38b 所示的直流通路可列出

$$I_1 = I_2 + I_B$$

若使

$$I_2 \gg I_B \tag{10-23}$$

则

$$I_1 \approx I_2 \approx \frac{U_{CC}}{R_{B1} + R_{B2}}$$

基极电位

$$V_B = R_{B2} I_2 \approx \frac{R_{B2}}{R_{B1} + R_{B2}} U_{CC} \tag{10-24}$$

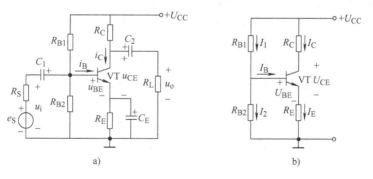

图 10-38　分压式偏置放大电路

a）放大电路　b）直流电路

可认为 V_B 与晶体管的参数无关，不受温度影响，而仅为 R_{B1} 和 R_{B2} 的分压电路所固定。

引入发射极电阻 R_E 后，由图 10-38b 可列出

$$U_{BE} = V_B - V_E = V_B - R_E I_E \qquad (10\text{-}25)$$

若使

$$V_B \gg U_{BE} \qquad (10\text{-}26)$$

则

$$I_C \approx I_E = \frac{V_B - U_{BE}}{R_E} \approx \frac{V_B}{R_E} \qquad (10\text{-}27)$$

也可认为 I_C 不受温度影响。

因此，只要满足式（10-23）和式（10-26）两个条件，V_B 和 V_E 或 I_C 就与晶体管的参数几乎无关，不受温度变化的影响，从而静态工作点能得以基本稳定。

根据上述两个条件，似乎 I_2 和 V_B 越大越好。其实不然，还要考虑到其他影响。I_2 不能太大，否则，R_{B1} 和 R_{B2} 就要取得较小，这不但要增加功率损耗，而且从信号源取用较大的电流，使信号源的内阻电压降增加，加在放大电路输入端的电压 u_i 减小。一般 R_{B1} 和 R_{B2} 为几十千欧。基极电位 V_B 也不能太高，否则，由于发射极电位 V_E（$\approx V_B$）增高而使 U_{CE} 相对地减小（U_{CC} 一定），因而减小了放大电路输出电压的变化范围。因此，对硅管而言，在估算时一般可选取 $I_2 = (5 \sim 10)I_B$ 和 $V_B = (5 \sim 10)U_{BE}$。

这种电路能稳定工作点的实质是：根据分压式偏置放大电路，当温度升高时，晶体管的输入特性曲线左移，如图 10-39 所示，I_B 增大，I_C 增大。由式（10-25）可知，当 I_C 增大时，发射极电阻 R_E 上的电压降就会使 U_{BE} 减小，从而使 I_B 自动减小以限制 I_C 的增大，工作点得以稳定。R_E 越大，稳定性能越好。但不能太大，否则将使发射极电位 V_E 增高，因而减小输出电压的幅值。R_E 在小电流情况下为几百欧到几千欧，在大电流情况下为几欧到几十欧。

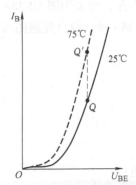

图 10-39　温度升高的输入特性曲线

此外，当发射极电流的交流分量 i_e 流过 R_E 时，也会产生交流电压降，使 u_{be} 减小，从而降低电压放大倍数。为此，可在 R_E 两端并联一个电容值较大的电容 C_E，使 R_E 被交流旁路。C_E 称为**交流旁路电容**，其值一般为几十微法到几百微法。

【**例 10-9**】　在图 10-38a 的分压式偏置放大电路中，已知，$U_{CC} = 12\text{V}$，$R_C = 2\text{k}\Omega$，$R_E = 2\text{k}\Omega$，$R_{B1} = 20\text{k}\Omega$，$R_{B2} = 10\text{k}\Omega$，$R_L = 6\text{k}\Omega$，晶体管的 $\overline{\beta} = 37.5$。

（1）试求静态值；（2）画出微变等效电路；（3）计算该电路的 A_u、r_i 和 r_o。

【**解**】　（1）

$$V_B \approx \frac{R_{B2}}{R_{B1} + R_{B2}} U_{CC} = \frac{10}{20 + 10} \times 12\text{V} = 4\text{V}$$

$$I_C \approx I_E = \frac{V_B - U_{BE}}{R_E} = \frac{4 - 0.6}{2 \times 10^3}\text{A} = 1.7\text{mA}$$

$$I_B = \frac{I_C}{\beta} = \frac{1.7}{37.5}\text{mA} = 0.045\text{mA}$$

$$U_{CE} \approx U_{CC} - (R_C + R_E)I_C = [12 - (2 + 2) \times 10^3 \times 1.7 \times 10^{-3}]\text{V} = 5.2\text{V}$$

（2）画出微变等效电路如图 10-40 所示。

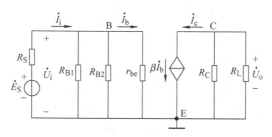

图 10-40　图 10-38a 电路的微变等效电路

（3）
$$r_{be} = 200\Omega + (1 + \bar{\beta})\frac{26\text{mV}}{I_E} = \left[200 + (1 + 37.5)\frac{26}{1.7}\right]\Omega = 0.79\text{k}\Omega$$

$$A_u = -\beta\frac{R'_L}{r_{be}} = -37.5 \times \frac{1.5}{0.79} = -71.2$$

式中
$$R'_L = \frac{R_C R_L}{R_C + R_L} = \frac{2 \times 6}{2 + 6}\text{k}\Omega = 1.5\text{k}\Omega$$

$$r_i = R_{B1} \,/\!/\, R_{B2} \,/\!/\, r_{be} \approx r_{be} = 0.79\text{k}\Omega$$

$$r_o \approx R_C = 2\text{k}\Omega$$

【例 10-10】　在例 10-9 中，如图 10-38a 中的 R_E 未全被 C_E 旁路，而尚留一段 R''_E，$R''_E = 0.2\text{k}\Omega$（图 10-41）：（1）试求静态值；（2）画出微变等效电路；（3）计算该电路的 A_u、r_i 和 r_o，并与例 10-9 比较。

【解】　（1）静态值和 r_{be} 与例 10-9 相同。

（2）微变等效电路如图 10-42 所示。

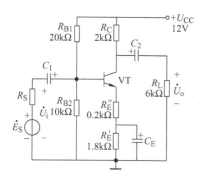

图 10-41　例 10-10 电路的图

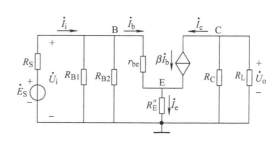

图 10-42　例 10-10 的微变等效电路

（3）由图 10-42 可写出

$$\dot{U}_i = r_{be}\dot{I}_b + R''_E\dot{I}_e = r_{be}\dot{I}_b + (1+\beta)R''_E\dot{I}_b$$

$$= [r_{be} + (1+\beta)R''_E]\dot{I}_b$$

$$\dot{U}_o = -R'_L\dot{I}_c = -\beta R'_L\dot{I}_b$$

故电压放大倍数为

$$A_u = \frac{\dot{U}_o}{\dot{U}_i} = -\frac{\beta R_L'}{r_{be} + (1+\beta) R_E''}$$

将所给数据代入，则得

$$A_u = -37.5 \times \frac{1.5}{0.79 + (1+37.5) \times 0.2} = -6.63$$

$$r_i = R_{B1} // R_{B2} // [r_{be} + (1+\beta) R_E''] = 3.74 k\Omega$$

$$r_o \approx R_C = 2k\Omega$$

留有一段发射极电阻未被 C_E 旁路，虽然电压放大倍数降低了，但改善了放大电路的工作性能，其中包括提高了放大电路的输入电阻。

习 题

10.1 图 10-43 所示电路中的 $V_A = 0V$，$V_B = 1V$，试求下述情况下输出端的电压 V_Y。

（1）二极管的正向电压降可忽略不计；（2）二极管为锗二极管；（3）二极管为硅二极管。

10.2 在图 10-44 所示的两个电路中，已知 $u_i = 30\sin\omega t$ V，二极管的正向电压降可以忽略不计，试分别画出输出电压 u_o 的波形。

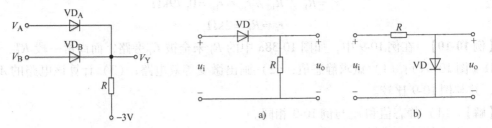

图 10-43 习题 10.1 的图   图 10-44 习题 10.2 的图

10.3 在图 10-45 的各电路图中，$E = 5V$，$u_i = 10\sin\omega t$ V，二极管的正向电压降可以忽略不计，试分别画出输出电压 u_o 的波形。

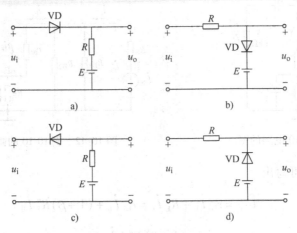

图 10-45 习题 10.3 的图

10.4 在图 10-46 中，已知 $R_L = 80\Omega$，直流电压表 Ⓥ 的读数为 110V，试求：（1）直流电流表 Ⓐ 的读

数；（2）整流电流的最大值；（3）交流电压表（V₁）的读数；（4）变压器二次电流的有效值。二极管的正向电压降忽略不计。

10.5 在图 10-10 的单相半波整流电路中，已知变压器二次电压的有效值 $U = 30V$，负载电阻 $R_L = 100\Omega$，试问：（1）输出电压和输出电流的平均值 U_0 和 I_0 各为多少？（2）若电源电压波动 ± 10%，二极管承受的最高反向电压为多少？

10.6 若采用图 10-12 的单相桥式整流电路，试计算题 10.5。

10.7 有两个晶体管分别接在电路中，今测得它们管脚的电位（对"地"）分别如表 10-4 所列，试判别管子的三个管脚，并说明是硅管还是锗管，是 NPN 型还是 PNP 型。

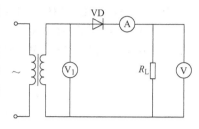

图 10-46 习题 10.4 的图

表 10-4 两个晶体管管脚的电位

晶体管 I				晶体管 II			
管 脚	1	2	3	管 脚	1	2	3
电位/V	4	3.4	9	电位/V	-6	-2.3	-2

10.8 在图 10-47 所示的各个电路中，试问晶体管工作于何种状态？

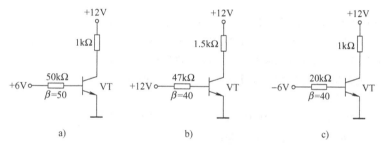

图 10-47 习题 10.8 的图

10.9 图 10-48 所示为某晶体管的输出特性曲线，试求：$U_{CE} = 10V$ 时，（1）I_B 从 0.4mA 变到 0.8mA；从 0.6mA 变到 0.8mA 两种情况下的动态电流放大系数；（2）I_B 等于 0.4mA 和 0.8mA 两种情况下的静态电流放大系数。

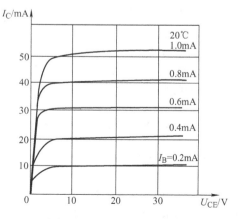

图 10-48 习题 10.9 的图

10.10 晶体管放大电路如图10-49a所示，已知 $U_{CC} = 12V$，$R_C = 3k\Omega$，$R_B = 240k\Omega$，晶体管的 $\beta = 40$。（1）试用直流通路估算各静态值 I_B、I_C、U_{CE}；（2）晶体管的输出特性如图10-49b所示，试用图解法做放大电路的静态工作点；（3）在静态时（$u_i = 0$）C_1 和 C_2 上的电压各为多少？并标出极性。

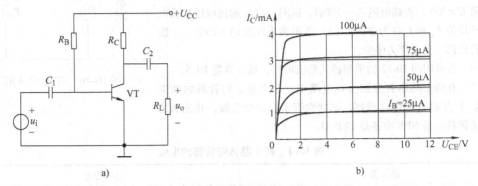

图 10-49 习题 10.10 的图

10.11 在题10.10中，若改变 R_B，使 $U_{CE} = 3V$，试用直流通路求 R_B 的大小；若改变 R_B，使 $I_C = 1.5mA$，R_B 又等于多少？并分别用图解法做出静态工作点。

10.12 在图10-49a中，若 $U_{CC} = 10V$，今要求 $U_{CE} = 5V$，$I_C = 2mA$，试求 R_B 和 R_C 的阻值。设晶体管的 $\beta = 40$。

10.13 在图10-50中，晶体管是PNP型锗管。（1）U_{CC} 和 C_1、C_2 的极性如何考虑？请在图上标出；（2）设 $U_{CC} = -12V$，$R_C = 3k\Omega$，$\beta = 75$，如果要将静态值 I_C 调到 1.5mA，问 R_B 应调到多大？（3）在调整静态工作点时，如不慎将 R_B 调到零，对晶体管有无影响？为什么？通常采取何种措施来防止发生这种情况？

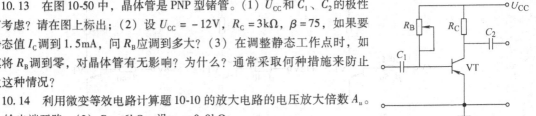

10.14 利用微变等效电路计算题10-10的放大电路的电压放大倍数 A_u。（1）输出端开路；（2）$R_L = 6k\Omega$。设 $r_{be} = 0.8k\Omega$。

10.15 固定偏置单管共射放大电路，如图10-49a所示，$U_{CC} = 12V$，$R_B = 500k\Omega$，$R_C = R_L = 5.1k\Omega$，$\beta = 42$。（1）画出直流通路并估算电路的静态工作点；（2）画出交流通路和微变等效电路；（3）计算电路的电压放大倍数 A_u；（4）计算电路的输入电阻和输出电阻。

图 10-50 习题 10.13 的图

10.16 在图10-51的分压式偏置放大电路中，已知 $U_{CC} = 24V$，$R_C = 3.3k\Omega$，$R_E = 1.5k\Omega$，$R_{B1} = 33k\Omega$，$R_{B2} = 10k\Omega$，$R_L = 5.1k\Omega$，晶体管的 $\beta = 66$，并设 $R_S \approx 0$。（1）画出直流通路，并求静态值 I_B、I_C 和 U_{CE}；（2）画出微变等效电路；（3）计算晶体管的输入电阻 r_{be}；（4）计算电压放大倍数 A_u；（5）计算放大电路输出端开路时的电压放大倍数，并说明负载电阻 R_L 对电压放大倍数的影响；（6）估算放大电路的输入电阻和输出电阻。

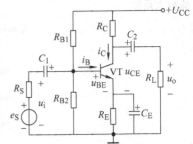

10.17 在题10.16中，设 $R_S = 1k\Omega$，试计算输出端接有负载时的电压放大倍数 $A_u = \dot{U}_o / \dot{U}_i$ 和 $A_{uS} = \dot{U}_o / \dot{E}_S$。并说明信号源内阻 R_S 对电压放大倍数的影响。

图 10-51 习题 10.16 的图

10.18 在题10.16中，若将图10-51中的发射极交流旁路电容 C_E 除去，（1）试问静态值有无变化？（2）画出微变等效电路；（3）计算电压放大倍数 A_u，并说明发射极电阻 R_E 对电压放大倍数的影响；（4）计算放大电路的输入电阻和输出电阻。

第11章

门电路与组合逻辑电路

前面几章讨论的都是**模拟电路**，其中的电信号在时间上或数值上是连续变化的模拟信号（也称脉冲信号）。本章将讨论**数字电路**，其中的电信号在时间上和数值上都是不连续变化的数字信号（也称脉冲信号）。数字电路和模拟电路都是电子技术的重要基础。

数字电路的广泛应用和高度发展标志着现代电子技术的水准，电子计算机、数字式仪表、数字化通信以及繁多的数字控制装置等方面都是以数字电路为基础的。现举一个计程车计价器的实例来说明数字电路的应用。

图 11-1 是计程车计价器框图。来自车轴上的脉冲信号，经过整形电路形成一个数字电路能够接收的脉冲序列，输入到计数器进行累加，累加到某个数值，就输入到计算器。计算器将输入的二进制数乘以倍率，折合成乘车价格，然后输入到译码器，译成能用显示器显示出的十进制数。乘车结束，显示器就显示出最终乘车价格，并由存储器将这次乘车时间、行程和价格储存下来，以被查询。本例是一个比较完整的数字系统。

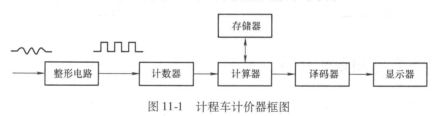

图 11-1　计程车计价器框图

11.1　数制

在数字电路中最常用的是下面四种数制。

（1）十进制　在计数体制中，常用的是十进制，它有 0，1，2，3，…，9 十个数码，用它们来组成一个十进制数。在多位数中，从低位向高位的进位规则是"逢十进一"，即 9 + 1 = 10，故为十进制。各个数码处于十进制数的不同数位时，所代表的数值不同，即不同数位有不同数位的"位权"值。整数部分从低位到高位每位的权依次为 10^0，10^1，10^2，…；小数部分从高位到低位每位的权依次为 10^{-1}，10^{-2}，10^{-3}，…。因此，一个多位数表示的数值等于每一位数码乘以该位的权，然后相加。例如

$$（123.45）_{10} = 1 \times 10^2 + 2 \times 10^1 + 3 \times 10^0 + 4 \times 10^{-1} + 5 \times 10^{-2}$$

十进制计数的**基数**是 10。

（2）二进制　二进制有 0 和 1 两个数码，基数是 2。在多位数中，从低位向高位的进位

规则是"逢二进一"，即 $1+1=10$，故为二进制。

二进制数可转换为十进制。例如

$$(110101.01)_2 = 1 \times 2^5 + 1 \times 2^4 + 0 \times 2^3 + 1 \times 2^2 + 0 \times 2^1 + 1 \times 2^0 + 0 \times 2^{-1} + 1 \times 2^{-2}$$
$$= (53.25)_{10}$$

（3）八进制 八进制有 0，1，2，3，4，5，6，7 八个数码，基数是 8，计数按照"逢八进一"的规则进行。八进制数可转换为十进制数。例如

$$(32.4)_8 = 3 \times 8^1 + 2 \times 8^0 + 4 \times 8^{-1} = (26.5)_{10}$$

（4）十六进制 十六进制数有 0 ~ 9，A(10)，B(11)，C(12)，D(13)，E(14)，F(15) 十六个数码，基数是 16，计数按照"逢十六进一"的规则进行。十六进制数可转换为十进制数。例如

$$(3B.6E)_{16} = 3 \times 16^1 + 11 \times 16^0 + 6 \times 16^{-1} + 14 \times 16^{-2} \approx (59.4)_{10}$$

十进制、二进制、八进制、十六进制数的对应关系见表 11-1。

表 11-1 十进制、二进制、八进制、十六进制数的对应关系

十 进 制	二 进 制	八 进 制	十六进制	十 进 制	二 进 制	八 进 制	十六进制
0	0000	0	0	8	1000	10	8
1	0001	1	1	9	1001	11	9
2	0010	2	2	10	1010	12	A
3	0011	3	3	11	1011	13	B
4	0100	4	4	12	1100	14	C
5	0101	5	5	13	1101	15	D
6	0110	6	6	14	1110	16	E
7	0111	7	7	15	1111	17	F

11.2 基本和常用逻辑运算

在数字电路中，基本逻辑运算有"与""或""非"三种，常用的逻辑运算有"与非""或非""与或非"等。实现常用逻辑运算的电子电路称为**逻辑门电路**，简称**门电路**。

11.2.1 三种基本逻辑运算

图 11-2 中所示电路，是反映"与""或""非"基本逻辑关系最简单的例子。

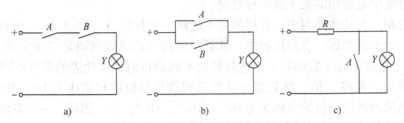

图 11-2 由开关组成的逻辑门电路
a)"与"门 b)"或"门 c)"非"门

1. "与"逻辑

只有决定事物结果的全部条件同时具备时，结果才会发生。这种因果关系（或称逻辑

关系）就是"与"逻辑。

在图 11-2a 中，开关 A 和 B 串联，只有当 A 与 B 同时接通时（条件），电灯才亮（结果）。这两个串联开关所组成的就是一个"与"逻辑，"与"逻辑关系可表示为

$$Y = AB \tag{11-1}$$

"与"门真值表见表 11-2，其逻辑符号和波形图如图 11-3 所示。

表 11-2　"与"门真值表

A	B	Y
0	0	0
0	1	0
1	0	0
1	1	1

2. "或"逻辑

在决定事物结果的几个条件中只要有一个或一个以上条件具备时，结果就会发生。这种因果关系就是"或"逻辑。

在图 11-2b 中，开关 A 和 B 并联，当 A 接通或 B 接通，或 A 和 B 同时接通时，电灯都亮。这两个并联开关所组成的就是一个"或"逻辑，"或"逻辑关系可表示为

$$Y = A + B \tag{11-2}$$

"或"门真值表见表 11-3，其逻辑符号和波形图如图 11-4 所示。

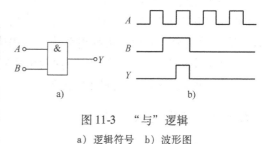

图 11-3　"与"逻辑
a) 逻辑符号　b) 波形图

表 11-3　"或"门真值表

A	B	Y
0	0	0
0	1	1
1	0	1
1	1	1

3. "非"逻辑

条件具备了，结果不发生；而条件不具备时，结果却发生了。这种因果关系就是"非"逻辑。

在图 11-2c 中，开关 A 与电灯并联，当 A 接通时，电灯不亮；当 A 断开时，电灯就亮。这个开关所组成的就是一个"非"逻辑，"非"逻辑关系可表示为

$$Y = \overline{A} \tag{11-3}$$

"非"门真值表见表 11-4，其逻辑符号和波形图如图 11-5 所示。

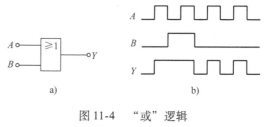

图 11-4　"或"逻辑
a) 逻辑符号　b) 波形图

表 11-4　"非"门真值表

A	Y
0	1
1	0

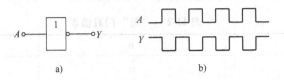

a)　　　　　　　　　　　b)

图 11-5　"非"逻辑

a) 逻辑符号　b) 波形图

　　门电路的输入和输出信号都是用电位（或电平）的高低来表示的，而电位的高低则用 1 和 0 两种状态来区别。若规定高电位为 1，低电位为 0，称为**正逻辑**系统。若规定低电位为 1，高电位为 0，则称为**负逻辑**系统。本书中采用的都是正逻辑。

　　在数字电路中，为了把电路的两个逻辑状态（1 态和 0 态）和二进制的两个数码（1 和 0）对应起来，采用二进制比较方便。

11.2.2　常用逻辑运算

1. "与非"逻辑

　　"与非"逻辑功能：当输入变量全为 1 时，输出为 0；当输入变量有一个或几个为 0 时，输出为 1。简言之，即**全 1 出 0，有 0 出 1**。"与非"逻辑关系可表示为

$$Y = \overline{AB} \tag{11-4}$$

　　"与非"门真值表见表 11-5，其逻辑符号和波形图如图 11-6 所示。

表 11-5　"与非"门真值表

A	B	Y
0	0	1
0	1	1
1	0	1
1	1	0

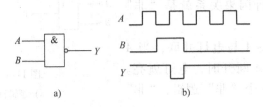

a)　　　　　　　　　　　b)

图 11-6　"与非"逻辑

a) 逻辑符号　b) 波形图

2. "或非"逻辑

"或非"逻辑运算规则为:有 1 出 0,全 0 出 1。"或非"逻辑关系可表示为

$$Y = \overline{A + B} \tag{11-5}$$

"或非"门真值表见表 11-6,其逻辑符号和波形图如图 11-7 所示。

表 11-6　"或非"门真值表

A	B	Y
0	0	1
0	1	0
1	0	0
1	1	0

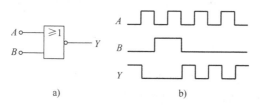

图 11-7　"或非"逻辑

a) 逻辑符号　b) 波形图

3. "与或非"逻辑

"与或非"逻辑关系可表示为

$$Y = \overline{AB + CD} \tag{11-6}$$

其逻辑符号如图 11-8 所示。

为了便于比较,将五种常用的逻辑门电路列于表 11-7 中。若将这些逻辑门电路组合起来,可构成组合逻辑电路,以实现各种逻辑功能。

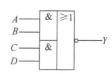

图 11-8　"与或非"逻辑符号

表 11-7　逻辑门电路

逻辑门		"与"	"或"	"非"	"与非"	"或非"
逻辑符号		A—&—Y (B)	A—≥1—Y (B)	A—1—Y	A—&—Y (B)	A—≥1—Y (B)
逻辑式／输入逻辑变量		$Y = AB$	$Y = A + B$	$Y = \overline{A}$	$Y = \overline{AB}$	$Y = \overline{A + B}$
A	B	Y	Y	Y	Y	Y
0	0	0	0	1	1	1
0	1	0	1	1	1	0
1	0	0	1	0	1	0
1	1	1	1	0	0	0

上述各逻辑关系的实现均可用集成门电路实现。图 11-9 为"与非"门的外引线排列图。

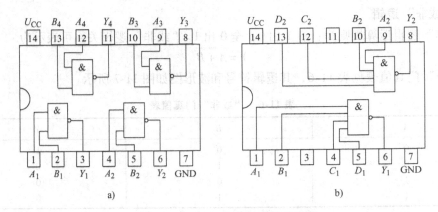

图 11-9 "与非"门的外引线排列图

a）74LS00（2 输入四门）　b）74LS20（4 输入二门）

11.2.3 三态输出"与非"门

三态输出"与非"门电路与上述的"与非"门电路不同，它的输出端除出现高电平和低电平外，还可以出现第三种状态——高阻状态。

图 11-10 是三态输出"与非"门的逻辑符号。其中 A 和 B 是输入端，E 是控制端或称**使能端**。

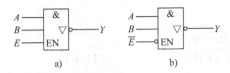

图 11-10　三态输出"与非"门的逻辑符号

在图 11-10a 中，当控制端 $E=1$ 时，三态门的输出状态决定于输入端 A、B 的状态，实现"与非"逻辑关系，即全 1 出 0，有 0 出 1。此时电路处于工作状态。

当 $E=0$ 时，输出端开路而处于高阻状态。

其真值表见表 11-8。

表 11-8　三态输出"与非"门的真值表

控制端 E	输　入　端		输出端 Y
	A	B	
1	0	0	1
	0	1	1
	1	0	1
	1	1	0
0	×	×	高阻

注：×表示任意态。

由于电路结构不同，例如在控制端串接一"非"门，状态就与上述相反，即当控制端为高电平时输出高阻状态，而在低电平时电路处于工作状态。这时的逻辑符号则如图 11-10b 所示，与图 11-10a 不同。

11.3　逻辑代数

11.3.1　逻辑代数运算法则

逻辑代数或称布尔代数，它是分析与设计逻辑电路的数学工具。它虽然和普通代数一样也用字母（A，B，C，…）表示变量，但变量的取值只有 1 和 0 两种，所谓逻辑 1 和逻辑 0。它们不是数字符号，而是代表两种相反的逻辑状态。逻辑代数所表示的是逻辑关系，不是数量关系，这是它与普通代数本质上的区别。

在逻辑代数中只有逻辑乘（"与"运算）、逻辑加（"或"运算）和求反（"非"运算）三种基本运算。根据这三种基本运算可以推导出逻辑运算的一些法则，就是下面列出的逻辑代数运算法则。

基本运算法则

1）$0 \cdot A = 0$

2）$1 \cdot A = A$

3）$A \cdot A = A$

4）$A \cdot \overline{A} = 0$

5）$0 + A = A$

6）$1 + A = 1$

7）$A + A = A$

8）$A + \overline{A} = 1$

9）$\overline{\overline{A}} = A$

交换律

10）$AB = BA$

11）$A + B = B + A$

结合律

12）$ABC = (AB)C = A(BC)$

13）$A + B + C = A + (B + C) = (A + B) + C$

分配律

14）$A(B + C) = AB + AC$

15）$A + BC = (A + B)(A + C)$

证：$(A + B)(A + C) = AA + AB + AC + BC$
$$= A + A(B + C) + BC$$
$$= A[1 + (B + C)] + BC = A + BC$$

吸收律

16）$A(A + B) = A$

证：$A(A + B) = AA + AB = A + AB = A(1 + B) = A$

17）$A(\overline{A} + B) = AB$

18）$A + AB = A$

19）$A + \overline{A}B = A + B$

证：$A + \overline{A}B = (A + \overline{A})(A + B) = A + B$

20）$AB + A\overline{B} = A$

21）$(A + B)(A + \overline{B}) = A$

证：$$(A + B)(A + \overline{B}) = AA + A\overline{B} + AB + B\overline{B} = A + A(B + \overline{B})$$
$$= A + A = A$$

反演律（摩根定律）

22）$\overline{AB} = \overline{A} + \overline{B}$

证：见表11-9。

表11-9　证明过程真值表（一）

A	B	$\overline{A}$	$\overline{B}$	$\overline{AB}$	$\overline{A} + \overline{B}$
0	0	1	1	1	1
0	1	1	0	1	1
1	0	0	1	1	1
1	1	0	0	0	0

23）$\overline{A + B} = \overline{A}\,\overline{B}$

证：见表11-10。

表11-10　证明过程真值表（二）

A	B	$\overline{A}$	$\overline{B}$	$\overline{A + B}$	$\overline{A}\,\overline{B}$
0	0	1	1	1	1
0	1	1	0	0	0
1	0	0	1	0	0
1	1	0	0	0	0

11.3.2　逻辑函数的表示方法

表11-7所列的各逻辑式中，A 和 B 是输入变量，Y 是输出变量；字母上面无反号的称为 **原变量**；有反号的称为 **反变量**。这几个式子分别表达了相应的"与""或""非""与非" 和"或非"逻辑关系。输出变量 Y 也就是输入变量 A 和 B 的 **逻辑函数**。逻辑函数常用逻辑 式、真值表、逻辑图、波形图和卡诺图几种方法表示，它们之间可以相互转换。

1. 逻辑式

逻辑式是用"与""或""非"等运算来表达逻辑函数的表达式。

（1）常见逻辑表达式

$$Y = ABC + \overline{A}BC + A\overline{B}C \quad （"与或"表达式） \tag{11-7}$$

$$Y = BC + CA \quad （"与或"表达式） \tag{11-8}$$

$$Y = \overline{\overline{BC}\ \overline{CA}} \quad （"与非与非"表达式） \tag{11-9}$$

$$Y = \overline{(\overline{B} + \overline{C})(\overline{C} + \overline{A})} \quad （"或与非"表达式） \tag{11-10}$$

其中，"与或"逻辑表达式最为常见。

（2）最小项　A、B、C 都是上列各式中的三个输入变量，它们共有八种组合，相应的乘 积项也有八个：$\overline{A}\,\overline{B}\,\overline{C}$，$\overline{A}\,\overline{B}\,C$，$\overline{A}B\overline{C}$，$\overline{A}BC$，$A\overline{B}\,\overline{C}$，$A\overline{B}C$，$AB\overline{C}$，$ABC$。它们的特点如下：

1）每项都含有三个输入变量，每个变量是它的一个因子。

2）每项中每个因子或以原变量（A，B，C）的形式或以反变量（$\overline{A}$，$\overline{B}$，$\overline{C}$）的形式出现一次。

这样，这八个乘积项是输入变量 A，B，C 的最小项（n 个输入变量有 2^n 个最小项）。式（11-7）中的是对应于 $Y=1$ 的三个最小项。式（11-8）中的 BC，CA 显然不是最小项，但该式也可用最小项表示，即

$$Y = BC + CA = BC(A + \overline{A}) + CA(B + \overline{B})$$
$$= ABC + \overline{A}BC + A\overline{B}C + ABC$$
$$= ABC + \overline{A}BC + A\overline{B}C$$

此即为式（11-7）。可见，同一个逻辑函数可以用不同的逻辑式来表达。其实上列四个逻辑式是相等的，都表达一个逻辑函数，读者可自行分析。

2. 真值表

真值表是用输入、输出变量的逻辑状态（1 或 0）以表格形式来表示逻辑函数的，十分直观明了。

（1）由逻辑式列出真值表　例如式（11-7）的逻辑式

$$Y = ABC + \overline{A}BC + A\overline{B}C$$

有三个输入变量，八种组合，把各种组合的取值（1 或 0）分别代入逻辑式中进行运算，求出相应的逻辑值，即可列出状态表，见表 11-11。

表 11-11　$Y = ABC + \overline{A}BC + A\overline{B}C$ 的真值表

A	B	C	Y
0	0	0	0
0	0	1	0
0	1	0	0
0	1	1	1
1	0	0	0
1	0	1	1
1	1	0	0
1	1	1	1

（2）由真值表写出逻辑式

1）取 $Y=1$（或 $Y=0$）列逻辑式。

2）对一种组合而言，输入变量之间是"与"逻辑关系。对应于 $Y=1$，如果输入变量为 1，则取其原变量（如 A）；如果输入变量为 0，则取其反变量（如 $\overline{A}$）。而后取乘积项。

3）各种组合之间，是"或"逻辑关系，故取以上乘积项之和。

例如由真值表 11-11 写出逻辑式（11-7）。

3. 逻辑图

一般由逻辑式画出逻辑图。逻辑乘用"与"门实现，逻辑加用"或"门实现，求反用"非"门实现。式（11-7）就可用两个"非"门、三个"与"门和一个"或"门来实现，如图 11-11 所示。式（11-9）用三个"与非"门就可实现。

可见表示一个逻辑函数的逻辑式不是唯一的，所以逻辑图也不是唯一的。但是由最小项

组成的"与或"逻辑式则是唯一的，而真值表是用最小项表示的，因此也是唯一的。

由逻辑图也可以写出逻辑式。

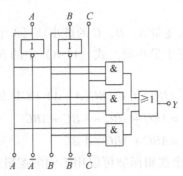

图 11-11 $Y = ABC + \overline{A}BC + A\overline{B}C$ 的逻辑图

11.3.3 逻辑函数的化简

由真值表写出的逻辑式，以及由此而画出的逻辑图，往往比较复杂；若经过简化，就可以少用元器件，降低成本，电路的可靠性也因而提高。

1. 应用逻辑代数运算法则化简

（1）并项法 应用 $A + \overline{A} = 1$，将两项合并为一项，并可消去一个或两个变量。如：

$$Y = ABC + A\overline{B}\,\overline{C} + AB\overline{C} + A\overline{B}C$$
$$= AB(C + \overline{C}) + A\overline{B}(C + \overline{C})$$
$$= AB + A\overline{B} = A(B + \overline{B}) = A$$

（2）配项法 应用 $B = B(A + \overline{A})$，将 $(A + \overline{A})$ 与某乘积项相乘，而后展开、合并化简。如：

$$Y = AB + \overline{A}\,\overline{C} + B\overline{C}$$
$$= AB + \overline{A}\,\overline{C} + B\overline{C}(A + \overline{A})$$
$$= AB + \overline{A}\,\overline{C} + AB\overline{C} + \overline{A}B\overline{C}$$
$$= AB(1 + \overline{C}) + \overline{A}\,\overline{C}(1 + B) = AB + \overline{A}\,\overline{C}$$

（3）加项法 应用 $A + A = A$，在逻辑式中加相同的项，而后合并化简。如：

$$Y = ABC + \overline{A}BC + A\overline{B}C$$
$$= ABC + \overline{A}BC + A\overline{B}C + ABC$$
$$= BC(A + \overline{A}) + AC(B + \overline{B}) = BC + AC$$

（4）吸收法 应用 $A + AB = A$，消去多余因子。如：

$$Y = \overline{B}C + A\overline{B}C(D + E) = \overline{B}C$$

【例 11-1】 应用逻辑代数运算法则化简下列逻辑式：

$$Y = ABC + ABD + \overline{A}\,\overline{B}\,\overline{C} + CD + B\overline{D}$$

【解】 简化得

$$Y = ABC + \overline{A}\,\overline{B}\,\overline{C} + CD + B(\overline{D} + DA)$$

由法则 19 $A + \overline{A}B = A + B$ 得 $\overline{D} + DA = \overline{D} + A$，所以

$$Y = ABC + \overline{A}B\,\overline{C} + CD + B\,\overline{D} + AB$$
$$= AB(1 + C) + \overline{A}B\,\overline{C} + CD + B\,\overline{D}$$

由法则 6　$1 + A = 1$　得 $1 + C = 1$，所以

$$Y = AB + \overline{A}B\,\overline{C} + CD + B\,\overline{D}$$
$$= B(A + \overline{A}\,\overline{C}) + CD + B\,\overline{D}$$

由法则 19 得　$A + \overline{A}\,\overline{C} = A + \overline{C}$，所以

$$Y = AB + B\,\overline{C} + CD + B\,\overline{D}$$
$$= AB + B(\overline{C} + \overline{D}) + CD$$

由法则 22　$\overline{AB} = \overline{A} + \overline{B}$ 得 $\overline{C} + \overline{D} = \overline{CD}$，所以

$$Y = AB + B\overline{CD} + CD$$

由法则 19 得　$CD + \overline{CD}B = CD + B$，所以

$$Y = AB + CD + B$$
$$= B(1 + A) + CD$$
$$= B + CD$$

【例 11-2】　证明　$ABC\overline{D} + ABD + BC\overline{D} + ABC + BD + B\,\overline{C} = B$

【证】
$$ABC\overline{D} + ABD + BC\overline{D} + ABC + BD + B\,\overline{C}$$
$$= ABC(1 + \overline{D}) + BD(1 + A) + BC\overline{D} + B\,\overline{C}$$
$$= ABC + BD + BC\overline{D} + B\,\overline{C}$$
$$= B(AC + D + C\,\overline{D} + \overline{C})$$
$$= B(AC + D + C + \overline{C}) \quad (\text{因 } D + C\,\overline{D} = D + C)$$
$$= B(AC + D + 1)$$
$$= B$$

11.4　组合逻辑电路的分析与设计

组合逻辑电路是由逻辑门组成的。被广泛使用的加法器、编码器、译码器等都属于组合逻辑电路。下面就分析和设计这两个问题来讨论组合逻辑电路。

11.4.1　组合逻辑电路的分析

分析组合逻辑电路就是在已知逻辑电路的情况下，确定电路的逻辑功能。分析步骤大致如下。

1）由逻辑图写出输出端的逻辑表达式。

2）运用逻辑代数化简或变换。

3）列真值表。

4）分析逻辑功能。

【例 11-3】　分析图 11-12 的逻辑功能。

【解】　1）由逻辑图写出逻辑式。

从输入端到输出端，依次写出各个门的逻辑式，最后写出输出变量 Y 的逻辑式：

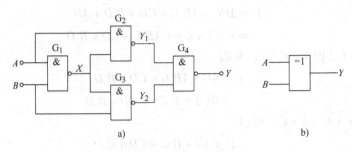

图 11-12 例 11-3 的图

a）逻辑图 b）"异或"门的逻辑符号

G_1门 $$X = \overline{AB}$$

G_2门 $$Y_1 = \overline{AX} = \overline{A\,\overline{AB}}$$

G_3门 $$Y_2 = \overline{BX} = \overline{B\,\overline{AB}}$$

G_4门
$$Y = \overline{Y_1 Y_2} = \overline{\overline{A\,\overline{AB}}\ \overline{B\,\overline{AB}}} = A\,\overline{AB} + B\,\overline{AB}$$
$$= A\,\overline{AB} + B\,\overline{AB} = A(\overline{A} + \overline{B}) + B(\overline{A} + \overline{B})$$
$$= A\,\overline{A} + A\,\overline{B} + B\,\overline{A} + B\,\overline{B} = A\,\overline{B} + B\,\overline{A}$$

2）由逻辑式列出真值表，见表 11-12。

表 11-12 "异或"门真值表

A	B	Y
0	0	0
0	1	1
1	0	1
1	1	0

3）分析逻辑功能。

当输入端 A 和 B 不是同为 1 或 0 时，输出为 1；否则，输出为 0。这种电路称为"异或"门电路，其逻辑符号如图 11-12b 所示。逻辑式也可写成

$$Y = A\,\overline{B} + \overline{A}B = A \oplus B$$

【例 11-4】 某一组合逻辑电路如图 11-13 所示，试分析其逻辑功能。

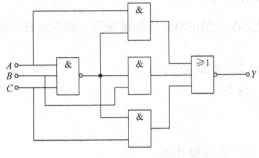

图 11-13 例 11-4 的图

【解】 1）由逻辑图写出逻辑式，并化简得

$$Y = \overline{\overline{ABC}A} + \overline{\overline{ABC}B} + \overline{\overline{ABC}C}$$

$$= \overline{\overline{ABC}(A+B+C)}$$

$$= \overline{\overline{ABC}} + \overline{A+B+C}$$

$$= ABC + \overline{A}\ \overline{B}\ \overline{C}$$

2）由逻辑式列出真值表，见表 11-13。

表 11-13 例 11-4 的真值表

A	B	C	Y
0	0	0	1
0	0	1	0
0	1	0	0
0	1	1	0
1	0	0	0
1	0	1	0
1	1	0	0
1	1	1	1

3）分析逻辑功能。

只有当 A、B、C 全为 1 或全为 0 时，输出 Y 才为 1，否则为 0。故该电路为判一致电路，可用于判断三个输入端的状态是否一致。

11.4.2　组合逻辑电路的设计

组合逻辑电路的设计就是根据逻辑功能要求，设计出组合逻辑电路。设计步骤大致如下：

1）根据逻辑要求，列出真值表。

2）由真值表写出逻辑表达式。

3）简化和变换逻辑表达式。

4）画出逻辑图。

【例 11-5】　试设计一组合逻辑电路供三人（A，B，C）表决使用。每人有一电键，如果他赞成，就按电键，表示 1；如果不赞成，不按电键，表示 0。表决结果用指示灯来表示，如果多数赞成，则指示灯亮，$Y = 1$；反之则不亮，$Y = 0$。

【解】　1）由题意列出真值表。

共有八种组合，$Y = 1$ 的只有四种。真值表见表 11-14。

表 11-14 例 11-5 的真值表

A	B	C	Y
0	0	0	0
0	0	1	0
0	1	0	0
0	1	1	1
1	0	0	0
1	0	1	1
1	1	0	1
1	1	1	1

2）由真值表写出逻辑表达式得

$$Y = AB\overline{C} + A\overline{B}C + \overline{A}BC + ABC$$

3）化简和变换逻辑表达式。

对上式应用逻辑代数运算法则 7、8、14 进行变换和化简：

$$Y = AB\overline{C} + A\overline{B}C + \overline{A}BC + ABC + ABC + ABC$$
$$= AB(C + \overline{C}) + BC(A + \overline{A}) + CA(B + \overline{B})$$
$$= AB + BC + CA$$

4）由逻辑式画出逻辑图。

由上式画出的逻辑图如图 11-14 所示。

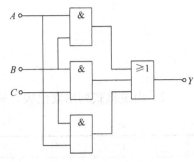

图 11-14　例 11-5 的图

【例 11-6】　在集成电路中，"与非"门是基本器件之一。在上例中，试用"与非"门来构成逻辑图。

【解】　可用求反及反演律将"与或"逻辑式变换为"与非"逻辑式。

$$Y = AB + BC + CA$$
$$= \overline{\overline{AB + BC + CA}}$$
$$= \overline{\overline{AB}\ \overline{BC}\ \overline{CA}}$$

由此可画出逻辑图（图 11-15）。

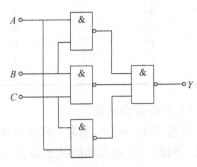

图 11-15　例 11-6 的图

【例 11-7】　本例为医院优先照顾重患者的呼唤电路。设医院某科有 1、2、3、4 四间病室，患者按病情由重至轻依次住进 1 ~ 4 号病室。为了优先照顾重患者，设计如下呼唤电路，即在每室分别装有 A、B、C、D 四个呼唤按钮，按下为 1。值班室里对应的四个指示灯为 L_1、L_2、L_3、L_4，灯亮为 1。现要求 1 号病室的按钮 A 按下时，无论其他病室的按钮是否按下，只有 L_1 灯亮；当 1 号病室未按按钮，而 2 号病室的按钮 B 按下时，无论 3、4 号病室的按钮是否按下，只有 L_2 灯亮；当 1、2 号病室均未按按钮，而 3 号病室的按钮 C 按下时，无论 4 号病室的按钮是否按下，只有 L_3 灯亮；只有在 1、2、3 号病室的按钮均未按下，而只按下 4 号病室的按钮 D 时，L_4 灯才亮。试画出满足上述要求的逻辑图。

【解】　1）按照要求列出真值表，见表 11-15。

表 11-15　例 11-7 的真值表

A	B	C	D	L_1	L_2	L_3	L_4
1	×	×	×	1	0	0	0
0	1	×	×	0	1	0	0
0	0	1	×	0	0	1	0
0	0	0	1	0	0	0	1

注：×表示任意态。

2）由真值表写出逻辑表达式得

$$L_1 = A, \quad L_2 = \overline{A}B, \quad L_3 = \overline{A}\ \overline{B}C, \quad L_4 = \overline{A}\ \overline{B}\ \overline{C}D$$

3）由逻辑式画出逻辑图，如图 11-16 所示。

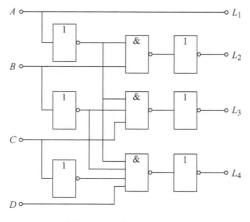

图 11-16　例 11-7 的图

习　题

11.1　试画出图 11-17a 中各门电路输出端的电压波形，输入端 A、B 的电压波形如图 11-17b 所示。

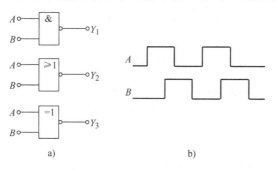

图 11-17　题 11.1 图

11.2　试画出图 11-18 中"与非"门输出 Y 的波形。

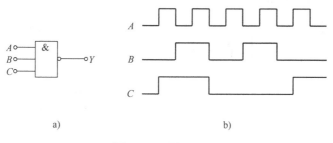

图 11-18　题 11.2 图

11.3　在图 11-19a 所示门电路中，当控制端 $C = 1$ 和 $C = 0$ 两种情况时，试求输出 Y 的逻辑式和波形，并说明该电路的功能。输入 A 和 B 波形如图 11-19b 所示。

11.4　试用一片 74LS00 "与非" 门实现 $Y = \overline{\overline{AB}\ \overline{CD}}$，画出接线图。

11.5　在图 11-20a、b 所示两个电路中，当控制端 $\overline{E} = 1$ 和 $\overline{E} = 0$ 两种情况时，试分别求输出 Y_1 和 Y_2 的波形。输入 A 和 B 波形如图 11-20c 所示。

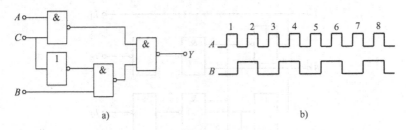

图 11-19 题 11.3 图

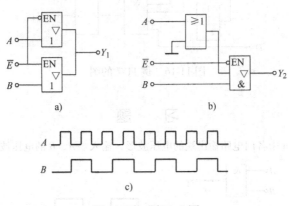

图 11-20 题 11.5 图

11.6 根据下列各逻辑式，画出逻辑图。

(1) $Y = (A + B)C$；　　　　　　　(2) $Y = AB + BC$；

(3) $Y = (A + B)(A + C)$；　　　　(4) $Y = A + BC$；

(5) $Y = A(B + C) + BC$。

11.7 用"与非"门和"非"门实现以下逻辑关系，画出逻辑图。

(1) $Y = AB + \overline{A}C$；　　　　　　(2) $Y = A + B + \overline{C}$；

(3) $Y = \overline{A}\,\overline{B} + (\overline{A} + B)\,\overline{C}$；　　(4) $Y = A\,\overline{B} + A\,\overline{C} + \overline{A}BC$。

11.8 写出图 11-21 所示两图的逻辑式。

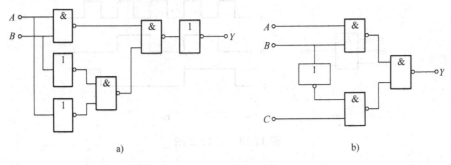

图 11-21 题 11.8 图

11.9 应用逻辑代数运算法则证明下列各式：

(1) $ABC + \overline{A} + \overline{B} + \overline{C} = 1$；

(2) $\overline{A}\,\overline{B} + A\,\overline{B} + \overline{A}B = \overline{A} + \overline{B}$；

(3) $AB + \overline{A}\,\overline{B} = \overline{\overline{A}B + A\,\overline{B}}$；

（4）$A(\overline{A}+B)+B(B+C)+B=B$；

（5）$\overline{\overline{(A+B)}+\overline{(A+\overline{B})}}+\overline{(\overline{A}B)}+\overline{(\overline{A}\ \overline{B})}=1$。

11.10　应用逻辑代数运算法则化简下列各式：

（1）$Y=AB+\overline{A}\ \overline{B}+A\overline{B}$；

（2）$Y=ABC+\overline{A}B+AB\overline{C}$；

（3）$Y=\overline{\overline{(A+B)}+AB}$；

（4）$Y=(AB+A\overline{B}+\overline{A}B)(A+B+D+\overline{A}\ \overline{B}\ \overline{D})$；

（5）$Y=ABC+\overline{A}+\overline{B}+\overline{C}+D$。

11.11　证明图 11-22a、b 两电路具有相同的逻辑功能。

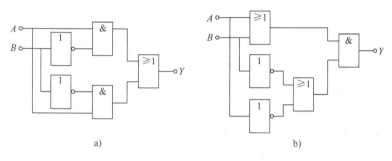

a)　　　　　　　　　　　　b)

图 11-22　题 11.11 的图

11.12　图 11-23 是一密码锁控制电路。开锁条件是：拨对密码；钥匙插入锁眼将开关 S 闭合。当两个条件同时满足时，开锁信号为 1，将锁打开。否则，报警信号为 1，接通警铃。试分析密码 $ABCD$ 是多少？

11.13　某汽车驾驶员培训班进行结业考试，有三名评判员，其中 A 为主评判员，B 和 C 为副评判员。在评判时，按照少数服从多数的原则通过，但主评判员认为合格，亦可通过。试用"与非"门构成逻辑电路实现此评判规定。

11.14　旅客列车分特快、直快和普快，并依此为优先通行次序。某站在同一时间只能有一趟列车从车站开出，即只能给出一个开车信号，试画出满足上述要求的逻辑电路。设 A、B、C 分别代表特快、直快和普快，开车信号分别为 Y_A、Y_B、Y_C。

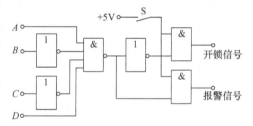

图 11-23　题 11.12 的图

11.15　某车间有 A、B、C、D 四台电动机，今要求（1）A 必须开机；（2）其余三台电动机中至少有两台开机，若不满足上述要求，则指示灯熄灭。设指示灯亮为 1，熄灭为 0。电机开机为 1，停机为 0，试用最简"与非"门组成指示灯控制电路。设计要求：画出真值表，进行逻辑函数化简，最后画出逻辑图。

11.16　某同学参加四门课程考试，规定如下：

（1）课程 A 及格得 1 分，不及格得 0 分；

（2）课程 B 及格得 2 分，不及格得 0 分；

（3）课程 C 及格得 4 分，不及格得 0 分；

（4）课程 D 及格得 5 分，不及格得 0 分。

若总得分大于 8 分（含 8 分），就可结业。试用"与非"门画出实现上述要求的逻辑电路。

部分习题答案

第1章

1.1 （1）$I = 3A$；（2）$I = 1A$；（3）$I = -3A$；（4）$I = -1A$；（5）$I = 3A$

1.2 （2）1、2 为电源，3、4、5 为负载

1.3 $I_3 = -2A$；$U_3 = 60V$；是电源

1.4 $E = 18V$；$R_0 = 1\Omega$；$U = 16.2V$

1.5 $I_3 = 0.31\mu A$；$I_4 = 9.3\mu A$；$I_6 = 9.6\mu A$

1.6 $I_1 = 0.9A$；$I_2 = 0.6A$；$I_3 = 0.3A$；$I_4 = 0.1A$；$U = 90V$

1.7 $V_A = 5V$

1.8 S 断开时，$V_A = -6.46V$；S 闭合时，$V_A = 1.565V$

1.9 $V_A = -14.3V$

1.10 （1）$R_{ab} = 3\Omega$；（2）$R_{ab} = 1.33\Omega$；（3）$R_{ab} = 0.5\Omega$

1.11 （1）$R_{ab} = 200\Omega$；（2）$R_{ab} = 200\Omega$

1.12 $U_2 = 5.64 \sim 8.41V$

1.13 $U_1 = 20V$；$P_1 = 20W$；$U_2 = 40V$；$P_2 = -80W$；$P_{R1} = 20W$；$P_{R2} = 40W$

1.14 $I_1 = 4A$；$I_2 = 2A$；$I_3 = 4A$；$I_4 = 2A$

1.15 $I_1 = 9.38A$；$I_2 = 8.75A$；$I = 28.1A$；$P_{E1} = 1055W$；$P_{E2} = 984W$；$P_{IS} = 1125W$；
$P_{RL} = 3164W$

1.16 电流源：10A，36V，360W（发出）；2Ω 电阻：10A，20V，200W；4Ω 电阻：
4A，16V，64W；5Ω 电阻：2A，10V，20W；电压源：4A，10V，40W（取用）；1Ω 电阻：
6A，6V，36W

1.17 $I = -2.5A$

1.18 $I_L = 0.5A$

第2章

2.1 $f = 1000Hz$，$T = 1ms$，$I_m = 100mA$，$I = 70.7mA$，$\varphi = 45°$

2.2 100mA，0mA，70.7mA，$-100mA$

2.3 $u = 220\sqrt{2}\sin(\omega t)V$，$\dot{U} = 220e^{j0°}V$；$i_1 = 10\sqrt{2}\sin(\omega t + 90°)A$，$\dot{I}_1 = 10e^{j90°}A$；$i_2 = 10\sin(\omega t - 45°)A$，$\dot{I}_1 = 5\sqrt{2}e^{j-45°}A$

2.4 $u = 220\sqrt{2}\sin(\omega t + 30°)V$，$i = 5\sqrt{2}\sin(\omega t - 143.1°)V$，$i' = 5\sqrt{2}\sin(\omega t - 36.9°)V$

2.5　$P = 580.8\text{W}$, $Q = 774.4\text{var}$

2.6　a) 14.1A; b) 80V; c) 2A; d) 14.1V

2.7　$\dot{I}_1 = 2\ \underline{/-36.9°}\text{A}$, $\dot{U}_1 = 4\ \underline{/-36.9°}\text{V}$, $\dot{U}_2 = 7.21\ \underline{/19.4°}\text{V}$

2.8　$\dot{I}_1 = \sqrt{2}\underline{/-45°}\text{A}$, $\dot{I}_2 = \sqrt{2}\underline{/45°}\text{A}$, $\dot{U} = 2\ \underline{/0°}\text{V}$

2.9　$\dot{I}_1 = 5.59\ \underline{/40°}\text{A}$, $\dot{I}_2 = 1.12\ \underline{/-87°}\text{A}$, $\dot{U} = 5.85\ \underline{/-40°}\text{V}$

2.10　$\dot{I}_1 = 11\ \underline{/-60°}\text{A}$, $\dot{I}_2 = 11\ \underline{/0°}\text{A}$, $\dot{I} = 11\sqrt{3}\ \underline{/-30°}\text{A}$, $P = 3630\text{W}$

2.11　V 读数 220V, A_1 读数 15.55A, A_2 读数 11A, A 读数 11A; $R = 10\Omega$, $L = 31.8\text{mH}$, $C = 159\mu\text{F}$

2.12　$\dot{I} = 38.3\ \underline{/-55.3°}\text{A}$, $W = 19.2\text{kW} \cdot \text{h}$

2.13　$P = 5\text{W}$, $Q = 0\text{var}$, $S = 5\text{V} \cdot \text{A}$

2.14　(1) 33A, $\cos\varphi_1 = 0.5$; (2) $C = 276\mu\text{F}$; (3) 19.1 A

2.15　(1) 超过; (2) $C = 532\mu\text{F}$; (3) 38.28A; (4) 8kW

2.16　(1) $I = 263.2\text{A}$, $S = 100\text{kV} \cdot \text{A}$, $C = 1542\mu\text{F}$; (2) $\cos\varphi' = 0.88$, $C = 1542\mu\text{F}$

第 3 章

3.1　$I_1 = 13.6\text{A}$, $I_2 = 18.2\text{A}$, $I_3 = 22.7\text{A}$, $I_N = 7.85\text{A}$

3.2　$\dot{I}_1 = 0.273\ \underline{/0°}\text{A}$, $\dot{I}_2 = 0.273\ \underline{/-120°}\text{A}$, $\dot{I}_3 = 0.553\ \underline{/85.3°}\text{A}$, $\dot{I}_N = 0.364\ \underline{/60°}\text{A}$

3.3　$I = 39.3\text{A}$

3.4　$I_L = 20\text{A}$, $I_P = 11.5\text{A}$

3.5　(1) 不能; (2) $I_1 = I_2 = I_3 = 22\text{A}$, $I_N = 60.1\text{A}$; (3) $P = 4840\text{W}$

3.6　(1) $R = 15\Omega$, $X_L = 16.1\Omega$; (2) $I_1 = I_2 = 10\text{A}$, $I_3 = 17.3\text{A}$, $P = 3000\text{W}$

(3) $I_1 = 0\text{A}$, $I_2 = I_3 = 15\text{A}$, $P = 2250\text{W}$

3.7　三角形联结, $P = 4.5\text{kW}$, $Q = 3.375\text{kvar}$, $S = 5.625\text{kV} \cdot \text{A}$

3.8　星形联结: $I_L = 15.7\text{A}$, $P = 10.33\text{kW}$; 三角形联结: $I_L = 47.1\text{A}$, $P = 30.99\text{kW}$

3.9　$I = 9.2\text{A}$

3.10　三角形联结: $C = 92\mu\text{F}$, 星形联结: $C = 274\mu\text{F}$

第 4 章

4.1　166 个, $I_1 = 3.03\text{A}$, $I_2 = 45.5\text{A}$

4.2　(1) $I_{1N} = 7.58\text{A}$, $I_{2N} = 217.4\text{A}$; (2) $\cos\varphi = 0.33$; (3) $\Delta U\% = 4.3\%$; (4) $\eta = 95.4\%$

4.3　56 匝

4.4　$|Z| = 200\Omega$; $P = 0.1\text{W}$

4.6　$I_{1N} = 2.9\text{A}$, $I_{2N} = 72.2\text{A}$

4.7　$U_{1P} = 20.2\text{kV}$, $I_{1P} = 13.32\text{A}$, $I_{1L} = 13.32\text{A}$; $U_{2P} = 10.5\text{kV}$, $I_{2P} = 44\text{A}$, $I_{2L} = 25.4\text{A}$

4.8　能

4.9　$P = 137.5\text{kW}$

4.10　（1）$U_2 = 110\text{V}$；（2）$I_{2P} = 22\text{A}$；（3）$P_2 = 1936\text{W}$

第5章

5.1　$n_0 = 3000\text{r/min}$，$n = 2955\text{r/min}$，$f_2 = 0.75\text{Hz}$

5.2　（1）$n_0 = 3000\text{r/min}$；（2）$n = 2940\text{r/min}$；（3）$T_2 = 97.49\text{N} \cdot \text{m}$；（4）$T = 98\text{N} \cdot \text{m}$

5.3　（1）$n_0 = 1500\text{r/min}$；（2）$s = 0.04$；（3）$\cos\varphi = 0.8$；（4）$\eta = 80\%$

5.4　（1）$P_2 = 4\text{W}$；（2）$P_1 = 5\text{W}$；（3）$I_{1L} = 9.5\text{A}$；$I_{1P} = 5.48\text{A}$

5.5　（1）$T_M = 643.5\text{N} \cdot \text{m}$，$T_S = 585\text{N} \cdot \text{m}$；（2）$T_M = 411.8\text{N} \cdot \text{m}$，$T_S = 374.4\text{N} \cdot \text{m}$

5.6　380V：星形联结，$I_N = 9.46\text{A}$；220V：三角形联结，$I_N = 16.33\text{A}$

5.7　（1）过载；（2）不过载

5.8　（1）不可以；（2）可以；（3）不可以

5.9　$s_N = 0.04$，$I_N = 11.6\text{A}$，$T_N = 36.5\text{N} \cdot \text{m}$，$I_S = 81.2\text{A}$，$T_S = 80.3\text{N} \cdot \text{m}$，$T_M = 80.3\text{N} \cdot \text{m}$

5.10　（1）不可以；（2）不可以；（3）可以

5.11　（1）不可以；（2）可以；（3）不可以

5.12　（1）$Q = 11.7\text{kvar}$；（2）$C = 86\mu\text{F}$

第10章

10.1　（1）$V_Y = 1\text{ V}$；（2）$V_Y = 0.3\text{ V}$；（3）$V_Y = 0.7\text{ V}$

10.4　（1）1.38A；（2）4.33A；（3）244.4V；（4）2.16A

10.5　（1）13.5V，0.135A；（2）46.7V

10.6　（1）27V，0.27A；（2）46.7V

10.8　（a）放大；（b）饱和；（c）截止

10.9　（1）50，50；（2）50，50

10.10　（1）$I_B = 50\mu\text{A}$，$I_C = 2\text{mA}$，$U_{CE} = 6\text{V}$

10.11　$R_B = 160\text{k}\Omega$，$I_B = 75\mu\text{A}$，$I_C = 3\text{mA}$，$U_{CE} = 3\text{V}$；$R_B = 320\text{k}\Omega$，$I_B = 37.5\mu\text{A}$，$I_C = 1.5\text{mA}$，$U_{CE} = 7.5\text{V}$

10.12　$R_C = 2.5\text{k}\Omega$，$R_B = 200\text{k}\Omega$

10.13　（2）$R_B \approx 600\text{k}\Omega$

10.14　（1）$A_u = -150$；（2）$A_u = -100$

10.15　（1）$I_B = 24\mu\text{A}$，$I_C = 1\text{mA}$，$U_{CE} = 6.9\text{V}$；（3）$A_u = -81.23$；（4）$r_i = 1.318\text{k}\Omega$，$r_o = 5.1\text{k}\Omega$

10.16　（1）$I_B = 50\mu\text{A}$，$I_C = 3.32\text{mA}$，$U_{CE} = 8.06\text{V}$；（3）$r_{be} = 0.72\text{k}\Omega$；（4）$A_u = -183.7$；（5）$A_u = -302.5$（6）$r_i = 0.72\text{k}\Omega$，$r_o \approx 3.3\text{k}\Omega$

10.17　$A_u = -183.7$，$A_{uS} = -76.9$

10.18　$A_u = -1.3$，$r_i = 7.12\text{k}\Omega$，$r_o \approx 3.3\text{k}\Omega$

第11章

11.1

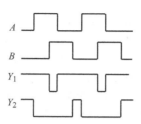

11.2

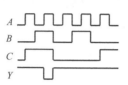

11.3 当 $C=1$ 时，$Y=A$；当 $C=0$ 时，$Y=B$

11.5 a) 图：当 $\overline{E}=1$ 时，$Y_1=B$；当 $\overline{E}=0$ 时，$Y_1=A$

b) 图：当 $\overline{E}=1$ 时，Y_2 为高阻态；当 $\overline{E}=0$ 时，$Y=(A+0)B=AB$

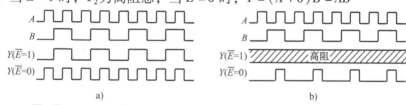

11.8 $Y=A\,\overline{B}+\overline{A}B$，$Y=A\,\overline{B}+\overline{A}B$

11.10 （1）$Y=A+\overline{B}$；（2）$Y=B$；（3）$Y=A\,\overline{B}+\overline{A}B$；（4）$Y=A+B$；（5）$Y=1$

11.12 1001

11.13 $Y=A+\overline{A}BC=A+BC=\overline{\overline{A}\,\overline{BC}}$

11.14 $Y_A=A$，$Y_B=\overline{A}B$，$Y_C=\overline{A}\,\overline{B}C$

11.15 $Y=\overline{\overline{ABC}\,\overline{ABD}\,\overline{ACD}}$

11.16 $Y=\overline{\overline{CD}\,\overline{ABD}}$

参考文献

[1] 秦曾煌. 电工学：上册　电工技术 [M]. 7版. 北京：高等教育出版社，2011.

[2] 秦曾煌. 电工学：下册　电子技术 [M]. 7版. 北京：高等教育出版社，2009.

[3] 唐介. 电工学（少学时）[M]. 3版. 北京：高等教育出版社，2009.

[4] 侯志伟. 建筑电气工程识图与施工 [M]. 2版. 北京：机械工业出版社，2011.

[5] 马誌溪. 建筑电气工程：基础、设计、实施、实践 [M]. 2版. 北京：化学工业出版社，2011.

[6] 杨素行. 模拟电子技术基础简明教程 [M]. 3版. 北京：高等教育出版社，2006.

[7] 余孟尝. 数字电子技术基础简明教程 [M]. 3版. 北京：高等教育出版社，2006.